KREISLÄUFE IN DER NATUR

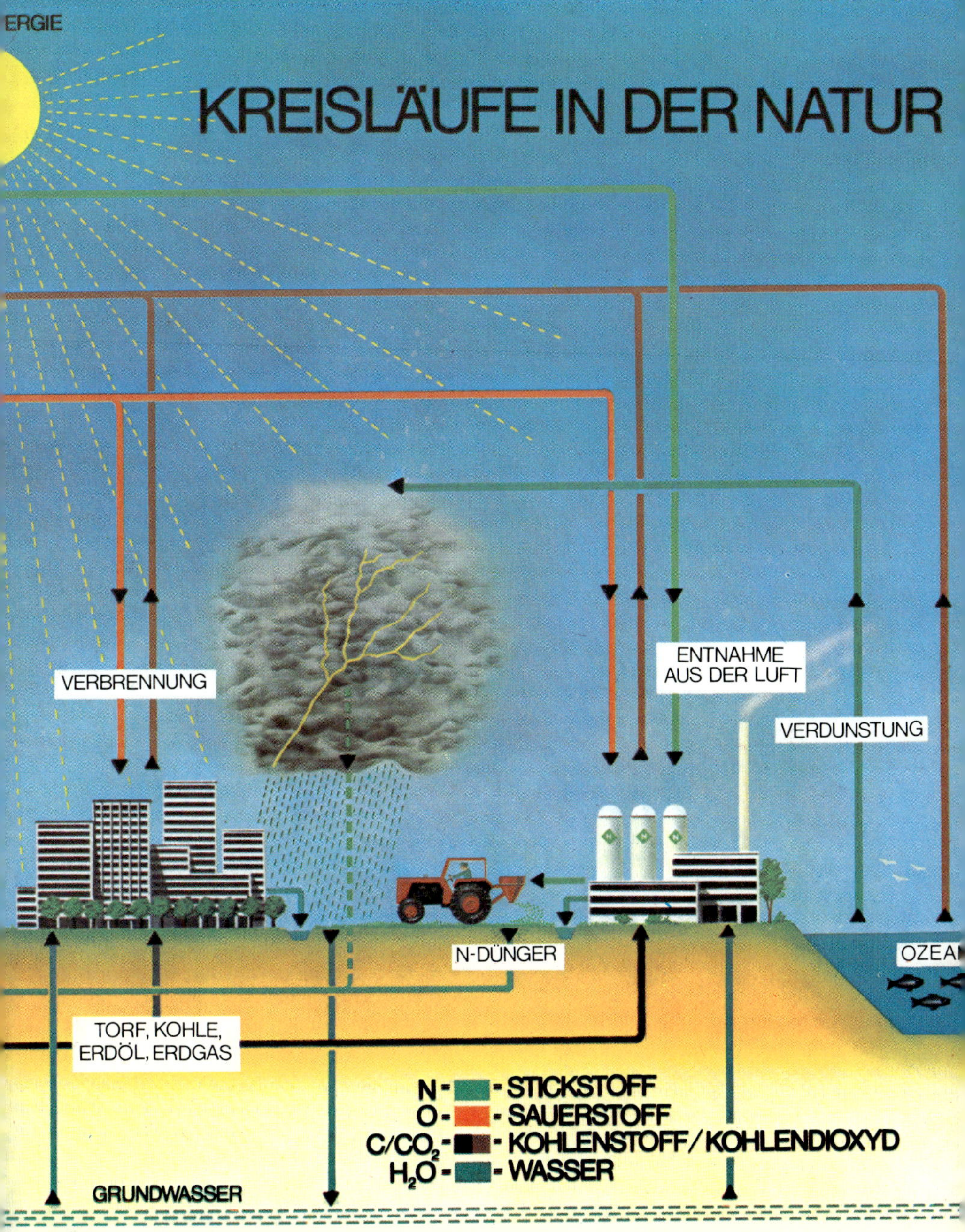

Heinz Sponsel

Damit das Leben weitergeht

Chemie – Schöpfung aus Menschenhand

Societäts-Verlag

Der Autor dankt folgenden Institutionen und Unternehmen für ihre freundliche Unterstützung bei der Illustration dieses Buches: Agfa-Gevaert AG, Bayer AG, BASF AG, Berufsgenossenschaft der chemischen Industrie, Chemische Werke Hüls AG, Degussa, Deutsches Museum München, Deutsches Lack-Institut, Dynamit Nobel AG, Henkel KG a. A., Hoechst AG, Industrieverband Pflanzenschutz- und Schädlingsbekämpfungsmittel, E. Merck, Röhm GmbH, Ruhr-Stickstoff AG, Schering AG, Wacker-Chemie GmbH.

Mit 80 Abbildungen auf 48 Farbtafeln

Societäts-Verlag

Schutzumschlag: Atelier Willi Clormann
Satz: Maschinensetzerei Janß, Pfungstadt
Herstellung: May & Co., Darmstadt
Printed in Germany 1980
ISBN 3 7973 0365 3

Inhalt

Geleitwort

Die Chemie ist eine faszinierende Wissenschaft. Wer mit ihr ein Leben lang »verheiratet« ist, darf das wohl feststellen.
Den Chemiker beschäftigen immer wieder zwei Fragestellungen: Wie sind die Stoffe beschaffen? Und wie lassen sie sich verändern? Auf beiden Gebieten haben uns die letzten Jahrzehnte große Fortschritte gebracht.
Die unablässige Verbesserung und Verfeinerung der chemischen Analytik hat uns Einblicke in die Materie verschafft, die den Generationen vor uns schon aus rein technischen Gründen versagt bleiben mußten.
Auf so gewonnenen Erkenntnissen aufbauend, konnte die Synthese, also die Schaffung neuer Stoffe, ebenfalls zu vorher kaum vorstellbaren Lösungen gelangen, die einen Laien teilweise wie Zauberei anmuten mögen.
Aber es ist alles andere als Zauberei, was aus Erdöl, Kohle und vielen anderen Rohstoffen neue Werkstoffe und Wirkstoffe entstehen läßt. Es ist harte, geduldige Arbeit. Umfassendes Wissen, ständige Neugier und kreative Fantasie sind dabei ebenso wichtig wie die Kraft, Rückschläge oder Enttäuschungen zu überwinden.
Für viele Forscher liegt die Genugtuung, die ihnen ihre Arbeit verschafft, in der abstrakten Lösung eines Problems, für einen Chemiker also vielleicht in der Aufklärung einer besonders komplizierten Verbindung oder in einer besonders »eleganten« Synthese. Ich meine allerdings, Chemiker können tiefere Befriedigung daraus beziehen, daß ihre Arbeit ganz entscheidend dazu beigetragen hat und ständig beiträgt, die Bedingungen des menschlichen Lebens positiv zu beeinflussen und zu verändern.
Meines Erachtens ist ein menschenwürdiges Dasein auf unserer Erde heute nur noch durch die Chemie möglich – selbstverständlich im engen Zusammenwirken mit anderen wissenschaftlichen Disziplinen. Dies zu sagen erscheint mir wichtig in einer Zeit, in der Chemie weltweit in Verruf geraten ist. Gewiß nicht ohne jeglichen Anlaß, wie jeder Einsichtige zugeben muß – aber insgesamt ebenso gewiß zu Unrecht.
Mit »Anlaß« meine ich den hier und da beobachteten unvorsichtigen oder auch bedenkenlosen Umgang mit unserer Wissenschaft

und den aus ihr abgeleiteten technisch-industriellen Möglichkeiten. Aber aus meiner Kenntnis und Erfahrung sind dies wenige Einzelfälle.

Die Norm ist vielmehr die von Verantwortungsbewußtsein getragene, sorgfältige Umsetzung wissenschaftlicher Kenntnisse und Forschungsergebnisse in Erzeugnisse, die unserer Gesundheit, der Sicherung unserer Nahrung, der Erleichterung unserer Arbeit und aller anderen Lebensumstände, und damit letztlich unserem Wohlstand dienen, auf den wir gelegentlich schimpfen, den wir aber insgesamt nicht missen möchten.

Deshalb begrüße ich als Wissenschaftler ein Buch, das einem breiten Publikum Chemie und ihre Auswirkungen in verständlicher Sprache näherbringt. Vielleicht schafft es Vertrauen, wenn sich der Leser mit der Chemie eingehender beschäftigt.

Der Buchtitel »Damit das Leben weitergeht« läßt erkennen, was Chemie heute für unsere Welt bedeutet. Der Zusatz »Chemie – Schöpfung aus Menschenhand« freilich will richtig verstanden sein. Chemie maßt sich nicht an, es göttlicher Schöpfung gleichzutun. Sie bescheidet sich mit dem, was Menschen an Schöpferischem leisten können. Das ist allerdings eine ganze Menge.

Georg Wittig
Nobelpreisträger für Chemie 1979

1

An den Quellen der Chemie

Erdöl – zum Verbrennen zu schade

Der Mensch ist Herr über das Leben geworden. Er kann entscheiden, wann er Kinder will und wann nicht. Es gibt keine Angst vor den großen Seuchen mehr, die einst Millionen dahinrafften. Das Gespenst des Hungers ist in großen Teilen der Welt gebannt. Künstliche Organe und Arterien bewahren vor einem allzu frühen Tod.

Weltrekorde im Sport wurden registriert, die noch vor wenigen Jahren unvorstellbar waren. Raumfahrer haben ihren Fuß auf den Mond gesetzt. Autos, Eisenbahnen und Flugzeuge sind immer komfortabler geworden, schneller, leichter und sicherer. Die Mode fasziniert mit Farben und Stoffen, die den Alltag und die Feste fröhlicher machen. Wir wohnen in Häusern, in denen wir uns wohl fühlen zu jeder Jahreszeit. Und – die Lebenserwartung des Menschen ist in wenigen Jahrzehnten von 40 auf durchschnittlich 70 Jahre gestiegen.

So ist unser modernes Leben heute. Dies ist das Bild unserer Welt in dieser Zeit, kurz vor dem Ende des zweiten Jahrtausends nach Christus. Selbstverständlichkeiten. Fast überflüssig, davon zu reden. Doch all dies wäre Zukunftsvision, Traum und Märchen geblieben ohne Chemie, ohne die Leistungen ihrer Forscher und Wissenschaftler in aller Welt.

Ohne Chemie leben? Es hieße, ins Mittelalter, wenn nicht gar in die Steinzeit zurückzufallen. Mit Chemie leben? Es birgt natürlich auch Risiken in sich. Es wäre unehrlich, dies mit dem Mantel des Schweigens zuzudecken.

Fortschritt kostete schon immer seinen Preis. Zur Aufgabe der Forscher gehört es auch, ihn in verantwortbaren Grenzen zu halten. Milliarden werden Jahr für Jahr investiert, um Umweltschutz mehr und mehr zu vervollkommnen. Weil eines sicher ist: Leben ohne Chemie bleibt unmöglich, ist nicht vorstellbar. Das Rad der Entwicklung und des Fortschritts auf allen Gebieten des Lebens von heute kann nicht zurückgeschraubt werden. Auch dies andere ist sicher: Natur und Chemie müssen keine Gegensätze sein. Oft genug war es die Chemie, die Geheimnisse der Natur enträtselte, in ihrer reinsten Form darstellte und den Menschen nutzbar machte.

Ohne Erdöl wäre dies alles nicht möglich gewesen. Erdöl war, ist und bleibt wohl noch lange der wichtigste Rohstoff für die Chemie, für alle Bereiche ihrer Produkte. Nun macht – und dies schon seit

Jahren – das Wort vom Ende der Ölzeit die Runde. Von »Ölkrise« ist die Rede. »Wir stecken in einer Ölfalle« heißt es. Wenn das Ölzeitalter wirklich schon bald zu Ende gehen sollte, wäre es ein kurzes Zeitalter gewesen, denn die hohe Zeit des Öls für die Chemie begann mit der Entwicklung der bekanntesten Massenkunststoffe – vor etwa 30 Jahren.

Bei der Aufarbeitung des Rohöls in den Raffinerien fallen mehrere Produkte an: Benzin als Motortreibstoff, Naphta als Chemie-Rohstoff, Dieselöl sowie leichte und schwere Heizöle. So kommt auch ein großer Teil der elektrischen Energie aus dem wertvollen Rohstoff Öl – Energie aus der Steckdose, die wir unzählige Male am Tag abrufen, für den Kühlschrank oder die Kühltruhe, von der Herdplatte bis zur Spül- und Waschmaschine, vom Radio und Fernseher bis zum Heizofen, Toaster, Mixer und Fön. Und auch der Brenner der Ölheizungen springt elektrisch an.

»Gleichzeitig Öl verheizen, veredeln und verstromen – diesen Luxus können wir uns nicht mehr leisten«, stellte Professor Dr. Klaus Weissermel, Forschungschef eines großen Chemiekonzerns, fest. »Gleichzeitig Öl verheizen und veredeln, ist auch noch keine akzeptable Lösung. Die letzte Bastion, die das Erdöl verlieren darf, ist der Chemiesektor, und dieser Zeitpunkt liegt hoffentlich noch in weiter Ferne.« Was aber heißt: weite Ferne? Zehn Jahre? Ende dieses zweiten Jahrtausends? Die meisten Geologen stimmen in der Meinung überein, daß die sicheren, also durch hinreichende Bohrungen nachgewiesenen Weltreserven noch etwa 30 Jahre reichen werden. Diese Berechnungen setzen allerdings voraus, daß der heutige Verbrauch von jährlich rund drei Milliarden Tonnen auf der ganzen Erde nicht steigt.

Also das Aus fürs Öl im Jahre 2010? Mit all seinen unvorstellbaren Folgen für das moderne Leben, wie wir es gewohnt sind? Die Antwort des Erdöl-Geologen Professor Dr. Heinz Beckmann auf diese bangen Fragen weckt Hoffnungen:

»Die Erde ist noch längst nicht abgegrast. Auf allen Kontinenten gibt es riesige Gebiete, die bisher noch überhaupt nicht oder doch nur sehr oberflächlich auf Ölvorkommen untersucht worden sind. Das Erdöl verdanken wir ja nicht einer Laune der Natur, und die Ölsucher stoßen auch nicht aus Zufall darauf. Wir wissen, daß sich Erdöl aus Resten mikroskopisch kleiner Lebewesen über Hunderte

von Millionen Jahren gebildet hat. Wir wissen, unter welchen Bedingungen es entstehen konnte, und wir kennen die geologischen Strukturen, in denen Erdöl anzutreffen ist: in Südamerika, Afrika, China, Sibirien, Australien – und in den Tiefen der Meere.«
Die sicheren Ölreserven, die noch dreißig Jahre zur Verfügung stehen werden, betragen rund 90 Milliarden Tonnen. Die vermuteten Ölreserven schätzen die Pessimisten unter den Experten auf 175 Milliarden Tonnen, die Optimisten sogar auf 350 Milliarden Tonnen. Das Fazit: Es wird zwar die Ölkrise in den letzten zwei Jahrzehnten dieses Jahrtausends geben, aber dann könnte – mit neuen Technologien – die Ölgewinnung bis weit ins dritte Jahrtausend hinein als gesichert gelten.
Noch völlig ungenutzt sind die Ölvorkommen in Ölschiefern und in Teersanden. Schon heute sind Ölschiefervorkommen bekannt, die insgesamt 400 Milliarden Tonnen Erdöl enthalten, sowie Lagerstätten von Teersanden mit über 300 Milliarden Tonnen Öl. Fast 90 Prozent der bisher bekannten Ölschiefer liegen in den USA und in Brasilien, 90 Prozent der Teersande in Kanada, Venezuela und in der Sowjetunion. Die Aufarbeitung dieses Öls – vor allem aus den Teersanden – ist jedoch noch Zukunftsmusik, bedarf der Entwicklung völlig neuer Technologien, die unter Umständen so aufwendig sind, daß sie den Preis für das Öl in astronomische Höhen treiben könnten. Das »flüssige Gold«, wie man Öl nennt, könnte dann wirklich so teuer sein wie das »feste Gold«. Damit aber verlöre es auch seine Bedeutung als sinnvoll zu nutzender Rohstoff – auch für die Produkte der Chemie.
Öl sparen – heißt die Forderung unserer Tage. Wo aber anfangen und wo aufhören? Diese Frage löst sofort eine andere Frage aus: Wo wird der kostbare Rohstoff Öl »vergeudet«, wo wird er sinnvoll »verbraucht«?
Eine Rangliste der »Ölfresser« in der Bundesrepublik gibt eindeutig Aufschluß. Die privaten und öffentlichen Heizungen verschlingen 35 Prozent, also mehr als ein Drittel des kostbaren Rohstoffes. 28 Prozent gehen zu Lasten des Verkehrs zu Land, zu Wasser und in der Luft. 22 Prozent verbrauchen die Kraftwerke der Versorgungsunternehmen und der Industrie. »Weit abgeschlagen« an letzter Stelle folgt die Chemie. Nur 4 Prozent des gesamten in der Bundesrepublik verbrauchten Erdöls wandern über das dem Autobenzin

eng verwandte Roh- oder Chemiebenzin, kurz Naphta genannt, in die Kunststoffproduktion, weitere 3 Prozent werden von der chemischen Industrie zu anderen Produkten verarbeitet, zum Beispiel zu Düngemitteln für die Landwirtschaft.

Zieht man aus diesen Zahlen die Bilanz, steht unter dem Schlußstrich eine für alle klare Erkenntnis: Mehr als 80 Prozent des kostbaren Rohstoffs Öl werden verbrannt – geben Wärme, Strom und lassen die Räder unserer Autos rollen: zur Arbeit, in den Urlaub, zu Fahrten ins Wochenende. Verbranntes Öl – ein für allemal ist es weg. Nur in der Umwelt machen sich seine Spuren noch bemerkbar: Abgase und Ruß.

Wer ein Bankkonto hat, kennt die beiden Rubriken »Soll« und »Haben«. Immer mehr Frauen führen sogenannte Haushaltsbücher, tragen in ihnen Tag für Tag ein, was sie ausgeben, und kaufen am Ende eines Monats die Sonderangebote ihres Supermarkts, um ihr Limit nicht zu überziehen, wenn sie vorher etwas zu verschwenderisch waren.

Vergleiche hinken immer, aber im Grundprinzip lassen sie sich auch auf das Kapital, das Erdöl heißt, übertragen. Ein eindrucksvolles Rechenexempel macht klar, wo Erdöl sinnvoll verwendet wird und wie es weniger sinnvoll eingesetzt wird – gerade in einer Zeit der Ölkrise.

100 Kilogramm Erdöl genügen für die Chemie, um folgende Dinge herzustellen:

13 Kraftstofftanks für einen PKW der Mittelklasse;
3000 Tragetaschen;
7000 Joghurt-Becher;
12000 medizinische Einmal-Spritzen;
den gesamten Kunststoffbedarf für die elektrische Installation eines Sechs-Familien-Hauses;
die Hälfte der in diesem Haus installierten Abwasserleitungen;
50 Quadratmeter Teppichboden.

Diese Rohölmenge schließt auch den mit der Produktion verbundenen Energiebedarf ein sowie den Transport vom Bohrloch zur Produktionsstätte.

Demgegenüber nimmt sich die Heizungs- oder Verkehrsleistung von 100 Kilo Erdöl mehr als bescheiden aus. Sie werden verbraucht für:

Sieben Tage Heizung für eine Vierzimmer-Wohnung von 100 Quadratmetern bei einer Außentemperatur von 0 Grad; eine Fahrt im PKW von Hamburg nach Ludwigshafen und zurück.

Nicht weniger eindrucksvoll ist ein anderer Vergleich: Mit dem Heizöl, das ein mittleres Einfamilienhaus jährlich braucht, kann ein Mittelklassewagen rund 60000 Kilometer fahren. Aus der gleichen Ölmenge könnten aber auch 1000 Menschen ein Jahr lang mit Brotgetreide ernährt werden, wenn das Öl für die Herstellung von Düngemitteln verwendet würde.

Die Schlußfolgerung ist klar: Die Herstellung von Kunststoffen und anderen Chemieprodukten ist die beste Methode, Erdöl sparsam und nützlich zu verwenden.

Eine der attraktivsten Möglichkeiten, mit Kunststoffen aus Erdöl zur Einsparung von Erdöl an anderer Stelle beizutragen, ist die Isolierung von Bauwerken zur Verminderung von Wärmeverlusten und damit Senkung des Heizölverbrauchs. Man hat errechnet, daß der zum Zweck der Wärmedämmung erzeugte Kunststoffschaum in einem einzigen Jahr mehr Heizöl einsparen hilft, als im selben Zeitraum Erdöl für die gesamte Kunststoffproduktion verbraucht wird.

Wie aber nun der Öl- und Energiekrise Herr werden? Wie die Rohstoff-Versorgung absichern? Es gibt kein Patentrezept, aber es gibt ein ganzes Bündel von Möglichkeiten, von denen die drei wichtigsten die Konversionsanlagen, die Kohleveredelungsanlagen und die Kernkraftwerke sind.

Konversionsanlagen sind Anlagen, in denen schwere Öle in leichte Fraktionen, also Vergasertreibstoffe oder Chemierohstoffe, umgewandelt werden. Professor Dr. Rolf Sammet, Chef eines großen Chemiekonzerns, sagte dazu: »Wenn bei uns Fahrbenzin knapp werden sollte, so nicht etwa deshalb, weil Rohöl so furchtbar knapp würde, sondern deshalb, weil wir die Möglichkeiten nicht nützen, mehr Benzin aus dem Rohöl herauszuholen. Bei uns werden nur 25 Prozent des Rohöls zu Benzin verarbeitet. In den Vereinigten Staaten sind es über 50 Prozent. Hierzu ist keine neue Technologie notwendig. Konversionsanlagen, die aus schwerem Heizöl Benzin machen, kann man ›von der Stange‹ kaufen. Sie sind in den USA zu Hunderten in Betrieb. Es handelt sich um katalytische Cracker oder Hydrocracker. Diese bessere Nutzung des Mineralöls durch den

Bau von Konversionsanlagen ist in zwei bis drei Jahren realisierbar.«

Auch die Kohle kann ihren Beitrag zur Lösung der Öl- und Energiekrise leisten. Die Verfahren zur Kohlevergasung und Kohleverflüssigung sind seit langem bekannt. Bereits 1923 fuhr zum ersten Mal ein Auto mit Methanol im Tank von Ludwigshafen nach München. Methanol ist ein chemisches Produkt, das sowohl aus Erdöl wie aus Kohle gewonnen werden kann. In den letzten Jahren des Zweiten Weltkriegs wurden in den Kohlehydrierwerken bereits vier Millionen Tonnen Benzin aus Kohle hergestellt.

Die insgesamt 17 Kohlehydrierwerke, die es 1945 in Deutschland gab, hätten insgesamt über 10 Millionen Tonnen Kohlebenzin produzieren können. Aber der Weiterbetrieb der Anlagen, soweit sie nicht durch Bomben zerstört waren, wurde durch die Alliierten verboten. Als das Verbot aufgehoben wurde, war der Ölpreis so niedrig, daß die Gewinnung von Benzin aus Kohle unrentabel gewesen wäre. Nun hat sich diese Relation wieder entscheidend geändert. Um die Abhängigkeit vom Öl mit all seinen unabwägbaren Risiken zu mindern, ist der Bau von elf Kohle-Veredelungsanlagen geplant und beschlossen. Eine einzige Anlage soll in der Lage sein, knapp zehn Prozent des jetzigen Benzinbedarfs der Bundesrepublik zu decken. Sie kostet allerdings auch nach den Berechnungen der Bergbauforschung runde vier Milliarden Mark. Doch es werden zehn bis fünfzehn Jahre vergehen, bis die neuen Kohle-Veredelungsanlagen einen nennenswerten Beitrag zur Rohstoffversorgung der Industrie, vor allem der chemischen, leisten können.

Nichts aber geht ohne Energie, ohne Wärme, ohne Strom. »Atomkraft – nein danke!« ist eine Parole, die die Geister scheidet. Rein theoretisch, nicht in der Praxis des Alltags mit Auto und Ölheizung und Kühlschrank und ... und ... und ... Aber sowohl Öl wie Kohle sind zu wertvoll, um sie als fossile Brennstoffe zu verschwenden. Und allein die Kernkraft ist in der Lage, Öl und Kohle als Energiespender zu ersetzen. Professor Rolf Sammet drückte es so aus:

»Ich meine, da Energieeinsparungen durch Investitionen erkauft werden müssen, durch teure Forschung erarbeitet werden müssen, daß man ganz ernsthaft die Frage diskutieren muß, wie wir in der Bundesrepublik Deutschland, wo wir menschliche Arbeitskraft sowieso schon am teuersten bezahlen müssen, dann noch konkurrenzfähig sein wollen, wenn andere Länder die Chance nutzen, Kernenergie zu verwenden und den Aufwand zur Energieeinsparung nicht haben.«

Das Konzept zur Sicherung der Rohstoff-Versorgung der chemischen Industrie und mit ihr jeder anderen Industrie geht nur mit Kernkraft auf, aber nicht ohne sie.

Professor Klaus Weissermel sagte: »Mehr Freiheit, mehr wirtschaftliche Sicherheit und politische Unabhängigkeit sind gegenwärtig nur mit mehr Kernenergie zu erreichen. Denn für die Stromerzeugung braucht man weder Heizöl noch Naturgas – auch keine Kohle. Kernenergie ist somit kein Lückenbüßer, sondern eine Schlüsselenergie, die gleichzeitig Kohle und über Kohle-Veredelungsprodukte Erdöl und Erdgas in Freiheit setzt.«

2

Den Geheimnissen des Lebens auf der Spur

Hormone werden entzaubert

Die Pferdezüchter von Ostpreußen bis zum Bodensee rieben sich die Hände. Plötzlich waren goldene Zeiten für sie angebrochen. Da kamen Leute aus Berlin und machten ihnen ein seltsames Angebot. Sie wollten den Harn der trächtigen Stuten kaufen. Harn von trächtigen Stuten, der zu 99 Prozent aus Wasser bestand? Sie begriffen es nicht. Und begriffen noch viel weniger, daß sie Geld dafür kassieren sollten. Die Leute aus Berlin boten für einen Liter Stutenharn einen fast sagenhaften Preis: die Hälfte dessen, was ein Liter Milch kostete.

Es waren schlechte Zeiten damals, Ende 1929. Die sogenannten »Goldenen Zwanziger Jahre« gehörten der Vergangenheit an. Überall in der Welt, vor allem aber in Deutschland, Wirtschaftskrise, Arbeitslosigkeit, Angst vor der Zukunft. Da kam das Angebot der Berliner für die Pferdezüchter wie ein unerwartetes Geschenk des Himmels.

Wozu man denn den Harn trächtiger Stuten brauche, fragten die Pferdezüchter. Sie waren seit eh und je clevere Geschäftsleute und witterten die Chance, den Preis noch in die Höhe treiben zu können. Aber sie erhielten keine Antwort von den Aufkäufern, die auch selber nicht wußten, warum sie im Auftrag einer Berliner Chemiefirma losgeschickt worden waren. In Milchkannen, grün angestrichen, um Verwechslungen zu vermeiden, kam die seltsame, ziemlich penetrant riechende Fracht nach Berlin. In einem einzigen Jahr rund eine halbe Million Liter.

Warum dieser riesige Aufwand? Wozu das Ganze? Es war nur eine einzige Etappe im Rahmen eines langjährigen Forschungsprogramms von Chemikern und Biologen in aller Welt. Das Ziel: dem Geheimnis der männlichen und weiblichen Sexualhormone auf die Spur zu kommen und damit einem der Geheimnisse menschlichen Lebens überhaupt.

Man kannte zwar schon einiges über diese Hormone. Bereits 1848 hatte der Göttinger Anatom und Zoologe Alfred Berthold ein aufsehenerregendes Experiment durchgeführt. Er kastrierte Hähne und stellte kurz darauf eine Schrumpfung des Hahnenkammes fest. Die Tiere konnten nicht mehr krähen, ihr Sexualtrieb erlosch. Als Berthold den kastrierten Hähnen Hoden wieder einpflanzte, kamen alle diese Merkmale ihrer Männlichkeit für einige Zeit wieder. Im Grunde genommen hätte man also schon vor gut 100 Jahren daran denken können, die sogenannten Wechseljahre des Mannes mit Hoden oder Hodenaufbereitungen zu behandeln. Und es ist erstaunlich, daß Bertholds Erkenntnisse für lange Zeit wieder in Vergessenheit gerieten.

Noch sensationeller – wenigstens in den Augen der Öffentlichkeit – war ein Selbstversuch, über den auf der Weltausstellung in Paris 1889 der 73jährige Franzose Brown-Séquard berichtete. Er hatte sich einen aus Stierhoden zubereiteten Extrakt injiziert und konnte eine erstaunliche Steigerung seiner körperlichen und geistigen Leistungsfähigkeit feststellen. Der Traum von der »Verjüngung« schien greifbar nahe zu sein. Etwas weniger erfolgreich verliefen zunächst ähnliche Versuche bei weiblichen Tieren und bei Frauen. Aber an einer Tatsache war nicht mehr zu zweifeln: Es gab bestimmte Wirkstoffe in bestimmten Hormonen, die in verschiedenen Körperdrüsen gebildet wurden und offenbar Wachstum und Stoffwechsel und auch die Geschlechts- und Fortpflanzungsfunktionen beeinflußten oder regulierten. Nur – gesehen hatte bisher noch niemand diese Wirkstoffe. Und solange man sie nicht isolieren konnte, sie nicht sichtbar gemacht hatte, war das Geheimnis der männlichen und weiblichen Sexualhormone nicht gelöst.

In Deutschland war es vor allem eine Gruppe von Chemikern und Biologen des damaligen Kaiser-Wilhelm-Institutes in Berlin-Dahlem – später Max-Planck-Institut –, die den internationalen Wettlauf um die Aufklärung der Sexualhormone aufnahm. Doch sie wäre auf verlorenem Posten gestanden, hätte nicht ein Chemie-Unternehmen – in diesem Falle die Schering AG in Berlin – die finanziellen Möglichkeiten für die langjährigen Untersuchungen gegeben. Doch die Unterstützung durch Chemiekonzerne traf für die ausländischen Wissenschaftler in gleicher Weise zu.

Professor Adolf Windaus war damals, 1927, der berühmteste Chemiker. Aber sein Interesse galt vor allem der Erforschung der Vitamine. Er hatte weder Zeit noch Lust, sich auch noch mit Hormonen zu beschäftigen. Doch er schlug seinen jungen Assistenten, Dr. Adolf Butenandt, damals 24 Jahre, vor. Das grenzenlose Vertrauen, das Windaus genoß, übertrug sich auf Butenandt, obwohl er noch so jung und völlig unbekannt war.

Für Butenandt hatte eine Sternstunde begonnen, die fast ein ganzes Leben währte. 1929, nach zwei Jahren, war es ihm gelungen, aus den Millionen Litern des Harns trächtiger Stuten einige wenige Milligramm »Östron« zu extrahieren, Ursubstanz der Östrogene, der weiblichen Geschlechtshormone. Butenandt selber berichtete darüber: »Die Kristalle waren wie Farnkraut gewachsen, wunderschön. Besser sagt man vielleicht, wie Schnee- und Eiskristalle. Unvergeßlich für die, die sie zum ersten Mal gesehen haben. Es waren meine Frau und ich.«

Die Frau, von der Butenandt sprach, war damals allerdings noch nicht seine Frau, sondern noch seine Assistentin, Erika von Ziegner.

Die finanziellen Investitionen Scherings schienen sich gelohnt zu haben. Wenn man das weibliche Sexualhormon Östrogen kristallisiert, isoliert hat, kennt man seine chemische Zusammensetzung, kann es »nachbauen« und hat Aussichten, die Millionen, die man investiert hat, wieder einzubringen.

Im gleichen Jahr gelang es dem amerikanischen Biochemiker Dr. Edward Doisy, aus Schweineovarien das Östradiol zu extrahieren. Östron und Östradiol sind beides Östrogene. Doisy und Butenandt waren sich deswegen nicht gram. Es war ein Beweis dafür, wie sehr das Problem der Sexualhormone Chemiekonzerne und Wissenschaftler beschäftigte. Selten gab es – um einen Vergleich aus dem Sport in diesem Zusammenhang zu wagen – ein solch »totes Rennen«.

Dennoch sei das Kuriosum in seiner Bedeutung noch einmal klargestellt: Zwei Chemikern gelang es völlig unabhängig voneinander, das Follikelhormon, das seit Erschaffung der Welt im Körper der Frau den Prozeß der Reifung des Eies steuert, zu isolieren und zu kristallisieren. So schufen sie die Möglichkeit, diesen Prozeß zu regulieren. Daß damit schon die Grundlage gelegt war, eines Tages die Welt mit einer Anti-Baby-Pille zu überraschen, ahnten beide nicht.

Butenandt war Chemiker. Ihn interessierte es nicht, welche Möglichkeiten Ärzte – vor allem Frauenärzte – in der Zukunft haben könnten. »Ich war Chemiker, für mich gab es nur die Frage: Wie sind diese weiblichen und männlichen Hormone zusammengesetzt?«

So ging er seinen Weg der Forschung weiter. 1931 war es ihm zum ersten Mal gelungen, aus 15000 Litern Männerharn ganze 15 Milligramm des männlichen Sexualhormons Androsteron zu isolieren und zu kristallisieren. Später stellte sich heraus, daß es sich bei diesem Androsteron um ein Umwandlungsprodukt des eigentlichen, im Hoden produzierten männlichen Sexualhormons Testosteron handelte.

Und wieder drei Jahre später: Aus 50000 Eierstöcken von Schweinen gelang Butenandt die Isolierung und Reindarstellung des zweiten weiblichen Sexualhormons, des Schwangerschaftshormons Progesteron. Ganze 20 Milligramm konnte er aus 50000 Schweineovarien kristallisieren. Doch diese winzige Menge genügte, um Chemikern die Möglichkeit zu geben, das natürliche Hormon »nachzubauen«.

Es gibt keine Statistik darüber, was die Chemiefirma in Berlin durch die Auswertung der Butenandtschen Arbeitsergebnisse »verdiente«. Man weiß aber, was investiert werden mußte, um Forschungen zu ermöglichen. Forschungen, von denen niemand sagen konnte, zu welchem Ergebnis sie führen würden.

Butenandt sagte darüber: »Ohne diese Hilfe, insbesondere nicht ohne die Belieferung mit Ausgangsmaterialien in Form von Extrakten aus menschlicher Placenta, Schwangerenharn, Harn trächtiger Stuten, Männerharn oder Gelbkörpern aus Schweineovarien, hätten meine Forschungen niemals in einem Universitätslaboratorium durchgeführt werden können.«

Und in einer Rede am 22. Oktober 1971 im Palais am Funkturm zu Berlin sagte er: »In manchen ideologischen Vorstellungen der heutigen akademischen Jugend wird jede Zusammenarbeit eines Hochschullehrers mit der Industrie als ein Verkauf seiner Freiheit betrachtet. Dabei wird völlig übersehen, daß die Wirtschaft gerade zur Sicherung der Freiheit der Wissenschaft und zur Vergrößerung der Forschungen beiträgt. Als ich kürzlich in München vor Studenten auf deren Wunsch einen Überblick über mein wissenschaftliches Lebenswerk gab und in diesem Zusammenhang auch von meinem freundschaftlichen Verhältnis zu Schering und zu Bayer sprach, fragte in der Diskussion eine Studentin:

›Wie können Sie sagen, man habe in Ihrer Zusammenarbeit mit der Industrie Ihre Freiheit als Forscher niemals angetastet, weder in der Wahl der Thematik noch in der Möglichkeit zu freier Diskussion – wenn Sie gleichzeitig bekennen, Sie hätten sich moralisch gebunden

gefühlt, Ergebnisse Ihrer Forschung primär jenem Industrieunternehmen zur Verwertung zu überlassen, dem Sie eine Förderung des betreffenden Arbeitsgebiets verdanken? Damit sind Sie doch gebunden und sind industrieabhängig geworden?‹
Meine Gegenfrage, ›Was meinen Sie, hätte ich tun sollen? Die Ergebnisse meiner Forschungen im Schreibtisch vergraben oder sie – unter Mißachtung sittlicher Bindungen – der Industrie eines anderen Landes ausliefern sollen?‹ wurde nicht beantwortet.«
Die bahnbrechenden Leistungen von Butenandt und Doisy auf dem Gebiet der Hormonforschung wurden mit der höchsten Auszeichnung gewürdigt, die Wissenschaftler erhalten können. Im Jahre 1939 erhielt Professor Butenandt den Nobelpreis für Chemie für seine Arbeiten über Sexualhormone zu gleichen Teilen mit dem Züricher Professor Leopold Ruzicka, der für seine Arbeiten über »Polymethylene und höhere Terpene« geehrt wurde. Professor Doisy wurde 1943 der Nobelpreis für Medizin für »seine Entdeckung der chemischen Natur des Vitamin K« zugesprochen zusammen mit dem dänischen Professor Henrik Carl Peter Dam »für die Entdekkung des Vitamin K«.
Ein kleiner Schritt auf dem Weg der Hormonforschung war Butenandt geglückt. Zur Überraschung vieler Chemiker wandte er aber nun seine Aufmerksamkeit den Schmetterlingen zu. Was in den nächsten zwanzig Jahren geschah, ist typisch für die geduldige und langwierige Forschung der Chemiker. Sie begeben sich auf eine Spur und verfolgen sie bis in ihre tiefsten und letzten Gründe, ohne zu wissen, ob am Ende Erfolg oder Mißerfolg stehen. Bei Erfolg ist ein neuer Wirkstoff entdeckt. Bei Mißerfolg sind Jahre dahin und manchmal Millionen umsonst investiert.

Der geheimnisvolle Lockstoff der Seidenspinner

Am Anfang der neuen Überlegungen Butenandts stand eine ganz einfache Tatsache: Die Weibchen vieler Schmetterlingsarten vermögen die Männchen ihrer Art aus weiter Entfernung anzulocken. Die Natur hat es so wunderbar eingerichtet, daß die Weibchen in besonderen Duftdrüsen geschlechts- und artspezifische Stoffe produzieren, die von den Männchen aus weiter Entfernung auf ihren Fühlern wahrgenommen werden. Der Duft veranlaßt die Männchen, sich entgegen der Luftströmung auf die Suche nach dem Schmetterlingsweibchen zu begeben. Alle Versuche, die Duftstoffe zu isolieren, waren bisher ergebnislos verlaufen. Die Natur hatte das »Duftgeheimnis« nicht preisgegeben. Verbarg sich dahinter vielleicht ein bisher unbekanntes Hormon? Daß diese Frage einen Mann wie Butenandt nicht ruhen ließ, ist verständlich.

»Wir begannen 1939 im Kaiser-Wilhelm-Institut in Berlin-Dahlem«, erinnert sich Butenandt, »uns mit der biochemischen Aufklärung des Sexual-Lockstoffs der Schmetterlinge zu beschäftigen. Wir wählten für diese Untersuchungen den bis dahin nicht verwendeten Seidenspinner, der den fliegenden Wildschmetterlingen gegenüber viele Vorteile bietet: Der Seidenspinner läßt sich im Laboratorium leicht züchten und ist außerdem durch die Seidenindustrie in größeren Mengen zu beschaffen. Die männlichen Falter nehmen keine Nahrung mehr auf, sind kaum empfindlich gegen Licht und Klimawechsel. Sie können nicht fliegen und lassen sich daher für unsere Experimente in offenen Schalen halten. Die normalerweise fast unbeweglich verharrenden Männchen geraten in Gegenwart eines weiblichen Seidenspinners oder unter dem Einfluß eines Extraktes aus den Hinterleibsspitzen der Weibchen in starke Erregung.« Dies alles klingt sehr sachlich, sehr wissenschaftlich – und der Laie mag denken, daß dies alles ganz selbstverständlich sei. Aber schon in dieser Ausgangssituation zeigte sich, daß Chemiker nicht gleich Chemiker ist. Butenandts Vorgänger hatten ihre Experimente mit Wildschmetterlingen gemacht, er selber entschied sich für den Seidenspinner. Scheinbar ein kleiner Unterschied nur, aber ein entscheidender.

»Wir halten die Männchen bei 20 Grad Raumtemperatur«, berichtet Butenandt weiter. »Wenn man mit der Spitze eines sauberen, trokkenen Glasstabes in ihre Nähe kommt, verharren sie unbeweglich. Taucht man die Spitze des Glasstabs in eine lockstoffhaltige Lösung und bringt ihn erneut in die Nähe der Männchen, so tritt bei Überschreiten der Reizschwelle zunächst eine spontane Bewegung der Fühler auf. Ihr folgt ein heftiges Flügelschlagen. Bei hoher Dosierung schließt sich ein Schwirrtanz der Männchen an.«

So begann die Suche nach den Sexualhormonen. Aber erst 20 Jahre später war ein Ergebnis sichtbar. Doch mit welchem Aufwand! Zahlen sagen oft wenig aus. Hier aber sprechen Zahlen deutlicher als viele Worte. 1953 kaufte Butenandt eine Million Kokons. Aus ihnen schlüpften 313 000 weibliche Seidenspinner. Aus den Drüsen dieser 313 000 Seidenspinner-Damen gewann man drei Milligramm des Duftstoffes. Zu wenig, um die chemische Zusammensetzung analysieren zu können.

1959 stand der Extrakt aus etwa 500 000 Drüsen weiblicher Seidenspinner zur Verfügung. »Nun endlich«, berichtet Butenandt, »wurde das Ziel unserer 1939 begonnenen Bemühungen erreicht. Es gelang uns, zwölf Milligramm reinen Lockstoffs zu kristallisieren, in reiner Form darzustellen und in seinem chemischen Aufbau aufzuklären.« Für den Chemiker war die Formel, die Butenandt aufzeichnete, eine Sensation:

$CH_3\text{-}(CH_2)_2\text{-}CH{=}CH\text{-}CH{=}CH\text{-}(CH_2)_8\text{-}CH_2\text{-}OH.$

Dies ist die Formel für den Bau des Sexual-Lockstoffs des Seidenspinner-Weibchens.

Und der praktische Wert des ganzen Aufwands von zwanzig Jahren? Die Millionen, die investiert wurden – von der Bayer AG, Leverkusen, von der F. Hoffmann-La Roche & Co. AG, Basel, von der Schering AG, Berlin, und auch von der Deutschen Forschungsgemeinschaft –, haben sie sich gelohnt?

Butenandts Antwort, offen und ehrlich: »Die Kenntnis vom Bau des Sexual-Lockstoffs des Seidenspinners könnte möglicherweise praktische Bedeutung haben zur Bekämpfung von Schmetterlingen, die als Pflanzenschädlinge gefürchtet sind. Doch das ist noch Zukunftsmusik. Uns interessierte zunächst allein die Frage nach dem Wesen eines Stoffes, der so entscheidend an der Verständigung von Individuen des Insektenreiches mitwirkt. Doch würde es uns freuen, wenn sich aus der mühsamen Arbeit ein zusätzlicher Nutzen entwickeln würde.«

Diese Geschichte ist ein Beispiel, welches chemische Forschung charakterisiert.

Butenandt ist nur ein Name, wenn auch ein berühmter. In aller Welt forschen und suchen Chemiker wie er. Und der Urgrund ihrer Forschungen beginnt dort, wo heute viele meinen, daß er dort nicht liege: In den Geheimnissen der Natur...

Die Entzauberung der Hormone ist dafür ein unwiderlegbarer Beweis. »Dinge, die chemischen Prozessen entstammen«, sagte Dr. Reinhold Rathscheck, »müssen nicht ›unnatürlich‹ sein. Sonne und Erde, Vulkane und Meere, Pflanzen und Tiere, der Mensch – sie alle sind Zeugen der Natur für ›natürliche‹ Chemie. Wir wären weder gezeugt noch geboren worden, wenn es unseren Eltern an den Hormonen, den Produkten körpereigener Chemie, gemangelt hätte. Und ob diese Hormone, sei es das Östron oder das Testosteron, im menschlichen Organismus entstehen oder in der Retorte des Chemikers – es bleibt dasselbe natürliche Molekül.«

Diese Aussage gilt auch für »die Pille«, die ohne die Entzauberung der Sexualhormone undenkbar gewesen wäre. Der Wirbel, der um sie entstand, als sie 1960 zum ersten Mal in den USA auf den Markt kam und ein Jahr später in Deutschland, hat allerdings seinen tiefsten Grund nicht in der Chemie der Pille. Er liegt in der kaum faßbaren Vorstellung, daß der Mensch – mit Hilfe eines Medikaments – die Entstehung neuen Lebens zuverlässig steuern kann, wenn er es will. Zum ersten Mal, seit es Medikamente gibt, verbanden sich mit ihrem Gebrauch Fragen der Ethik und der Moral. Zum ersten Mal rührte ein Medikament an jahrhundertealte Sexualtabus. Es ist nicht übertrieben, zu behaupten, daß »die Pille« auf die Menschheit einen Einfluß ausübte wie keine andere Droge in der Geschichte. Sie eröffnete neue Aspekte zur Dämpfung der Bevölkerungslawine, sie veränderte das sexuelle Verhalten von Mann und Frau, sie warf heikle religiöse und politische Fragen auf. Kein Wunder, daß die meisten amerikanischen Arzneimittelfirmen dem Vater der Pille, dem amerikanischen Biologen Gregory Pincus von der Worcester Foundation for Experimental Biology im US-Staat Massachusetts, die Mitarbeit versagten. »Sie hielten die Geburtenkontrolle mit Hilfe der Chemie für ein allzu heißes Eisen«, sagte Pincus kurz vor seinem Tod.

Heute, 20 Jahre später, nehmen über 50 Millionen Frauen in aller Welt die Pille. Eine imponierende Zahl, möchte man meinen. Doch sie wird weniger eindrucksvoll, wenn man weiß, daß es auf Erden derzeit etwa 500 Millionen Frauen im gebärfähigen Alter gibt.

Keine »Pille für den Mann«?

Die Frage liegt nahe. Die Sexualhormone sind entzaubert. Die männlichen und die weiblichen sind im Zusammenwirken von Chemikern aus aller Welt isoliert, analysiert und auch auf chemischem Weg hergestellt. Doch noch immer ist es die Frau, die die Pille nehmen muß. Wo aber bleibt die Pille für den Mann?
In einem Krankenhaus von Los Angeles begann am 17. Januar 1976 ein Testprogramm, das die Entwicklung der Pille für den Mann entscheidend vorantreiben soll. 45 Freiwillige haben sich eineinhalb Jahre lang ein chemisches Antiandrogen einspritzen lassen, das die Wirkung des männlichen Sexualhormons Testosteron blockieren soll. Dadurch wird die Entwicklung der männlichen Samenzellen verhindert.
Dr. William Swerdloff, der Leiter des Testprogramms, erklärte: »Wir hoffen, daß die pharmazeutische Industrie auf Grund unserer Versuche innerhalb der nächsten Jahre als Gegenstück zur Pille für die Frau eine Pille für den Mann entwickeln kann.«
Bisher sind alle Versuche dieser Art wegen starker unerwünschter Nebenwirkungen der verwendeten Präparate abgebrochen worden. Es kam dabei zur »Verweiblichung« der Versuchspersonen, bei denen sich in einigen Fällen sogar Brüste entwickelten.
Tatsache aber ist, daß nur wenige Chemiker und Biologen den Optimismus von Swerdloff aus Los Angeles teilen, daß sie nicht glauben, daß innerhalb der nächsten Jahre eine Pille für den Mann entwickelt sein wird. Nun liegt dies wahrlich nicht daran, daß die Forschung auf diesem Gebiet vorwiegend von Männern betrieben wird und Männer kein Interesse daran haben, ein Kontrazeptivum für ihr Geschlecht zu entwickeln. Emanzipierte Frauen haben tatsächlich einen solchen Vorwurf erhoben. Man kann ihn vergessen. Überall in der Welt ist man sich heute darüber einig, daß die Geburtenkontrolle bei der Frau allein nicht ausreichend ist, um die drohende Gefahr der Bevölkerungsexplosion einzudämmen. Weltweit werden daher auch Forschungen gefördert, die vielleicht einmal zur Entwicklung einer Methode oder eines Medikaments ähnlich der Anti-Baby-Pille führen, mit denen Geburtenkontrolle auch über den Mann betrieben werden kann. In Kliniken in aller Welt – auch

in einer Klinik in West-Berlin – finden Versuchsreihen statt, die die Wirkung des männlichen Sexualhormons Testosteron auf die Fruchtbarkeit des Mannes untersuchen. Es sind Freiwillige, die sich dafür zur Verfügung gestellt haben.

Die beiden Berliner Professoren, Dr. med. Bernhard Schenck und Dr. med. vet. Friedmund Neumann, beide international anerkannte Forscher auf dem Gebiet der Hormone, sagten zu diesen Versuchen:

»Die Gründe, warum es so schwierig ist, Kontrazeptiva für den Mann auf Sexualhormon-Basis zu entwickeln, sind sicher in der so völlig anderen Fortpflanzungsphysiologie des Mannes begründet. Den Ovulationshemmern bei der Frau vergleichbar wäre beim Mann ein Präparat, das die Samenzellreifung – die Spermatogenese – hemmt. Hier zeigen sich aber die entscheidenden Schwierigkeiten. Bei der Frau ist die Ovulation ein hormonell gesteuerter, alle vier Wochen nur einmal ablaufender Vorgang. In der Regel reift nur eine einzige Eizelle – dementsprechend leicht ist die Ovulation durch Hormone hemmbar.

Beim Mann aber reifen täglich und stündlich Millionen von Samenzellen aus. Auch ein Laie wird sich vorstellen können, daß dieser ebenfalls durch Hormone gesteuerte Vorgang sehr viel schwerer hemmbar ist.

So sind die Hormondosen, die zur Hemmung der Samenzellreifung erforderlich sind, etwa 50- bis sogar 100fach höher als jene Hormondosen, die die Ovulation bei der Frau hemmen. Man kann also auch unterstellen, daß die Nebenwirkungen beim Mann um ein ebenso Vielfaches höher sein werden als bei der Anti-Baby-Pille der Frau.

Schließlich setzt die Wirkung derartiger Präparate beim Mann erst nach Wochen, manchmal sogar erst nach Monaten ein. Und es dauert auch wiederum Wochen und Monate, bis die Fruchtbarkeit des Mannes wieder eintritt, nachdem das Präparat abgesetzt wurde.

Dies bedeutet also: Niemand kann mit Gewißheit sagen, wann der Mann ›unfruchtbar‹ und wann er wieder ›fruchtbar‹ wird. Nur durch langwierige Untersuchungen des männlichen Samens kann es festgestellt werden.

Die bisherigen Versuche haben gezeigt, daß die erforderlichen Hormondosen beim Mann zu schweren Stoffwechselschädigungen

führen können, zur Erkrankung von Prostata und Gallenblase, sogar zum Verlust der männlichen Libido und Potenz.«
Es ist also nicht übertrieben zu behaupten, daß die Pille für den Mann noch eine Zukunftsvision ist. Die verantwortungsbewußten Chemiker, Biologen und Ärzte wissen es. In seltener Offenheit bekannte Professor Dr. Rudolf Wiechert in einem Vortrag vor der Gesellschaft Deutscher Chemiker am 23. Juni 1976:
»Natürlich wäre es wünschenswert, daß eines Tages auch der Mann in eine chemische Fruchtbarkeitskontrolle einbezogen werden kann. Noch aber ist man weit von der Entwicklung einer Pille für den Mann entfernt – nicht zuletzt wegen der sicher noch ungenügenden Erforschung der Vorgänge im männlichen Körper. Unsere Kenntnisse sind so gering, daß es heute noch nicht möglich ist, gezielte Eingriffe in die Reifung und den Stoffwechsel der Spermatozoen vorzunehmen.«
Zu einem ähnlichen negativen Ergebnis kamen auch die Teilnehmer an einem wissenschaftlichen Workshopkongreß Ende 1978 in Geilo in Norwegen. Am Ende dieses Kongresses stand die Feststellung: Es gibt zur Zeit keine einzige aussichtsreiche Methode, mit der in absehbarer Zeit – und damit ist ein Zeitraum von acht bis zehn Jahren gemeint – Fertilitätskontrolle unter Einschaltung des Mannes möglich wäre. Dabei sollte man auch bedenken, daß in den letzten Jahren von den verschiedensten Institutionen und Gremien, auch von der WHO, der Weltgesundheitsorganisation, erhebliche Mittel für die Forschungen auf diesem Gebiet zur Verfügung gestellt wurden.
Die Entzauberung der Hormone wird weiter versucht werden. Doch niemand weiß, wann sie beendet sein wird, welche neuen Erkenntnisse für das menschliche Verhalten, für die Steuerung gewollten und nicht gewollten Lebens sie mit sich bringen wird. Forschung ist nie am Ende, sondern immer auf dem Weg.

3

Chemie im Kampf gegen den Tod

Das Wunder der Sulfonamide und Antibiotika

Drei Tage noch bis zum Heiligen Abend. Auf die Tannen im Park einer Villa in Wuppertal-Elberfeld rieselte Schnee. Auf der Terrasse stand der Weihnachtsbaum, wartete darauf, daß er mit Lametta und Kugeln, mit Gebäck und Nüssen geschmückt werde. Wartete auf die Kerzen, deren Licht die Augen eines Kindes widerspiegeln sollten.

Vier Jahre war es alt, ein Mädchen. Es lag in einem kleinen Zimmer. Es hörte nicht, wie überall Musik in der Luft lag. Es roch nicht den Duft von Lebkuchen. Sein Gesicht glühte wie Feuer. Fieber verzehrte seinen Körper, tödliches Fieber.

Im Zimmer nebenan saßen zwei Männer. Der eine ein Chirurg. Sein Name ist vergessen. Er hatte das Mädchen bisher behandelt. Und sah nur noch eine Möglichkeit, um – wenn überhaupt – das Leben der Vierjährigen zu retten. Infolge eines Stiches mit einer Stricknadel, einer scheinbar harmlosen Verletzung, war Todesgefahr entstanden: eitrige Gewebeentzündung und Blutvergiftung. Für den Chirurgen gab es nur noch eine letzte Hoffnung: Amputation des Arms. Der Chirurg hatte vierzehnmal durch Schnitte – Inzisionen, sagte er – versucht, die Entzündung und die Blutvergiftung zu bremsen. Vergebens. Aber er hatte getan, was man damals gegen Infektionen tun konnte. Und Millionen Ärzte in aller Welt hätten damals nichts anderes gesagt als: »Amputation – oder Tod.«

Man sollte dem Chirurgen von Wuppertal-Elberfeld deswegen keinen Vorwurf machen. Es gibt ein medizinisches Ethos. Es heißt: Leben erhalten. Auch um den Preis eines Armes – wie in diesem Fall. Auch wenn es besonders tragisch war, daß es sich um den Arm eines vierjährigen Mädchens handelte. Der Chirurg lehnte jede weitere Verantwortung für das Leben der Vierjährigen ab, wenn die Amputation nicht innerhalb von zwölf Stunden vorgenommen würde.

Der Name des Vaters, dem der Chirurg dieses Ultimatum stellte, ist bekannt, er ist heute sogar weltberühmt: Dr. Gerhard Domagk. Im Ersten Weltkrieg, den er als junger Medizinstudent mitmachte, sah er Tausende vor seinen Augen sterben, weil die Ärzte den Infektionskrankheiten hilflos gegenüberstanden. Wundinfektionen machten mühsam errungene Erfolge der Chirurgie wieder zunichte. Der Gedanke ließ ihn nicht mehr los, daß es doch Möglichkeiten geben müsse, diese unheimlichen Infektionskrankheiten wirksam zu bekämpfen. Wie kann man den Körper gegen diese Krankheitserreger schützen? Wie kann man die Zellsysteme, die für die Vernichtung eingedrungener Bakterien verantwortlich sind, in ihrer Abwehr unterstützen? Dies waren die drängenden Fragen, die einer Antwort bedurften.

Doch Domagks Forschertraum erfüllte sich erst 1927, als er von Bayer, damals zum großen IG-Farben-Konzern gehörig, das Angebot erhielt, die Leitung des neuen Instituts für experimentelle Pathologie und Bakteriologie zu übernehmen. Er zögerte keine Sekunde. Nun standen ihm die riesigen Laboratorien und erfahrene Chemiker zur Verfügung, denen es schon gelungen war, chemotherapeutische Mittel zum Beispiel gegen die Malaria zu entwikkeln. Warum sollte nicht auch anderen Infektionskrankheiten beizukommen sein?

Eine mühsame, nerventötende Kleinarbeit begann. Zahllose Versuche an Mäusen, Ratten, Kaninchen und Meerschweinchen, die von Domagk mit Bakterien infiziert worden waren und dann mit den verschiedensten Farbstoffen, von den Chemikern Dr. Joseph Klarer und Dr. Fritz Mietzsch im Labor entwickelt, behandelt wurden. Die Ergebnisse blieben enttäuschend, fast fünf Jahre lang. Jagte man einem Phantom nach? Einem Traum von Möglichkeiten der Chemotherapie, die es doch nicht gab?

Fünf Jahre vergingen, Herbst 1932 war es geworden, als Domagk von seinen Chemikern einen besonders leuchtenden, ziegelroten Farbstoff zur Prüfung erhält. Auf den Glasbehälter ist ein Zettel geklebt. Man liest: »Präparat D 4145«. Deutlich gesagt: Innerhalb von knapp fünf Jahren wurden über viertausend Substanzen verschiedener Farbzusammensetzung entwickelt und geprüft. So weit und lang ist oft der Weg von einer chemischen Substanz bis zu einem möglichen wirksamen Medikament.

Wieder Tierversuche. Hunderte von Mäusen wurden mit Streptokokken, den kugelförmigen Bakterien, injiziert. Peinlich genau wurde über jeden Tierversuch Protokoll geführt: Welche Krankheit besteht, welches Präparat in welcher Menge verordnet wurde, wie sich die Tiere verhielten, wie lange die Behandlung durchgeführt wurde.

Wenige Stunden vor dem Heiligen Abend 1932 schien endlich das Ziel erreicht. In einem Protokoll liest man: »Präparat D 4145 =

K730 ca. 0,5 g per os verabreicht. Das Tier ist sehr munter, frißt sehr stark, die Gelenkschwellungen an den Zehen und Sprunggelenken sind verschwunden.«

Mit anderen Worten: Präparat D4145, dem Versuchstier K730 in einer Menge von 0,5 Gramm eingegeben, zeigte positive Wirkung. Der ziegelrote Farbstoff aus der Gruppe der komplizierten chemischen Verbindungen, die später den Sammelnamen SULFONAMIDE erhielten, ließ hoffen.

Doch es war noch zu früh, zu frohlocken, noch nicht an der Zeit, einen Versuch am Menschen, die klinische Erprobung zu beginnen. Andere Fragen waren zuvor noch zu klären: Würden sich bei den Versuchstieren schädliche Nebenwirkungen an irgendwelchen Organen zeigen? Welche Folgen könnten sich bei Erhöhung der Dosis von 0,5 Gramm ergeben? Nein – nur nicht voreilig den Erfolg in aller Welt verkünden. Man wollte nicht den Fehler eines weltberühmten Gelehrten wie Professor Dr. Robert Koch wiederholen, der voreilig von seinem Triumph über die Tuberkulose mit dem von ihm entwickelten Tuberkulin berichtet hatte und dann doch später das bittere Geständnis ablegen mußte, daß das Tuberkulin unangenehme und gefährliche Nebenwirkungen habe.

Dr. Domagk und die Verantwortlichen bei der Bayer AG legten Wert auf eine subtile Klärung aller Wirkungen, aber auch aller Nebenwirkungen des neuen Präparats mit dem Ziffernkennzeichen D4145, von Domagk selbst mit dem Namen Prontosil belegt. So ging die Zeit dahin, fast ein volles Jahr, Tierversuche in kaum überschaubarer Zahl – und die Ergebnisse am Versuchstier K730 waren kein Zufallserfolg, sie bestätigten sich. Chemiker und Mediziner gemeinsam leiteten eine neue Epoche im Kampf gegen zahllose Infektionskrankheiten ein. Die Chemiker waren die Erfinder des Wirkstoffes, die Mediziner die Entdecker der Wirksamkeit.

Nur der letzte entscheidende Schritt war noch zu tun: die Erprobung am Menschen im ausführlichen klinischen Versuch. Nicht immer reagieren Tier und Mensch in gleicher Weise. Die Geschichte der Pharmaforschung weiß viele Beispiele aufzuzählen. Dr. Domagk hatte die Kliniken schon ausgewählt: die Innere Abteilung der Städtischen Krankenanstalten in Wuppertal-Elberfeld, Chefarzt Dr. Philipp Klee, und die Hautklinik der Medizinischen Akademie in Düsseldorf, Chefarzt Dr. Hans Theodor Schreus. Anfang 1934 sollte die Wirksamkeit von Prontosil am Menschen erprobt werden. Von all dem wußte der Chirurg nichts, der am Heiligen Abend 1933 Dr. Domagk vor das Ultimatum gestellt hatte, daß es für Domagks vierjährige Tochter nur eine Alternative gab: Amputation des Arms oder Tod. Es gab kein wirksames Mittel gegen Gewebeentzündung und fortschreitende Blutvergiftung als die rechtzeitige Amputation. Das war sein Wissensstand – und die Ärzte in aller Welt hätten keine andere Prognose gestellt.

Denn: Von Chemotherapie, von Prontosil – im Tierversuch wirksam – wußte nur eine Handvoll Leute. Und die beiden Chefärzte, in deren Kliniken die ersten Versuche am Menschen beginnen sollten.

Selten hat das Schicksal einen Forscher so auf die Probe gestellt wie Dr. Domagk. Konnte er es wagen, durfte er es wagen, die wirksame Substanz, das rote Pulver Prontosil, seiner eigenen kleinen Tochter zu geben, um die lebensgefährliche Infektion zu bekämpfen? Gewiß: Die Chancen standen 99 : 1, daß alles gutgehen werde. Die jahrelangen Erfahrungen mit den Tiertests sprachen dafür. Aber gab es nicht doch noch ein Prozent Ungewißheit? Niemand weiß, was Dr. Gerhard Domagk in diesen Stunden des Überlegens durchlitt, er hat nie darüber gesprochen. Doch der Gedanke muß ihm unerträglich gewesen sein, sein Kind als Krüppel durch sein ganzes langes Leben gehen zu sehen. Lohnte es sich, zur Bewahrung davor den winzigen Unsicherheitsfaktor in Kauf zu nehmen?

Von den drei großen G's sprach er einmal, die ein Forscher brauche. Er meinte damit Geduld, Geschick und Glück. Geduld und Geschick hatte er über Jahre hinweg gezeigt. Hatte er nicht auch das Glück verdient?

Dr. Domagk gab seinem Kind in wohlüberlegter Dosierung das rote Pulver, und sein Entschluß wiegt um so schwerer, weil hier eine zutiefst menschliche Beziehung zwischen Arzt und Patient bestand: das Vater-Tochter-Verhältnis.

Als die Temperatur des Kindes, die bei nahe 40 Grad gelegen hatte, nach Stunden, die zu Ewigkeiten wurden, auf wenig mehr als 38 Grad gesunken war, wußte Dr. Domagk, daß sein Kind gerettet war, daß es seinen Arm behalten würde. Das Sulfonamid-Präparat hatte zum ersten Mal bewiesen, daß die positiven Ergebnisse der jahrelangen Tierversuche auch bei den klinischen Tests an Kranken

mit an Sicherheit grenzender Wahrscheinlichkeit registriert werden könnten.
Jubel und Triumph? Es hätte nahegelegen, daß Dr. Domagk jetzt schon vom Sieg seines Prontosils über die Bakterien berichtet hätte. Er tat es nicht. Die absolute Gewißheit fehlte noch. Das Wort hatten nun die Chefärzte der beiden Kliniken in Wuppertal-Elberfeld und in Düsseldorf. Dort lagen die Kranken – mit Lungenentzündung, Knochenmarkseiterung, Wundinfektionen, Blutvergiftung und vielen anderen Krankheiten, die durch Streptokokken ausgelöst worden waren. Sie wußten, daß sie mit einem neuen Mittel behandelt werden sollten, und hatten ihr Einverständnis gegeben, mit einem Medikament behandelt zu werden, das im Tierversuch positive Ergebnisse gebracht hatte, von dem man aber nicht genau wisse, ob es für den Menschen ebenso verträglich sei. Es fanden sich genügend Patienten, die ihre Einwilligung gaben. Hoffnung macht Menschen auch mutig.
Über ein Jahr währten diese klinischen Tests. Weder Dr. Domagk noch einer der Chemiker, die die Substanz entwickelt hatten, konnten auf das Ergebnis Einfluß nehmen. Sie konnten die Protokolle der Chefärzte nur abwarten. Die drei großen G's wurden noch einmal auf eine harte Probe gestellt.
In diesem langen, bangen Jahr aber legten Dr. Domagk und seine Chemiker die Hände nicht in den Schoß. Die Chemiker erfanden neue Sulfonamidkombinationen. Versuchstiere wurden mit Bakterien infiziert, die zum Teil schwere Krankheiten zur Folge haben. Die neuen Sulfonamidverbindungen sollten dagegen helfen.
Niemand vermag auch nur annähernd zu sagen, wie viele Millionen in all diesen Jahren investiert wurden, um die Wirksamkeit einer einzigen, ganz bestimmten Sulfonamidverbindung zu entwickeln, zu erproben. Deshalb – und nicht zu Unrecht – korrigierte Dr. Domagk eines Tages seinen Satz von den drei großen G's, die ein Forscher brauche, um erfolgreich zu sein, und sprach von einem vierten großen G, womit er das Geld meinte.
In aller Welt gibt es angesehene Fachzeitschriften, in denen Forscher ihre neuen Erkenntnisse veröffentlichen. Zu ihnen zählt auch die »Deutsche Medizinische Wochenschrift«. Als am Freitag, dem 15. Februar 1935, die Nummer 7 des 61. Jahrgangs erschien, begann ein neues Zeitalter der Chemotherapie. In ihr veröffentlichten die

beiden Chefärzte, die die klinischen Tests vorgenommen hatten, ihre Ergebnisse. Und Dr. Gerhard Domagk nannte seine Arbeit schlicht: »Ein Beitrag zur Chemotherapie der bakteriellen Infektionen«.

Wofür er gearbeitet, woran er geglaubt hatte, als er das Wagnis unternahm, an seiner Tochter den ersten Versuch an einem Menschen zu wagen – nun war es ihm bestätigt worden: Sulfonamide waren zum wirksamen Medikament gegen bakterielle Infektionen geworden. An Tierversuchen war es längst klar gewesen. Doch nun hatten Ärzte Kranke heilen können, für die es vorher keine Hoffnung gab. 1939 erhielt Domagk in Anerkennung seiner großen wissenschaftlichen Leistung, die als »Revolution auf dem Gebiet der Heilkunde« gefeiert wurde, den Nobelpreis für Medizin.

Knapp 25 Jahre später, 1963, ein Jahr vor Domagks Tod, sagte beim alljährlich in Lindau stattfindenden Treffen der Nobelpreisträger Professor Otto Heinrich Warburg zu Dr. Domagk:

»Wenn ich den geringsten Einfluß hätte, würde ich Ihnen in allen Tälern und auf allen Bergen Denkmäler errichten.« Domagk, in seiner sprichwörtlichen Bescheidenheit, wehrte ab: »Das ehrt Sie, aber vergessen Sie nicht, daß Krankheiten, die man heilen kann, niemanden mehr interessieren.«

Der Mann, der zu bescheiden war

Ein Tor war weit aufgestoßen worden, der weltweite Angriff auf die Bakterien, Streptokokken und Staphylokokken und wie sie sonst alle heißen, von Dr. Gerhard Domagk eingeleitet, begann. Seine Entdeckung wurde zum Ausgangspunkt für die gesamte antibakterielle Chemotherapie.

Oft vermögen berühmte Patienten dazu mehr beizutragen als zehntausend erfolgreiche Ärzteprotokolle über unbekannte Patienten.

Franklin D. Roosevelt junior, der Sohn des amerikanischen Präsidenten, war ein berühmter Patient. 1936 erkrankte er an einer schweren Streptokokken-Infektion in den Lymphknoten, die zu

einer schweren Blutvergiftung führte. Sein Arzt, Dr. George Tobey, sah nur in einer Operation die Rettung, verschwieg auch nicht, daß eine Armamputation notwendig werden könnte. Eine merkwürdige Duplizität der Geschehnisse – damals in Wuppertal, als Dr. Domagk um seine Tochter fürchtete, nun, drei Jahre später Roosevelt im Weißen Haus in Washington.
Der Sohn des Präsidenten wehrte sich gegen die Operation, wollte einfach nicht wahrhaben, daß es kein anderes Mittel gebe. Ein Roosevelt – ein Krüppel? Unvorstellbar. Dr. George Loring Tobey war ein Arzt, der alle bedeutenden medizinischen Fachzeitschriften der Welt las. So wußte er auch von Dr. Domagk und seinen Berichten über die Wirksamkeit von Sulfonamiden.
Aber das Mittel war in den Vereinigten Staaten noch nicht im Handel, es befand sich erst im klinischen Test – und Ergebnisse waren noch nicht veröffentlicht. Hier zeigt sich eine Besonderheit, die für alle pharmazeutischen Entwicklungen gilt. Jedes neue Medikament, das in Deutschland zum Beispiel längst zugelassen ist, muß in anderen Ländern oft von den Gesundheitsbehörden registriert werden und vielfach dazu auch noch einmal die gleiche Skala der Kliniktests bestehen, um in den Handel gebracht werden zu können.
Dr. Tobey berichtete dem Präsidentensohn von dem Sulfonamidpräparat des Dr. Domagk, von den Ergebnissen der klinischen Tests in Wuppertal-Elberfeld und in Düsseldorf. Und Franklin D. Roosevelt bestand darauf, daß Dr. Tobey es bei ihm versuche. Vergebens die Hinweise, daß es in den Staaten noch nicht zugelassen sei. Die Antwort Roosevelt juniors etwas spöttisch und sarkastisch: Was bei Deutschen helfe, könne bei Amerikanern doch wohl nicht tödlich sein. Menschen seien doch Menschen und Ärzte Ärzte. Aber es gebe das Präparat noch nicht in den Staaten – so Dr. Tobey. Nicht in den Apotheken – so Roosevelt junior, aber in Kliniken, in denen es erprobt werde. Ja – aber...
Dr. Tobey gab sich geschlagen. Er wußte, daß er gegen das Gesetz handelte, ein noch nicht zugelassenes Medikament einem Kranken zu verschreiben. Er wollte aber nicht seine Stelle als »Leibarzt« der Roosevelts verlieren. Über das Gesundheitsministerium erfuhr er die Kliniken, in denen Domagks Präparat im Test war.
Wenige Tage später erschienen die großen amerikanischen Zeitungen mit der Schlagzeile:

»New Chemical Kills Streptococci in Blood« – »Neues chemisches Medikament tötet Streptokokken im Blut«.
Der Sohn des amerikanischen Präsidenten wurde geheilt, wurde kein Krüppel.
Die Sulfonamide begannen ihren Siegeszug auch in den USA.

Am Anfang war es Zufall

Man muß eine Zeile Bert Brechts aus der Dreigroschenoper zitieren, auch wenn sie so gar nicht in ein Sachbuch über Chemie zu passen scheint: »... denn die einen sind im Dunkeln und die andern sind im Licht...«. Im Licht der Öffentlichkeit stand Professor Domagk. Sein Prontosil hatte ihn weltberühmt gemacht. Im Schatten stand ein anderer. Sein Name: Dr. Alexander Fleming, gebürtiger Schotte, Arzt und Bakteriologe am St. Mary's Hospital in London. Eines Tages, im September 1928, kontrollierte er in seinem Labor routinemäßig das Wachstum verschiedener Bakterienstämme des Typs Staphylokokken, die er auf Nährböden angesetzt hatte. Staphylokokken zählten zu den gefährlichsten Eitererregern, aber es gab noch kein Mittel, um sie zu bekämpfen.
Bei dieser routinemäßigen Überprüfung stellte Fleming fest, daß wieder einmal eine der Kulturen verdorben war. Ein grünlicher Schimmelrasen hatte sich gebildet. Bei einer vorangegangenen Kontrolle mußte sich die Spore eines Pilzes, ein mikroskopisch kleines Schmutzteilchen, auf der Kultur der Eitererreger niedergelassen haben. Natürlich war diese Kultur verdorben. Schon wollte Fleming sie in den Abfalleimer kippen, als er doch noch zögerte. Ihm fiel auf, daß rings um den eingedrungenen Schimmelpilz herum die wuchernden Staphylokokken verschwunden waren. Sah es nicht so aus, als habe der Schimmelpilz sie vernichtet?
Diese Sekunde des Zögerns, dieses hellwache Beobachten bei einer alltäglichen Routinearbeit – es sollte zu einer Sternstunde in der Geschichte der modernen Medizin werden. Zufall? Vielleicht. Glück? Möglicherweise. Viele Jahre später bekannte Fleming offen, daß ihm diese Entdeckung leicht hätte entgehen können, und sagte:

»Mein Verstand hätte von einer jungen Frau ausgefüllt sein können, oder ich hätte unter den Nachwirkungen einer zu schweren Mahlzeit stehen können, oder ich hätte einfach zu träge sein können, um etwas zu merken. Jedenfalls habe ich eine Menge Glück gehabt.«

Nun begann Fleming zu experimentieren, in einem Labor, das mehr einer Rumpelkammer glich und auch nicht keimfrei war, von der mangelnden Ausrüstung ganz zu schweigen. Er ›impfte‹ die verschiedensten Bakterienkolonien mit dem Schimmelpilz, der von Wissenschaftlern des Tropeninstituts der Londoner Universität als Penicillium notatum identifiziert worden war. Und war nach kaum einem Jahr, das seit jenem Tag im September 1928 verstrichen war, davon überzeugt, daß der Schimmelpilz eine Substanz absonderte, die nicht nur Staphylokokken abtötete, sondern auch Streptokokken, Pneumokokken, Milzbrandbazillen, Diphtheriebakterien und noch viele andere. Manche seiner Kollegen lächelten über ihn, glaubten nicht an seinen Wunderpilz von der Gattung Penicillium notatum.

Aus der Stille seines Labors trat Fleming die Flucht nach vorne an. Im Frühsommer 1929 veröffentlichte er im »British Journal of Pathology« und im »Lancet«, der angesehensten medizinischen Zeitschrift Englands, die Ergebnisse seiner Forschungen. Fotos zeigten seine Schimmelpilzkulturen. »Es wird angenommen«, stellte Fleming in diesem Bericht fest, »daß Penicillin ein wirksames antiseptisches Mittel sein könnte, das zum Auftragen oder Einspritzen in mit penicillinempfindlichen Mikroben infizierte Gebiete verwendet werden kann.«

Kein Echo, keine Reaktion. Dabei hätte Fleming gerade jetzt, bei diesem Punkt seiner Forschung, Hilfe gebraucht. Der Wirkstoff aus dem Schimmelpilz mußte isoliert und gereinigt werden, bevor er als Medikament eingesetzt werden konnte. Dazu brauchte Fleming die Unterstützung von Chemikern. Doch keiner fand sich bereit. Fleming blieb im Schatten, zog sich enttäuscht und fast verbittert wieder in die Stille seines armseligen Labors im St. Mary's Hospital zurück.

So vergingen zehn Jahre, dann war es wieder ein Zufall, daß Flemings Penicillin der Vergessenheit entrissen wurde. An der Universität Oxford studierte der aus Deutschland nach England emigrierte Chemiker Dr. Ernst Boris Chain wissenschaftliche Arbeiten über

Substanzen, die das Wachstum von Bakterien behindern. Dabei fielen ihm auch zufällig die beiden Veröffentlichungen Flemings aus dem Jahre 1929 in die Hände.
In seinem Oxforder Labor wiederholte Chain die Experimente, die Fleming beschrieben hatte. Dem erfahrenen Chemiker gelang es mit seinen Mitarbeitern, das Penicillin aus der Kulturflüssigkeit zu extrahieren und zu reinigen. Dann informierte Chain seinen Chef, Professor Howard Florey, einen aus Australien stammenden Chemiker, über seine Arbeiten mit dem Penicillin.
Tierversuche mit infizierten Mäusen, die anschließend mit Penicillin behandelt wurden, ergaben dessen Wirksamkeit. Nun nahmen Florey und Chain Kontakt mit Fleming auf. Eine enge Zusammenarbeit begann. Mit einem unvorstellbaren Aufwand – viele tausend Versuche waren notwendig – schafften sie es in knapp zwei Jahren, das Präparat so aufzubereiten, daß zum ersten Mal – im Februar 1941 – ein Mensch mit Penicillin behandelt werden konnte. Es war ein Londoner Polizist. Er hatte sich beim Rasieren geschnitten, Streptokokken und Staphylokokken waren in die Wunde gelangt und führten zu einer schweren Blutvergiftung. Eine Behandlung mit Sulfonamiden, die die Ärzte des Redcliffe-Hospitals in London vornahmen, blieb ohne Erfolg. Schon gaben sie ihrem Patienten keine Überlebenschance mehr, als sie doch noch einen letzten Rettungsversuch mit Penicillin unternahmen. Innerhalb weniger Tage besserte sich sein Zustand so sehr, daß man nicht mehr um sein Leben fürchten mußte.
Doch dann waren die Penicillin-Vorräte für die Injektionen erschöpft. Die Herstellung neuer Konzentrate dauerte Tage, die fast schon besiegten tödlichen Bakterien begannen ihr vernichtendes Werk von neuem. Der Polizist erlitt einen Rückfall und starb. Aber der Siegeszug der »Königin der Medikamente« war nicht mehr aufzuhalten.
Doch noch zögerten die Pharmafabrikanten in England, die Produktion aufzunehmen – vornehmlich aus Kostengründen. Zudem war der Zweite Weltkrieg ausgebrochen. So flog Howard Florey – die Schimmelpilzstämme und Laborberichte über Penicillin in seinem Gepäck – nach Amerika. Er konnte die amerikanische Regierung davon überzeugen, daß das Penicillin mit Sicherheit unzähligen Kranken und natürlich auch Tausenden von verwundeten Sol-

daten das Leben retten könnte. Die Produktion von Penicillin in großem Maßstab begann.
Obwohl das Medikament bis zum Ende des Krieges der Geheimhaltungsvorschrift unterlag und fast nur zur Rettung verwundeter Soldaten verwendet werden durfte, konnte sein Entdecker Fleming im August 1942 dessen segensreiche Wirkung im Londoner St. Mary's Hospital an einem Zivilisten demonstrieren. Seit Tagen war der 52jährige Patient, von einer heimtückischen Infektion völlig entkräftet und mit hohem Fieber, schon bewußtlos. In den Mittagsstunden des 6. August injizierte Fleming dem Sterbenden 15000 Einheiten seines Penicillins. Und das Wunder geschah: Schon am Abend ging das Fieber zurück, mehr und mehr normalisierten sich Herzschlag und Puls. Bereits am 9. September konnte der ›Todeskandidat‹ das Krankenhaus verlassen.
Ganz England feierte in jenen Septembertagen den inzwischen 61 Jahre alten weißhaarigen Schotten Alexander Fleming und sein Penicillin. Nun endlich, nach Jahren der Verbitterung, der Vereinsamung und Verkennung, stand auch er im Licht. Der englische König adelte den Bakteriologen, der sich nun Sir Alexander Fleming nennen durfte. Im Jahre 1945 erhielt er zusammen mit Howard Florey und Ernst Boris Chain den Nobelpreis für Medizin.
»Überall wo ich hinkomme«, sagte Fleming wenige Jahre vor seinem Tod im Jahre 1955, »wollen mir Leute dafür danken, daß ich ihnen das Leben gerettet habe. Ich weiß nicht recht, warum sie das tun. Die Natur macht das Penicillin, ich habe es nur gefunden.«
Ernst Boris Chain überlebte Fleming um 24 Jahre. Kurz vor seinem Tod 1979 sagte er: »Penicillin hatte einen großen Einfluß auf die therapeutische Medizin. Penicillin und die Antibiotika, die ihm folgten, haben im ganzen die Gefahr der hauptsächlichsten bakteriellen Infektionen ausgemerzt – einschließlich der Tuberkulose. Das war natürlich eine große Revolution. Penicillin hat das Leben der Menschen um rund zehn Jahre verlängert. Aber Infektionskrankheiten sind nur ein kleiner Teil der Krankheiten, die den Menschen befallen. Viele Leiden, zum Beispiel Herzkrankheiten, Rheumatismus etc., können noch nicht geheilt werden. Es muß noch viel Arbeit geleistet werden.«
Das Beispiel Penicillin ist für die notwendige Zusammenarbeit zwischen Medizin und Chemie nur eines von vielen. Medizin kann

nicht und wird nicht ohne Chemie bestehen können. Wenn Fleming schon 1929 die Chemiker gefunden hätte, die er damals brauchte, hätte das Penicillin schon elf Jahre früher zum Retter unzähliger Menschen werden können.

Chemotherapie – Hoffnung gegen den Krebs?

Es war wie ein neuer Frühling, der durch die internationale Forschung der Chemiker und Mediziner ging. Menschen, bisher zum Tode durch ihre Krankheiten verurteilt, konnten gerettet werden. Durch Sulfonamide, durch Antibiotika wie Penicillin und seine Abwandlungen, durch Entzauberung der Hormone. Nobelpreisträger Professor Otto Warburg konnte 1962 feststellen:
»Es ist nicht übertrieben zu sagen, daß Salvarsan, Sulfonamide und Penicillin mehr Menschenleben gerettet haben, als es allen Granaten und Bomben zweier Weltkriege gelungen ist, Menschen zu töten.«
Pharmaforschung befand sich überall im Aufwind, auf Erfolgskurs wie seit langem nicht mehr. Kein Wunder, daß Chemiker, Mediziner und Biologen auch wieder Hoffnung schöpften, die »Zauberkugel« im Kampf gegen den Krebs zu finden. Doch diese Aufgabe war ungleich schwieriger; denn niemand auf der Welt kann bisher auf die Frage Antwort geben: Was ist Krebs? Was löst ihn aus?
So viele Forscher, so viele Meinungen. Kein guter Ausgangspunkt, um ans Ziel zu kommen; denn das Ziel liegt in dichtem Nebel. Die Summen, die allein in den Vereinigten Staaten in den Jahren seit dem Ende des 2. Weltkriegs in den Kampf gegen den Krebs investiert wurden – von Regierung, Chemiekonzernen und privaten Spendern –, übersteigen die Kosten, die die Entwicklung der ersten Atombombe erforderte, um ein Vielfaches. Die Zahl der chemischen Substanzen, die entwickelt wurden und von Medizinern in Tier- und Kliniktests auf ihre Wirksamkeit gegen die ›letzte Geißel des 20. Jahrhunderts‹ erprobt wurden, liegt bei fast einer halben Million.
Doch bleiben wir in Deutschland, bei Professor Domagk zum Bei-

spiel. Seine Erfolge mit der Chemotherapie der bakteriellen und tuberkulösen Infektionskrankheiten spornten ihn an, eine Chemotherapie der bösartigen Geschwülste zu versuchen. Er ging davon aus, daß der Stoffwechsel der Krebszellen sich vom Stoffwechsel einer normalen, gesunden Zelle unterscheidet. Für ihn war eine Krebszelle eine ›stoffwechselkranke‹ Zelle. »Ich bin davon überzeugt«, sagte er auf einer Tagung der Nobelpreisträger in Lindau, »daß eine Chemotherapie auch auf diesem Gebiet möglich sein wird – und hoffe, daß ich es erlebe.«

Vier Jahre später, 1956, übergab Professor Domagk eine Substanz mit der Arbeitsbezeichnung E39 einigen Chefärzten zum klinischen Test. Welches Geheimnis verbarg sich hinter E39?

Chemiker hatten eine Substanz entwickelt, eine sogenannte Äthylenimin-Verbindung, die sich wirksam gegen die Erreger der Mandel-Entzündungen erwies. Warum sollte man diese Verbindung nicht auch auf ihre Wirksamkeit gegen Krebstumore untersuchen?

Wieder wurden Ratten für die Versuche genommen. Es gibt bestimmte Krebsarten, die man von einem daran erkrankten Tier auf ein anderes, gesundes Tier durch Impfung übertragen kann. An der Impfstelle wuchsen die Krebsgeschwülste weiter und streuten auch Tochtergeschwülste aus.

Professor Domagk ließ nun sein Präparat E39 in millionenfacher Verdünnung einige Stunden auf bestimmte Impfkrebszellen einwirken, übertrug sie dann auf Versuchstiere und stellte fest, daß diese Versuchstiere gesund blieben. E39 hatte hier positiv gewirkt. Selbst bei bereits erkrankten Ratten konnten Krebsgeschwülste – auch von Walnußgröße – mit E39 beeinflußt werden.

Als Professor Domagk sich diese Gewebe unter dem Mikroskop betrachtete, stellte er fest: Die Krebszellen waren nicht nur schwer geschädigt, sie waren zum Teil sogar verschwunden. An den inneren Organen Leber, Milz, Herz und Gewebe ließen sich keine krankhaften Veränderungen feststellen. Nun konnte Domagk es verantworten, E39, unscheinbare kleine Kapseln, in den klinischen Test zu geben. Am Städtischen Krankenhaus Bielefeld begannen die Versuche.

Ihr Ende erlebte Professor Domagk nicht mehr. Aber er wußte, daß dies, der Kampf gegen den Krebs, die Aufgabe der Zukunft sein werde. »Da ich weiß«, sagte er kurz vor seinem Tod, »mit welchen Mühen und Enttäuschungen und mit wieviel Anstrengung ehrliche Forschungsarbeit verknüpft ist, möchte ich als kleinen Ansporn und Dank an unsere jungen Forscher für die beste Arbeit über den Stoffwechsel der Krebszellen für 1964 einen Preis von DM 10000 stiften.«

Es war ein Testament. Wenige Stunden vor seinem Tod, am 24.6. 1964, umriß er diese Aufgabe noch einmal. Er wollte nach Kassel fahren, zur Tagung der Mitglieder der Friedensklasse des Ordens ›Pour le mérite‹, dort einen Vortrag halten.

In seinem letzten Manuskript stehen die Sätze: »Wir alle, Chemiker und Ärzte, hatten nur ein großes Ziel: dem Kranken zu helfen, so gut es ging. Es hat sich gelohnt. Wir haben eine fruchtbare Epoche der Heilkunde miterlebt. Aber Wollen allein genügt nicht zum Vollbringen. Viel Fleiß gehört dazu – auch viel zum Teil enttäuschende Arbeit. Das sind allein die Voraussetzungen, um richtig mit der Forschung beginnen zu können und mit unendlicher Geduld immer weiterzuforschen. Trotzdem bleibt immer das große Risiko, ob es gelingen wird – und das ist gut so.«

E39? Es war ein Versuch im Kampf gegen den Krebs. Als am Städtischen Krankenhaus Bielefeld die klinischen Tests abgeschlossen waren, konnte man immerhin feststellen, daß mit Domagks Präparat – an 72 Patienten erprobt, und es waren aufgegebene Patienten – bei einem Viertel Besserung ihres Zustandes erzielt worden war und bei einem weiteren Viertel zumindest eine Verschlechterung ihres Zustands aufgehalten werden konnte. Aber der Durchbruch – wie bei den Sulfonamiden – war es nicht. Den Durchbruch gibt es bis heute nicht. Die Zauberkugel gegen Krebs ist immer noch ein Traum für die Kranken, eine Herausforderung für die Chemiker, Mediziner und Biologen überall in der Welt.

Heute weiß man, daß es mehr als 100 verschiedene Krebsarten gibt – und fürchtet, daß es kein Universalmittel gegen alle geben kann. Es sei denn, ein Wunder geschieht. Aber Forscher glauben nicht an Wunder.

Das Rezept, das Krebskranken heute, 16 Jahre nach Domagks Tod, gegeben werden kann, ist noch wenig tröstlich. Rechtzeitige Voruntersuchung, Operation, Bestrahlung. Und – vielleicht dazu – ein klein wenig Hilfe durch chemische Medikamente.

45 Millionen Mark erhielt im Jahre 1977 das Deutsche Krebsforschungszentrum in Heidelberg. Nirgendwo in der Bundesrepublik sind so viele Chemiker, Mediziner, Biochemiker und Pharmakologen tätig, um den Krebs einzukreisen. Doch noch kann niemand Antwort auf die Frage geben, was Krebs ist: Ein Membran-Defekt? Ein Kurzschluß im Kommunikationssystem der Zellen? Ein durch Umweltverschmutzung ausgelöstes Erbe unserer Industriegesellschaft? Eine genetisch verankerte Viruserkrankung?

Tausende von Krebsforschern in aller Welt trafen sich im Oktober 1978 in Buenos Aires, um mehr Klarheit in das verwirrende Bild der bösartigen Zell-Neubildungen zu bringen. Einig waren sie sich am Ende des Kongresses nur in einer Feststellung: Die Hauptursache für die Entstehung eines Krebses besteht in vielfältigen Faktoren der Umwelt. Nur in Ausnahmefällen – wie beim Mongolismus oder bei krebskranken Säuglingen – scheint Vererbung die Hauptrolle zu spielen.

Ein mageres Ergebnis der Wissenschaftler aus aller Welt. 1982 werden sie sich wieder treffen zum nächsten Weltkrebskongreß in Seattle, USA. Sicher werden sie dann viele neue Erkenntnisse ›in die schwarzen Löcher des Unwissens‹ über den Krebs gefüllt haben.

Vielleicht muß man hier noch einmal Ernst Boris Chain zitieren, der kurz vor seinem Tod gefragt wurde, wie man im Kampf gegen den Krebs weiterkommen werde. In seiner Antwort holte er weit aus und sagte:

»Noch nie wurde ein Heilmittel für irgendeine Krankheit gefunden, indem man dieses Heilmittel gezielt geplant hat. Man muß ein neues biologisches Phänomen beobachten, wenn man eine Substanz verabreicht. Wenn man eine solche Substanz hat, muß man sie studieren. Es gibt jedoch viele Leute, die die Wichtigkeit dieser Arbeit nicht einsehen und denken, wir verschwenden unsere Zeit, wenn wir diese fundamentalen physiologischen Arbeiten tun. Ich persönlich glaube, daß wir unsere Zeit verschwenden, wenn wir diese Arbeit nicht tun und enorme Geldsummen ausgeben, um beispielsweise Krebs zu heilen. Ich glaube nicht, daß irgend jemand ein Heilmittel gegen Krebs finden wird mit dieser unreifen Methode.«

Boris Chain mag sich irren – wie sich auch Domagk geirrt hat in der Hoffnung, ein Heilmittel gegen Krebs gefunden zu haben.

Professor Dr. med. Dietrich Schmähl, Leiter des Instituts für Toxikologie und Chemotherapie am Deutschen Krebsforschungszentrum Heidelberg, stellte fest: »Wir müssen uns von dem Gedanken lösen, daß es jemals eine für alle Tumorformen gleichermaßen wirksame Chemotherapie geben kann. Eine ganz wesentliche Aufgabe praxisnaher Forschung auf dem Gebiet der Chemotherapie scheint mir zu sein, sich um eine Verringerung der Toxizität, also der Giftigkeit der heute in der Chemotherapie verwendeten Substanzen zu bemühen. Hier geht es um ein wesentliches ärztlich-ethisches Problem; denn bei der heute angewendeten Chemotherapie ist es leider nicht selten der Fall, daß eine Verlängerung des Lebens um wenige Monate mit einer erheblichen subjektiven Beeinträchtigung des Patienten verbunden sein kann.
Wir müssen uns kritisch fragen, ob ein solches Vorgehen dann noch seine Berechtigung findet, wenn durch die Behandlung die letzten Lebenswochen oder Lebensmonate möglicherweise nur schwer lebenswert werden. Gelänge es eines Tages, die Krebschemotherapie effektvoll zu gestalten, ohne das Befinden des Patienten wesentlich zu tangieren, so wäre für den krebskranken Menschen sehr viel getan.«
Das Fazit: Die derzeit größte Chance im Kampf gegen bösartige Zellbildung liegt darin, noch im Vor- oder im Frühstadium den zerstörerischen Prozeß zu finden und ihn operativ zu unterbrechen.
»Bis zur Therapie am kranken Menschen«, so Dr. Schmähl, »ist es noch ein weiter Weg. Nur die Frühdiagnose des Krebses macht es möglich, schon die beginnende Entartung der Zellen zu bekämpfen.« Aber hier kann weder der Mediziner noch der Chemiker helfen.
Hier gibt es nur ein ›Medikament‹: Es heißt Vorsorgeuntersuchung. Jeder kann von diesem ›Medikament‹ Gebrauch machen, wenn er regelmäßig und rechtzeitig den Weg zu seinem Arzt nicht scheut.

4

Vom Reagenzglas in die Apotheke

Wie sicher sind Medikamente?

Der Besatzung eines Funkstreifenwagens fiel auf der nächtlichen Routinetour der große schwarze Personenwagen auf. Er stand schräg auf dem Gehsteig, der Kühler hatte sich in eine dichte hohe Hecke hineingebohrt. Als einer der Streifenbeamten zum Wagen ging, sah er die reglose Gestalt über dem Lenkrad. Er stellte fest: Der Körper noch warm, schwacher, wenn auch kaum mehr fühlbarer Puls. Minuten später fuhr ein Rotkreuz-Wagen mit Blaulicht und Sirene zur Universitätsklinik.

Die Diagnose war schnell gestellt: Herzinfarkt. Die Gegenmaßnahmen waren fast eine Routinesache. Zuerst einmal Nitropräparate und Beruhigungsmittel. Sie erweiterten die Herzkranzgefäße vor allem an der Peripherie, senkten den Blutdruck, entlasteten das Herz von der Schwerarbeit, verringerten den Sauerstoffverbrauch. Allmählich stellte sich wieder eine ausgeglichene Sauerstoffbilanz ein. Die tödliche Gefahr war gebannt, doch das Risiko der Wiederholung war immer noch gegeben. An eine Entlassung aus der Universitätsklinik war so schnell nicht zu denken, wenn man von ärztlicher Seite mehr tun wollte als nur diesen akuten Herzanfall zu behandeln. Mehr heißt in dieser Krankheitsgeschichte: Mit einer medikamentösen Behandlung der Herzkranzgefäße des Patienten nicht nur einen Augenblickserfolg zu erreichen, sondern anhaltende Besserung.

Die Mediziner kannten die erschütternden Zahlen der Todesursachen des Jahres 1978. Eine nüchterne Statistik nur – aber ein Alarmsignal und mehr noch: eine Aufgabe. 1978 starben in der Bundesrepublik Deutschland 345623 Menschen – bei insgesamt 723218 Todesfällen – an Herz-, Kreislauf- und Gefäßerkrankungen. Allein 79344 Menschen starben unmittelbar nach einem Herzinfarkt.

Davon wußte jener Patient jedoch nichts. Er war 45, ein Mann in den besten Jahren also, wie man zu sagen pflegt, etwas übergewichtig, mit Alkohol und Nikotin sogar »sparsam«, ein guter Familienvater – aber eben wie Millionen im Streß, sich in seinem Beruf zu behaupten.

Als die kritische Phase im Befinden des Patienten abgeklungen war, stellte der Chefarzt, ein Spezialist für Koronarerkrankungen, ihm die Frage, ob er seine Zustimmung gebe, sich mit einem neuen Medikament weiterbehandeln zu lassen, das sich allerdings noch im klinischen Teststadium befinde.

Eine skeptische Gegenfrage, fast mit dem Unterton der Entrüstung gestellt. Der Chefarzt hatte sie auch erwartet – bei diesem Patienten genauso wie bei anderen, die er mit dem gleichen Vorschlag konfrontiert hatte: ein neues Medikament, das vom Bundesgesundheitsamt in Berlin noch nicht zum Verkauf in den Apotheken freigegeben war, an sich erproben zu lassen? Geschieht hier nicht etwas Ungeheuerliches? Ist ein solches Ansinnen überhaupt mit dem Gewissen, mit dem Berufsethos eines Arztes zu vereinbaren? Gleicht ein solcher Vorschlag nicht einem Glücksspiel, bei dem man gewinnen oder verlieren kann? Besteht auch nur die Spur einer Chance, gefährliche Nebenwirkungen nicht in Kauf zu nehmen, die zum Beispiel dazu führen, daß die Krankheit, gegen die das Medikament eingesetzt wird, geheilt wird, aber eine andere – durch mögliche Nebenwirkungen verursacht – an ihre Stelle tritt?

Verständliche Fragen, begreifbare Ängste. Was aber gibt den Ärzten den Mut, den Glauben und die Hoffnung, mit ihrem Vorschlag ihrem hippokratischen Eid gerecht zu werden, dessen oberste Maxime fordert: Leben zu erhalten und zu bewahren?

Die Antwort darauf kann nicht mit einem Satz gegeben werden. Denn der Weg einer möglicherweise wirksamen Substanz, von Chemikern entwickelt und analysiert, ist ein einziger, langer Marsch durch Prüfungen, dauert heute mindestens sechs bis acht Jahre. Um bei unserem eingangs erwähnten Beispiel zu bleiben: Das Medikament, das der Chefarzt seinem Koronarpatienten vorschlug, hatte zu diesem Zeitpunkt schon zahllose Prüfungen durchlaufen. Über vier Jahre hatten sie gedauert.

Wie aber begann es? Ein Blick in die Forschungslaboratorien der pharmazeutischen Industrie macht es deutlicher. Überall arbeiten Chemiker an neuen Substanzen, aus denen – eventuell – nach Jahren ein neuer Wirkstoff entstehen kann, eine neue Waffe des Arztes im Kampf gegen Krankheit und Tod. Die Chemiker isolieren Naturstoffe, analysieren ihre Zusammensetzung und stellen sie dann sehr häufig auf synthetischem Weg her. Sie können auch schon bekannte Wirkstoffe durch Austausch von Molekülen und Atomen verändern und gelangen so zu neuen Substanzen. Es gibt dafür kein bestimmtes Rezept, nur Überlegungen. Es ist fast ein Abenteuer mit ungewissem Ausgang.

Ein Beispiel dafür: Bei der Suche nach einem neuen Medikament gegen die Tuberkulose wurden zunächst 8000 chemische Verbindungen in Erwägung gezogen. 5000 wurden synthetisiert und analysiert, 1000 pharmakologisch im Tierversuch erprobt, bis schließlich eine einzige Wirksubstanz als Medikament zugelassen wurde.

Heute dauert die Entwicklung einer neuen Substanz bis zum fertigen Arzneimittel acht bis zehn Jahre. Die Entwicklungskosten dafür betragen bis zu 50 Millionen Mark und mehr. Die Erfolgsquote bei der Entwicklung eines neuen Medikaments wird gegenwärtig mit 1:8000, ja sogar mit 1:10000 veranschlagt. Eine Erfolgsquote von 1:10000 bedeutet, daß rund 10000 neue Substanzen geprüft werden müssen, um eine einzige zu finden, die in Wirksamkeit und Sicherheit den Anforderungen an ein neues Arzneimittel entspricht. Kein Wunder daher, daß neben der Atom- und Weltraumforschung die Arzneimittelforschung das teuerste und aufwendigste Vorhaben ist. In Deutschland werden zur Zeit jährlich etwa 1,5 Milliarden DM dafür aufgewandt, in der ganzen Welt sogar mehr als 8 Milliarden Mark. Und die Kosten werden steigen – nicht zuletzt wegen der immer strenger werdenden Prüfvorschriften, die an neue Medikamente von den Zulassungsbehörden gestellt werden.

Der Chemiker stand am Anfang, er entwickelte Substanzen, die nun geprüft werden müssen. Im großen Netzplan der Entwicklung treten dann andere Wissenschaftler an: Pharmakologen, Toxikologen, Mediziner. Sie sind es, die letzten Endes zur Verantwortung gezogen werden – nach vielen Jahren vielleicht erst.

Wie aber die eventuelle Wirksamkeit oder Gefährlichkeit einer neuen Substanz, die einmal ein Medikament werden könnte, testen – wenn nicht an einem lebenden Objekt? Dieses Objekt aber kann zu diesem Zeitpunkt der völligen Ungewißheit und Unsicherheit nie und nimmer der Mensch sein. Er darf es erst dann werden, wenn die positive Wirkung und ausreichende Verträglichkeit einer neuen Substanz grundsätzlich abgesichert sind. So bleibt der modernen Forschung von Anfang an nur eine einzige Wahl: Man muß unter Verhältnissen experimentieren, die jenen des menschlichen Organismus ähnlich sind.

Tierfreunde überall in der Welt laufen Sturm gegen die Versuche der pharmazeutischen Industrie, des Deutschen Krebsforschungszentrums in Heidelberg, der Labors in den Universitätskliniken. Sie denken dabei aber weniger an die Hunderttausende von Ratten, Mäusen, Kaninchen und Meerschweinchen als an die weit geringere Zahl von Katzen, Hunden und Affen.

Aber gleichzeitig verdanken viele von ihnen ihre Gesundheit, ihr hohes Alter, ihre Genesung von einer schweren Krankheit der Tatsache, daß vor Jahren Tierversuche zu positiven Ergebnissen und zu Medikamenten führten, ohne die sie heute vielleicht nicht mehr am Leben wären.

Im Frühjahr 1979 wurden auf einer Tagung in Berlin, zu der das »Institut für Arzneimittel des Bundesgesundheitsamtes (BGA)« 760 Wissenschaftler aus 17 Ländern eingeladen hatte, alle Fragen, die mit den Tierversuchen zusammenhängen, diskutiert. Können Tierversuche zumindest teilweise durch Versuche an schmerzfreier Materie, etwa Zellkulturen im Reagenzglas, ersetzt oder reduziert werden? Welche Wertigkeit haben tierexperimentelle Versuchsergebnisse für die Übertragbarkeit auf den Menschen?

Bevor ein neues Arzneipräparat auf den Markt kommt und in verschiedenen Varianten klinisch getestet werden kann, sind rund 3000 sogenannte Screening-Tests seiner chemischen Substanzen an Tieren vorgeschaltet. Professor Gerhard Kienle vom Gemeinschaftskrankenhaus Herdecke an der Ruhr kritisierte, daß die Ergebnisse und Nebenwirkungen jener Substanzen, die das Screening-Programm nicht bestehen, nirgendwo veröffentlicht oder zentral gespeichert werden. Hier ließe sich Doppelarbeit vermeiden, viele Tierversuche könnten eingespart werden.

Dennoch bleiben Tierversuche notwendig. Die als Alternative häufig vorgeschlagenen Reagenzglastests, die sogenannten »in vitro«-Versuche, mit Zell-, Gewebe- oder Organkulturen lassen allenfalls die Klärung von Einzelfragen zu. Doch schon die Frage nach der Art einer Vergiftung oder deren Stärke ist mit ihnen nicht mehr erfaßbar. Auch Langzeiteffekte lassen sich durch Zellkulturen nicht herausfinden. Bei der Berliner Tagung wurde fast übereinstimmend die Meinung vertreten, es hieße das Risiko unverantwortlich zu erhöhen, würde man nach einem »in vitro«-Versuch schon einem Langzeitversuch am Menschen zustimmen. Nach allgemeiner Einschätzung können immerhin rund 65 bis 75 Prozent aller Arzneimittelnebenwirkungen durch die heute üblichen Tierversuche erfaßt werden.

Trotz der verbleibenden rund 30 Prozent Restrisiko bei der Übertragung von Ergebnissen der Tierversuche auf Menschen sind solche Testresultate nach Meinung der Heidelberger Professorin Ellen Weber immer noch sicher genug, »um damit an gesunde Probanden in Minimaldosierungen heranzugehen«.

Bei den Tierversuchen bedient sich die Arzneimittelforschung sogenannter Tiermodelle. Dabei handelt es sich um Tiere, bei denen die Funktion spezieller Körperorgane jenen des Menschen ähnelt. So kann von der Wirkung starker Schmerzmittel beim Hund – dem Beagle – auf den Menschen geschlossen werden. Der Effekt von Narkosemitteln einschließlich möglicher unerwünschter Wirkungen entspricht bei einer großen Anzahl von Tieren dem beim Menschen. Die Wirkung harntreibender Arzneistoffe auf Ratte oder Hund kann auf den Menschen übertragen werden. Bei der Prüfung der Wirkung von Arzneistoffen auf und durch die Haut dienen Kaninchen und Schweine als Modell für den Menschen. Viele Faktoren indes – etwa Schwitzen, Kopfschmerzen oder Depressionen – lassen sich an Tieren nicht erfassen.

Emotionen dürfen bei dem Für und Wider in der Diskussion um die Tierversuche keine Rolle spielen. Es geht auch nicht darum, daß die Beagles zum Beispiel etwa zwei Jahre, nachdem die Versuche mit ihnen begannen, eingeschläfert werden müssen, um die inneren Organe Leber, Niere, Magen, Herz, Lunge genau zu untersuchen, Fragen sind zu klären wie: Gibt es Spätschäden, sind Organveränderungen festzustellen? Nur tote Tiere können hierauf Antwort geben.

Damit eventuell Menschen weiterleben können...

Dies ist die Alternative – und es gibt keine andere Möglichkeit, die heilende Wirkung einer neuen chemischen Substanz in ihren Anfängen zu ergründen. Einer Substanz, die für viele Menschen Jahre später zur letzten Hoffnung werden könnte.

Dies ist auch die Aufgabe der Pharmakologen. Sie untersuchen den

Einfluß neuer Substanzen auf die biologischen Vorgänge im Tierkörper. Der Pharmakologe beobachtet, ob neben dem gewünschten Effekt weitere – negative oder auch positive – Wirkungen, Nebenwirkungen also, auf Stoffwechsel oder Organe, Herzaktion oder Blutdruck ausgelöst werden. Er prüft, welche Dosierung welchen Wirkungsgrad erzielt, ob die Substanz vollständig oder nur zum Teil aus dem Darm ausgeschieden wird. Und es vergehen Wochen, Monate, ein Jahr, zwei Jahre und mehr...

Versuchstiere sind kostbar und teuer. Manche Experimente werden daher auf andere Weise vorgenommen, um erste Ergebnisse beim Test einer neuen Substanz zu gewinnen. Da hängt in einem durchsichtigen Gefäß das Herz eines Meerschweinchens. Es klopft ruhig und regelmäßig. Durch eine Lösung aus verschiedenen Salzen und Zuckern, die in seinen Koronararterien strömt, wird es am Leben erhalten. Die Schreiber eines elektrischen Geräts zeichnen Kurven auf das Papier, registrieren jede Veränderung des Herzschlags: Ein neuer Wirkstoff wird getestet. Möglicherweise kann er einmal Herzkranken das Leben retten. Eine minimale Dosis der Substanz wird mit einer Injektionsspritze in die Nährlösung injiziert.

Die Kurven auf dem Papier sagen dem Pharmakologen: Die Herzkranzgefäße werden kräftiger durchströmt, aber Herzfrequenz und Herzschlag bleiben konstant. Ein gutes Ergebnis. Der Pharmakologe kann es deuten: Diese Substanz könnte einem Menschen helfen, der unter krankhaftem Durchblutungsmangel leidet, könnte also einem Herzinfarkt vorbeugen oder die Gefahr eines neuen Herzinfarkts verhindern.

Der Pharmakologe freut sich – aber was wird der Toxikologe zur neuen Substanz sagen? Er ist der Nächste in der langen Kette des Netzplans, und von ihm hängt es nun ab, ob er für weitere Versuche grünes Licht gibt oder das Signal auf Rot stellt. Obwohl bis zu diesem Zeitpunkt schon Millionen investiert wurden.

Toxikologen – sie bedienen die Alarmstation auf dem langen Weg einer Substanz zu einem Medikament. Und sie lassen sich viel Zeit, müssen sich viel Zeit lassen, bis sie grünes Licht für die Weiterentwicklung geben oder ihr unerbittliches »Halt – bis hierher und nicht weiter« befehlen.

Um die Toxizität, also die Giftigkeit, einer Substanz zu prüfen, erhalten zwei verschiedene Arten von Tieren, meist Ratte und Hund,

über einen längeren Zeitraum hinweg verschieden starke Dosierungen der jeweiligen Substanz. Dann werden die Tiere Tag für Tag genau beobachtet. Zeigen sich Vergiftungserscheinungen? Bewegen sich die Tiere normal und halten sie sich sauber? Gewicht, Futter- und Nahrungsaufnahme werden registriert. Aus diesen Daten ist eine eventuelle Schädigung verhältnismäßig frühzeitig zu erkennen. Das Blut wird eingehend untersucht, Leberfunktionsprüfungen geben Aufschluß darüber, ob durch die Behandlung die Leber der Tiere angegriffen wurde. Zur Kontrolle der Nierenfunktion wird der Urin auf krankhafte Bestandteile und das Blut auf erhöhten Harngehalt untersucht.
Am Ende dieser Versuche werden die Tiere getötet und die einzelnen Organe noch einmal makroskopisch und mikroskopisch untersucht. So soll einwandfrei geklärt werden, ob nicht irgendwo vielleicht doch eine versteckte Schädigung vorhanden ist.

Das Contergan-Unglück ist nicht vergessen

Spätestens, als im Dezember 1970 nach 283 Verhandlungstagen das längste Strafverfahren der deutschen Justizgeschichte, der Contergan-Prozeß, zu Ende ging, wußten die Chemiker, die Pharmakologen und Toxikologen, daß die bisherigen Tests zur Sicherheit eines neuen Medikaments unvollkommen waren. Bei 5000 Kindern hatte der Wirkstoff Thalidomid im Schlafmittel Contergan, das ihre Mütter genommen hatten, zu Mißbildungen schon im Mutterleib geführt. Eine Wirkung, die trotz aller langjährigen Untersuchungen in den Labors, im Tierversuch und in der klinischen Prüfung verborgen geblieben war. Die Konsequenz war klar: In Zukunft mußte bereits in den ersten Entwicklungsstadien eines eventuellen neuen Medikaments geprüft werden, ob seine Wirksubstanz bei den Nachkommen behandelter Tiere eine höhere Mißbildungsrate erzeugt als bei denen unbehandelter Tiere.
Das Netz der Sicherheit ist dreifach gespannt, um ähnliche Katastrophen wie Contergan nach menschlichem Ermessen in Zukunft zu verhindern.

Sicherheitsnetz Nr. 1 ist der sogenannte Generationstest. Die Versuchstiere erhalten über vier Generationen hinweg täglich mit dem Futter die zu prüfende Substanz. Auch den Muttertieren wird sie während der Trächtigkeit ins Futter gemischt. An der Fruchtbarkeit und der Aufzuchtsleistung kann eine eventuelle Schädigung durch die Substanz festgestellt werden. Die Prüfung erstreckt sich deshalb über vier Generationen, um mit verhältnismäßiger Sicherheit zu Ergebnissen zu kommen. Das Ziel dieser Untersuchungen besteht darin, zu verhindern, daß Substanzen zwar nicht in der ersten und zweiten, aber vielleicht doch in der dritten und vierten Generation Schädigungen verursachen können.

Sicherheitsnetz Nr. 2 ist der Test, der eventuelle mißbildende oder fruchtschädigende Wirkungen zum Ergebnis hat. Man will also feststellen, ob Substanzen, die ein Tier während der Trächtigkeit bekommt, zu einer Schädigung des Embryos im Mutterleib führen. Diese Schädigungen können sich auf vielfache Weise zeigen. Ein Embryo kann in seinem Wachstum und in seiner Entwicklung gehemmt werden. Er kann so geschädigt sein, daß er abstirbt. Oder er kann – wie im Fall Contergan geschehen – mißgebildet zur Welt kommen.

Sicherheitsnetz Nr. 3 schließlich ist ein Test, der Veränderung im Erbgut feststellen soll. Diese Schäden wirken sich freilich erst in späteren Generationen aus. Bei diesem Test werden männlichen Mäusen hohe Dosen der Substanz gegeben, die geprüft werden soll. Diese Tiere erhalten dann Gelegenheit, über mehrere Wochen hindurch verschiedene Weibchen zu befruchten. Wenn die männlichen Samenzellen durch die Substanz geschädigt werden, aber trotzdem befruchtungsfähig bleiben, kann dies zur Mißbildung oder sogar zum Absterben des Keimlings führen.

Alle diese Prüfungen einer neuen Substanz – und es wurde hier nur ein kleiner Teil von ihnen geschildert – nehmen etwa vier Jahre in Anspruch. Es wurde schon darauf hingewiesen, daß von 10000 geprüften Substanzen nur wenige bestehen und den Forderungen nach Sicherheit und Wirksamkeit genügen.

Dennoch bleiben immer noch viele Fragen offen, die auch noch so exakte Tierversuche nicht klären können. Es gibt viele Gründe dafür. Dies sind die wichtigsten: Bei verschiedenen Tierarten hat dieselbe Substanz unterschiedliche Wirkungen. Es gibt keinen sicheren

Beweis dafür, daß der Organismus des Menschen auf dieselbe Substanz genauso reagiert wie der Organismus des Versuchstieres. Bei gewissen Krankheiten kann eine Substanz beim Tier überhaupt nicht getestet werden, weil sie nur beim Menschen auftritt oder weil sie beim Menschen einen völlig anderen Verlauf nimmt als beim Tier.

Das große Wagnis: Vom Tierversuch zum Menschenversuch

Irgendwann schlägt diese Stunde der Entscheidung in der pharmazeutischen Forschung. Nach drei, vier, manchmal sogar fünf Jahren, ausgefüllt mit Labortests und kaum mehr zählbaren Tierversuchen, muß die Frage beantwortet werden, ob man es wagen kann, mit Substanzen, die sich in den bisherigen Tests als wirksam und sicher erwiesen haben, die ersten Versuche am Menschen zu beginnen.

Das Wort »Menschenversuche« weckt unangenehme Erinnerungen an Methoden, wie sie im Dritten Reich üblich waren, wie sie wohl auch noch heute in Diktaturen linker und rechter Prägung an der Tagesordnung sind. Gegen ihren Willen wurden und werden Menschen mit brutaler Gewalt zu medizinischen Tests gezwungen, Menschenwürde und medizinische Ethik blieben und bleiben auf der Strecke.

Man sollte daher das in Mißkredit geratene Wort heute, in demokratischen Staaten mit strengen Gesetzesvorschriften über die Entwicklung neuer Medikamente, nicht mehr gebrauchen. Hier macht sich kein Chemiker, kein Pharmakologe, kein Toxikologe, kein Mediziner zum Handlanger von Mächten, die die Begriffe Menschenwürde und Menschenethos aus ihrem Vokabular gestrichen haben.

Was nun – in dieser langen Kette der Prüfungen – beginnt, gehört zum großen Komplex der klinischen Erprobung eines möglichen neuen Medikaments. Schritt für Schritt geht sie vor sich, die zweite Hälfte eines langen Wegs von wiederum drei bis fünf Jahren Dauer, in Ausnahmefällen sogar noch erheblich länger.

Es mag überraschen, zu erfahren, daß die erste Phase der klinischen Prüfung mit gesunden Menschen ihren Anfang nimmt.
Welchen Sinn sollen diese scheinbar sinnlosen Versuche an Gesunden haben? Antwort auf die Frage, ob ein neues Mittel gegen eine Krankheit gefunden wurde, können diese Versuche ja nicht geben.
Chemiker und Ärzte sprechen von einer Art »Sicherheitsschleuse«, die in dieser entscheidenden Phase des Übergangs vom Tierversuch zum Test am kranken Menschen zwischengeschaltet wird. Am gesunden Menschen soll zunächst nur die Verträglichkeit des neuen Medikaments und sein Verhalten im menschlichen Organismus geprüft werden.
Es sind Freiwillige, die sich für diese Versuche zur Verfügung stellen, unter ihnen nicht selten Forscher selbst, die an der bisherigen Entwicklung beteiligt waren, also Chemiker, Pharmakologen, Ärzte. Außer ihnen noch ausgesuchte Betriebsangehörige der Pharmaindustrie und Studenten. Jede Testperson muß das Abitur haben. Sie alle sind sich natürlich des Wagnisses, das sie eingehen, bewußt. Sie wissen, daß Tierexperimente zwar Hinweise geben konnten, daß aber erst die Anwendung neuer Wirkstoffe beim Menschen die Beweise bringt.
Diese Freiwilligen werden alle drei Monate in einem Krankenhaus einem »Fullcheckup« ihrer Gesundheit unterzogen und scheiden als Testperson sofort aus, wenn auch nur die geringsten Anzeichen den strengen Anforderungen nicht mehr genügen. Astronauten können nicht genauer und schärfer geprüft werden, ob sie »total« gesund sind, als diese Freiwilligen.
Eine dieser »Prüfkliniken«, am Mainufer bei Frankfurt gelegen, mag ein Beispiel sein, wie penibel, exakt und bis in winzige Einzelheiten ausgefeilt an Freiwilligen getestet wird, was das Arzneimittel am Menschen macht. So werden diese Freiwilligen am Morgen mit einem Taxi von zu Hause abgeholt, damit sie nicht als Fußgänger oder Autofahrer mit unterschiedlichem Streß die Versuche beginnen. Es ist ihnen auch vorgeschrieben, was sie am Vorabend essen und trinken durften.
Die Zahl der Meß- und Prüfgeräte ist fast unübersehbar. Pneumotachometer messen Atemvolumen, Blutgasanalysatoren registrieren den Blutsauerstoff, pillengroße Sender, von den Freiwilligen

verschluckt, melden den Übergang eines Medikaments vom sauren Magensaft in den Zwölffingerdarm durch veränderten Piepton. Andere Geräte messen Oberflächenschmerz und Tiefenschmerz. Computer, mit den Testgeräten verbunden, drucken in Sekunden alle erzielten Werte lesbar aus.
150 Wissenschaftler arbeiten in dieser »Prüfklinik«. Ihr Leiter, Dr. med. Werner Rupp, formuliert den Sinn dieser Tests an Freiwilligen: »Den Weg eines Medikaments durch den Körper müssen wir genau kennen. Dabei interessiert uns auch vor allem die Entgiftung und die Ausscheidung eines Pharmakons. Die Schnelligkeit der Ausscheidung entscheidet, wie häufig später der Patient das Mittel nehmen darf innerhalb einer bestimmten Zeit. Mit unseren feinen analytischen Methoden ist es uns schon gelungen, ein Tausendstel Gramm eines Wirkstoffes, das ein Freiwilliger zu sich genommen hatte, im Laufe von zehn Tagen aus Urin, Stuhl und Schweiß ungeschmälert zurückzugewinnen.«
Eine Frage bleibt: Wie gefährlich sind diese Tests für die Freiwilligen? Dazu Dr. Rupp: »Bei etwa 3500 ›Menschenversuchen‹ ist bei uns nie ein relevanter Schaden aufgetreten. Ohne Folgen für die Beteiligten haben wir jährlich an rund 300 Personen 40 Wirkstoffe studiert.« Erfahrungen anderer »Prüfkliniken« sind ähnlich. Dennoch: Man sollte den Mut zum Wagnis dieser Freiwilligen nicht unterschätzen. Keiner kennt ihre Namen, niemand spricht über sie. Sie selber fühlen sich auch nicht als »Helden der Wissenschaft«. Eines aber ist sicher: Millionen von Kranken verdanken ihnen, daß sie wieder gesund werden.

Am Ende aller Tests: Ein neues Medikament

Die Freiwilligen haben ihre Schuldigkeit getan. Die Tiere auch. Auf dem langen Weg der Prüfungen sind vier bis fünf Jahre vergangen. Von etwa 6000 bis 10000 Substanzen, die am Anfang standen, sind nun – vielleicht – noch zehn übrig geblieben. Sie, so glauben alle, die Chemiker, die Pharmakologen, die Toxikologen, die Ärzte, können nun guten Gewissens am kranken Menschen erprobt werden.

Man geht behutsam vor in dieser zweiten Phase der klinischen Prüfung. Man macht sozusagen nur »Stichproben« an einem kleinen Kreis von Patienten, nicht viel mehr als hundert, verteilt auf einige wenige Spezialkliniken unter der Leitung erfahrener Ärzte. Nur jene Patienten, die ihr Einverständnis geben, dürfen zu diesen Tests herangezogen werden. Mit dem neuen Arzneimittelgesetz, das am 1. Januar 1978 in Kraft getreten ist, sind die Bestimmungen für diese Versuche verschärft worden. Neue Arzneimittel dürfen nur noch an jenen Patienten erprobt werden, die über Wesen und Risiko der Versuche aufgeklärt wurden und zugestimmt haben. Der die Tests leitende Arzt muß eine mindestens zweijährige Erfahrung in der klinischen Prüfung von Arzneimitteln haben und über die Ergebnisse der vorklinischen Versuche in allen Einzelheiten informiert sein.

Schwerpunkt dieser »Stichproben« in der zweiten klinischen Prüfungsphase ist es, die Wirksamkeit zu beweisen, die richtige Dosis der Arznei zu ermitteln, die Verträglichkeit nachzuweisen – aber auch auf eventuelle Nebenwirkungen zu achten.

Elmar Berges, Apotheker in der wissenschaftlichen Zentralstelle eines großen Pharmaunternehmens, sagte dazu:

»Ein hochspezialisiertes Team, Pharmakologen, klinische Forscher und Prüfärzte, erarbeitet in dieser Phase gemeinsam den Bericht, der die Basis für weitere Entscheidungen ist. Der kleinste, unerklärbare Zweifel, hauchdünne Anzeichen von nicht tolerierbaren Nebenwirkungen oder winzige Hinweise auf unvertretbare Unverträglichkeiten sind Grund, das Medikament nicht weiter zu prüfen, sondern sofort abzusetzen.«

Die Folge: Mehr als die Hälfte der in dieser Phase noch übriggebliebenen untersuchten neuen Arzneimittel nimmt die Hürden nicht, die im Interesse ihrer Unbedenklichkeit und Wirksamkeit aufgerichtet wurden.

»Stichproben« allein geben kein endgültiges Bild. Die wenigen Wirksubstanzen, die auch diesen Sicherheitsfilter passiert haben, müssen nun in die letzte Feuertaufe des erweiterten klinischen Tests geschickt werden – in Krankenhäusern und in den Praxen von erfahrenen Fachärzten. An tausend bis zu zehntausend Patienten – die alle natürlich genauso wie die wenigen hundert der zweiten klinischen Phase ihr Einverständnis dazu geben müssen – wird geprüft,

PENROD
65
PENROD
65
PENROD
65

Destillier-Türme, Wäscher, Absorber . . . Eine für die moderne chemische Industrie typische Silhouette.

Erdöl ist der wichtigste Rohstoff für die chemische Industrie. Viel zu schade, um es als simples Heizöl zu verbrennen – im Kraftwerk oder im Einfamilienhaus. Die Chemie veredelt Erdöl zu Produkten, auf die niemand von uns verzichten möchte, teilweise auch gar nicht verzichten kann. Das Bild auf der Vorderseite zeigt eine moderne Bohrinsel in der Nordsee.

In diesem Röhrenofenreaktor (links in Betrieb, rechts abgekühlt) werden reaktionsträge Erdöl-Abkömmlinge bei hoher Temperatur in kleinere, reaktionsfreudige Moleküle wie Äthylen, Propylen oder Butadien umgewandelt.

Auch die Bundesrepublik ist »Ölförderland«. Aus deutschem Boden stammen allerdings nur 6 bis 7 der 133 Millionen Tonnen des jährlichen Verbrauchs. Das Bild zeigt Pumpwerke in Norddeutschland.

Für die Suche nach Erdöl werden riesige Bohrmeißel verwendet. Das Bild zeigt ein solches Mammut-Exemplar. Im Hintergrund ein Bohrturm.

Die Zeiten, in denen sich die Hausfrauen mit der Reinigung ihrer Wäsche so abplagen mußten, liegen gar nicht so weit zurück. Unsere Großmütter wissen's noch!

In diesen Laboratorien ist jeden Tag »große Wäsche«. Die Chemiker, die hier arbeiten, machen Waschmittel immer wirksamer, schonender und umweltfreundlicher.

Ohne Chemiefasern wäre der weltweite Bedarf an Kleidung nicht zu decken. Sie sind preiswert, haltbar und leicht zu pflegen. Das zeigt der Vergleich der Struktur von Fasern (von links oben nach rechts unten) aus Wolle, Leinen, Zellwolle, Baumwolle, Rohseide und einer synthetischen Faser. Von dieser glatten Oberfläche läßt sich Schmutz leicht entfernen.

Mit der Entwicklung synthetischer Farbstoffe wurde das moderne Chemie-Zeitalter eingeleitet. Freilich sind die Anforderungen der Textilindustrie seitdem ständig gestiegen. Das linke Bild zeigt Färbeproben eines Coloristen.

Der Schmutz muß ganz verschwinden. Erst die Großaufnahme zeigt, wo er sich überall in einem Gewebe festsetzen kann. Die Waschmittelchemiker sorgen dafür, daß er keine Chance hat.

Modern gemusterte Textilgewebe wurden nicht zuletzt durch die Errungenschaften der Farbstoff-Chemie möglich. Das Bild zeigt eindrucksvoll die Möglichkeiten großflächiger Textilgestaltung.

Ein faszinierender Anblick: So werden Chemiefasern aus der Schmelze durch die feinen Öffnungen einer Spinndüse gezogen.

Eine Tablette zerfällt. Und zwar exakt »nach Plan«. Bestimmte Hilfsstoffe in Arzneimitteln sorgen dafür, daß die heilenden Wirkstoffe zur richtigen Zeit in der notwendigen Konzentration am bestimmten Wirkungsort im Körper verfügbar sind.

Heilende Perlen in der Hand des Chirurgen: Wie eine Perlenkette sehen die mit Antibiotika imprägnierten Kunststoffkugeln aus, die vor allem bei Knochen und Weichteilinfektionen angewandt werden.

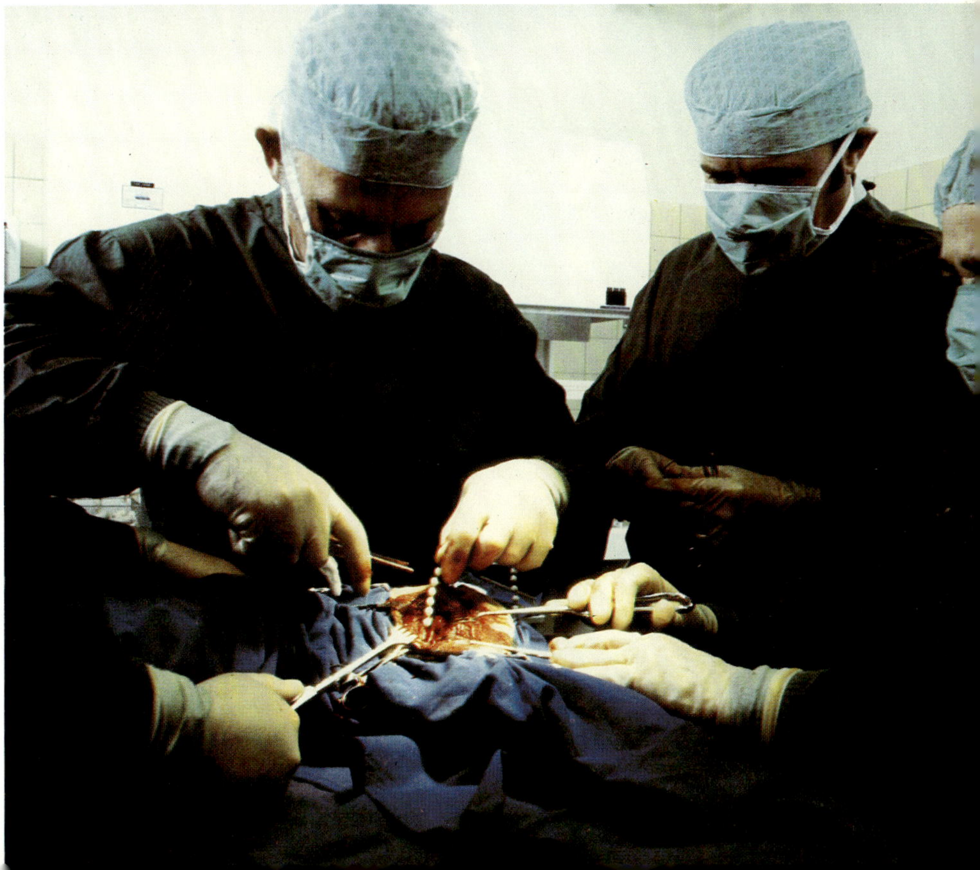

Absolut steril geht es in der Ampullen-Abfüllung einer pharmazeutischen Fabrik zu. Der heilende Stoff darf nicht durch Keime verunreinigt werden.

Im Tierversuch wird die chemische Umwandlung eines Arzneimittels im Organismus untersucht. Es ist wichtig zu wissen, wie schnell ein Wirkstoff aus dem Körper ausgeschieden wird. Danach richten sich unter anderem Wirkdauer und Dosierung.

In diesem Raum werden Arzneimittel unter Tropenbedingungen getestet. Die pharmazeutische Industrie muß sicherstellen, daß Medikamente in allen Klimazonen der Welt gleich haltbar und wirksam sind.

Viele Tests sind auf dem langen Weg zu einem neuen Arzneimittel erforderlich. An ihnen tastet sich der Forscher Schritt für Schritt voran. Hier wird die Wirksamkeit von Antibiotika auf Nährböden getestet.

Biotechnik im Pflanzenschutz als Zukunftsaufgabe: Synthetische Sexualduftstoffe locken die schädlichen Insekten aus den Pflanzenkulturen. Danach können sie konzentriert vernichtet werden. (Oben links)

Bei sehr feuchter Witterung wird das Getreide von einer weißen, filzigen Pilzschicht, dem Mehltau, befallen. Die Chemie schützt die Pflanzen davor. (Unten links)

Immer noch eine Geißel der Menschheit: Heuschrecken. Ohne Schädlingsbekämpfung wären ihnen die Ernten ganzer Kontinente schutzlos ausgeliefert. (Oben rechts)

Im Ersten Weltkrieg verursachte der Kartoffelkäfer in Deutschland noch eine Hungerkatastrophe. Heute ist er fast völlig von unseren Feldern verschwunden. (Unten rechts)

Hier werden die Reste chemischer Substanzen auf der Oberfläche von Tomaten gesucht. Wenn die vorgeschriebene Wartezeit eingehalten wird, braucht sich kein Verbraucher vor unerwünschten Rückständen zu fürchten.

In riesigen Gewächshäusern werden die verschiedenen Klimazonen der Erde und damit die Bedingungen nachgeahmt, unter denen ein Wirkstoff später eingesetzt werden soll. Das ersetzt natürlich nicht die späteren Versuche an Ort und Stelle.

Der wichtigste Beitrag der Chemie für die Versorgung der Menschen mit Nahrung: Düngemittel führen dem Boden die Nährstoffe zu, die die Nutzpflanzen verbrauchen. Seit Liebig weiß man, daß nur so ausreichende Ernten zu sichern sind.

Frisch geerntete Früchte werden zerkleinert und mit Hilfe der modernsten Analysenmethoden auf eventuelle Rückstände untersucht.

Wirksamer und sicherer Pflanzenschutz beginnt mit der gründlichen Beratung der Anwender. Sie wird auch in fremden Ländern groß geschrieben: Vermittlung von Wissen ist oft die beste Entwicklungshilfe.

ob das neue Medikament auch unter Praxisbedingungen hält, was sich die Wissenschaftler davon versprachen.
Der 45jährige Patient, der mit Herzinfarkt in die Klinik eingeliefert wurde und von dem am Beginn dieses Kapitels geschrieben wurde, ist einer von ihnen.
Sein Arzt schlug ihm vor, ein neues Medikament gegen Koronarerkrankungen an sich erproben zu lassen. Er war bereit. Das Protokoll seiner Krankengeschichte ist nur eines von Tausenden von Protokollen – vom ersten Tierversuch angefangen –, die dann dazu führten, daß dieses Medikament vom Bundesgesundheitsamt in Berlin zugelassen wurde und in den Handel gebracht werden konnte.
Diese neuen Arzneimittel unterliegen zunächst für die Dauer von drei Jahren einer automatischen Rezeptpflicht. Der Hersteller ist verpflichtet, alle ihm bekanntgewordenen Nebenwirkungen zu melden. Davon unabhängig gibt es ein internationales Erfassungssystem sowie einen nationalen Informationsverbund zwischen dem BGA und den Arzneimittelkommissionen der Heilberufe sowie der pharmazeutischen Industrie.
Wie wenige chemische Substanzen letzten Endes zu Medikamenten werden, zeigt eine kurze Statistik: Aus ihr geht hervor, daß von 1961 bis 1971 die USA mit 315 neu zugelassenen Medikamenten an der Spitze liegen. Frankreich folgt mit 257 neuen Präparaten an zweiter Stelle, dann kommt die Bundesrepublik Deutschland mit 170. Die weitere Reihenfolge: Japan 130, die Schweiz 99, Italien 94 und England 70. Diese Zahlen kennzeichnen die Arzneimittel mit neuen Wirkstoffen, die in dem jeweiligen Land als erstem in der Welt für den Handel zugelassen worden sind.
Mit anderen Worten: Zehntausende möglicher Wirkstoffe, um Krankheiten zu heilen oder zu lindern, blieben im Netz der Prüfungen hängen.
Jedem Medikament liegt heute ein sogenannter »Beipackzettel« bei, der über mögliche Nebenwirkungen informiert und in der Rubrik »Gegenanzeige« auch Gegebenheiten aufzählt, bei denen das Arzneimittel nicht eingenommen werden soll. Damit wird dem Arzt, der eine Therapie mit neuen Wirkstoffen durchführt, eine hohe Verantwortung bei der Überwachung des Patienten aufgebürdet. Er muß in jedem einzelnen Fall individuell abwägen, ob das Ne-

benwirkungsrisiko oder das Risiko aus einer unterlassenen Therapie größer ist.

Aber auch der Patient muß seinen Beitrag zur Arzneimittelsicherheit leisten. Zunächst sollte er die ärztlichen Anweisungen genau befolgen. Diese Forderung scheint banal zu sein. Doch eine Stichprobe in der medizinischen Universitätsklinik Heidelberg ergab, daß nicht einmal 40 Prozent der stationären Patienten ihre Arzneien vorschriftsmäßig einnahmen. Sowohl Überdosierung wie Unterdosierung »auf eigene Faust« kann zu gefährlichen Folgen führen. Trotz steigender Sicherheitskontrollen werden nämlich in der Bundesrepublik heute immer noch rund zweieinhalb Prozent aller aufgenommenen Krankenhauspatienten wegen »Arzneimittelschäden« eingeliefert. Das sind alljährlich mehrere zehntausend Menschen.

5

Chemie im Kampf gegen Hunger und Not

Unser täglich Brot gib uns auch morgen . . .

Die Geschichte, die hier erzählt wird, könnte vom Lügenbaron Münchhausen stammen, so unglaublich und unwahrscheinlich hört sie sich an. Es ist die Geschichte eines Denkmals, wie es nirgendwo in der Welt ein zweites Mal zu sehen ist. Es steht in Zentsuji. Zentsuji ist ein winziges, weltverlorenes Dorf in der japanischen Provinz Kagawa. Reisfelder ringsum, soweit das Auge sehen kann, von einem Ende des Horizonts bis zum andern.
Es ist ein einfaches Denkmal. Ein paar Stufen führen zu einer Mauer aus groben, rostbraunen Steinquadern. In ihrer Mitte eine dunkle Bronzeplatte mit vier Zeilen japanischer Schriftzeichen. Zeilen der Erinnerung und des Dankes. Erinnerung an das Katastrophenjahr 1953. Millionen Japaner waren in Gefahr zu verhungern. Ihr tägliches Brot, der Reis, war von Millionen Reisstengelbohrern bedroht, den gefährlichsten Schädlingen der Reisplantagen. Ungewöhnliche Witterung hatte zu der Massenvermehrung der Reisstengelbohrer geführt. Die Zeichen des Todes überall: sterbendes Herz der Pflanze im Saatbeet, vertrocknete und vergilbte Blätter nach dem Auspflanzen, überall fraßen sich die Raupen ins Innere der Reispflanzen. Die Lage schien hoffnungslos.
Doch in dieser Situation erinnerten sich nicht nur die Reisbauern, sondern auch Fachleute in der Regierung, daß sie ein Jahr zuvor mit einem deutschen Pflanzenschutzmittel, erfunden von Dr. Gerhard Schrader und hergestellt in Leverkusen, in Kleinversuchen Erfolge im Kampf gegen den Reisstengelbohrer hatten feststellen können. Nun erhoffte man sich in Japan auch im Großversuch Hilfe gegen die drohende Katastrophe des Hungers. Die Telefone zwischen Tokio und Leverkusen liefen heiß. Und die Hilfsaktion begann...
Auf dem Flughafen Düsseldorf-Lohausen stapelten sich die roten Kanister. Jeder faßte 25 Liter des pulverisierten Wirkstoffes. Sie reichten für das Ansetzen von 60000 Litern Spritzbrühe und für das Besprühen von etwa 300 Morgen Land. Die erste Luftbrücke von Düsseldorf nach Tokio wurde organisiert. Sondermaschinen der Amerikaner und Engländer, die Maschinen der SAS, die wöchentlich zweimal die Strecke Stockholm–Tokio, nun mit Umweg über Düsseldorf, flogen, nahmen die Kanister an Bord. Der Abwehrkampf gegen die Reisstengelbohrer konnte beginnen.
Und er wurde gewonnen. Im letzten Augenblick konnte der größte

Teil der japanischen Reisernte gerettet, konnten Millionen vor dem Hungertod bewahrt werden. Es war eine Eigenart des Wirkstoffes, daß man das schädliche Insekt nicht direkt bestäuben mußte, er mußte auch nicht vom Insekt gefressen werden. Schon die äußere Berührung genügte, um zu wirken. Die Reisstengelbohrer, die auf den Pflanzen hin- und herliefen, waren in wenigen Sekunden tot. Der Wirkstoff drang durch die Haut oder ihren Chitinpanzer und lähmte die Nerven. Das Ende nach Krämpfen kam schnell.

Auf der Bronzetafel des Denkmals zu Zentsuji in der Provinz Kagawa steht der Name des Wirkstoffs, dem zu Ehren und zum Dank das Denkmal errichtet wurde, weil Millionen ihm ihr Leben verdankten: »E605«.

Die drohende Katastrophe von 1953 hat sich nicht mehr wiederholt. Das Denkmal in Zentsuji mußte nicht gesprengt und gestürzt werden – wie viele andere Denkmäler in der Welt. Die Reisstengelbohrer haben keine Chance mehr...

Dieses gleiche E605, dem in Japan ein Denkmal des Dankes gesetzt wurde, tauchte aber auch seitdem immer wieder in Schlagzeilen und Meldungen europäischer Zeitungen auf. »Kindesmord und Freitod mit E605«, lautete zum Beispiel die Schlagzeile einer Zeitung in Darmstadt. Und in der Meldung konnte man lesen: »Mit dem Pflanzenschutzmittel E605 hat die 47jährige Anna Petrie aus Wixhausen (Landkreis Darmstadt) ihre vierjährige Tochter Elfriede und dann sich selbst vergiftet.«

So dicht also liegen Segen und Fluch nebeneinander. Segen bei genauer Dosierung, Fluch bei Mißbrauch. Leben bei Anwendung nach Vorschrift, Tod bei Überdosierung. An sich eine Binsenwahrheit. Sie gilt für Medikamente genauso. Mit Überdosen von Schlaftabletten haben sich ohne Zweifel mehr Menschen das Leben genommen als mit E605.

Warum gilt für viele Menschen die Gleichung: Pflanzenschutzmittel ist Gift? Wer denkt schon daran, daß auch Kochsalz, ein für die Gesundheit des Menschen unentbehrliches Naturprodukt, das wir täglich mit der Nahrung zu uns nehmen, in stark überhöhter Dosis für den Menschen tödlich sein kann?

Streng geheim: Hunger-Alarm für die Welt!

Dies ist keine Gruselszene aus einem Science-Fiction-Film, den man sich gemütlich im Sessel vor dem Fernsehschirm ansehen kann, bei Bier und Wein und belegten Broten. Dies ist ein Tatsachenbericht aus dem Jahr 1973. Er mag etwas unglaubwürdig klingen, denn die Öffentlichkeit erfuhr nichts von der drohenden Katastrophe – sie wurde geheimgehalten von den Regierungen.
Per Fernschreiben war von der Weltgesundheitsorganisation allen Regierungen mitgeteilt worden, daß die gesamten Getreidevorräte der Welt nur noch für sieben Wochen reichen würden. Die Mißernten des Jahres 1972 hatten zu dieser alarmierenden Situation geführt.
Die Hausfrauen in Europa merkten wenig. Sie konnten Mehl kaufen, soviel sie wollten. Hinter den Schaufenstern der Bäckereien türmte sich eine verlockende Auswahl unzähliger Brotsorten. Nichts deutete darauf hin, daß hinter verschlossenen Regierungstüren alle Vorbereitungen getroffen wurden, um Brot und Mehl zu rationieren. An den Menschen Europas ging jene Brot-Katastrophe vorbei. Die Leidtragenden waren die Menschen der Entwicklungsländer, in Afrika und Südamerika vor allem.
Drei Jahre später: Im Museum für Wissenschaft und Industrie in Chicago ist es 6 Uhr morgens. Auf einer riesigen elektronischen Leuchtschrifttafel, die Tag für Tag und Stunde um Stunde die Weltbevölkerung anzeigt, springt an diesem Montag, dem 29. März, die Zahl auf 4000106397. In Worten: Über 4 Milliarden. Und Hochrechnungen signalisieren für das Jahr 2000 eine Weltbevölkerung von knapp über 7 Milliarden, wenn es bei der gegenwärtigen Wachstumsrate von 1,9 Prozent pro Jahr bleibt.
Der uralte Satz im Vaterunser, jeden Tag gebetet von Millionen, wird immer fragwürdiger: »Unser täglich Brot gib uns heute...« Denn wie ist schon heute die wirkliche Situation – trotz voller Schaufenster in den Lebensmittelgeschäften bei uns? Dazu Dr. Hans-Hermann Cramer, Leverkusen:
»Von den über 4 Milliarden Menschen, die auf der Erde leben, leiden ungefähr 500 Millionen an Unterernährung; mehr als 1,5 Milliarden sind einseitig oder unzureichend ernährt. Die Situation kann

zu einer Katastrophe führen, wenn es nicht gelingt, die Nahrungsmittelproduktion schneller als das Wachstum zu erhöhen... Unter diesen Umständen ist es kaum zu begreifen, daß heute noch immer mehr als ein Drittel der möglichen Welternte jährlich von Schädlingen, Krankheiten und Unkräutern vernichtet wird... Der weitaus größte Teil dieser Verluste ließe sich vermeiden. Die Behauptung ist nicht utopisch, daß die Verluste auf einen Bruchteil des gegenwärtigen Ausmaßes reduziert werden könnten – und zwar mit den bereits verfügbaren Methoden des modernen Pflanzenschutzes...«

Andere Zeiten, andere Möglichkeiten. Es gilt für alle Bereiche unseres modernen Lebens, auch für den Kampf gegen Schädlinge, auch im Kampf um höhere Ernten. Im alten China gab es ein ungeschriebenes Gesetz: Wer bei einem Landwirt zu Gast war, durfte nicht nach Hause gehen, ohne zuvor das »bewußte Häuschen« – wie immer es damals in China ausgesehen haben mochte – aufgesucht zu haben. So leistete man damals seinen Beitrag, die Felder fruchtbar zu machen. Und es war eine Geste der Höflichkeit für den Gast, seinen Anteil dazu beizutragen.

Härter waren später die Bräuche. Ein Dokument des Herzogs Karl Eugen von Württemberg vom 6. Juni 1789 – im Original – beweist es:

»... Es ist zwar durch mehrfältige in Unsere Herzogliche Lande ergangene General-Recripten gnädigst befohlen worden, was wegen möglichster Ausrottung der so sehr überhandnehmenden und der Landwirthschaft schädlichen Spatzen für Anstalten getroffen werden sollten.

Da wir aber in mißliebige Erfahrung gebracht haben, daß diese zum Besten Unserer lieben und getreuen Unterthanen abzweckende Anordnungen biß anhero nicht in Ausübung gebracht und Unsere Höchste Absicht, solche, den Feld-Früchten, Frucht- und Korn-Böden äußerst schädliche Vögel abzutreiben und zu vermindern nicht erreicht worden seye: So finden Wir Uns veranlaßt, zu verordnen, daß jeder Bürger jährlich Ein Dutzend Sperlinge oder Spatzen zu fangen, und bei der Lieferung Sechs Creuzer aus der Bürgermeister-Amts-Casse zu erhalten, derjenige Bürger aber, welcher dieses nicht leisten würde, in dieselbe Casse Zwölf Creuzer zu entrichten haben soll...« Und Mao ließ 1930 20 Millionen Fliegenklatschen verteilen, um auf diese Weise einer Schädlingsplage Herr zu werden. Wie gesagt: Andere Zeiten, andere Methoden. Der Kampf gegen Schädlinge, das Ringen gegen den Hunger ist so alt wie es Landwirtschaft gibt.

Zurück in die Gegenwart: Im Jahr 1970 erhielt ein fast unbekannter Forscher in Oslo den Friedensnobelpreis. Sein Name: Professor Dr. Norman E. Borlaug, Leiter des internationalen Forschungszentrums für Mais- und Getreideanbau. In jahrelangen Versuchen hatte er eine besonders widerstandsfähige Weizensorte gezüchtet und einen entscheidenden Beitrag im Kampf gegen den Hunger in der Dritten Welt geleistet. In seiner Rede anläßlich der Preisverleihung in Oslo sagte er:

»Es liegt auf der Hand, daß die grüne Revolution nur dann weitere Erfolge bringen kann, wenn der Landwirtschaft gestattet wird, die für den Kampf gegen den Hunger unerläßlichen Mittel einzusetzen, also Mineraldünger und Pflanzenschutzmittel. Wenn ihr dies aber verwehrt wird, wie es gegenwärtig eine von Extremisten angeführte Gruppe fordert, dann wird die Menschheit wirklich zugrunde gehen – aber nicht an Vergiftung, sondern an Hunger!

Eine Reihe von Fachleuten des Tier- und Umweltschutzes sowie höchst unvollständig informierte Leute sind zu einem Kreuzzug gegen Pflanzenschutzmittel und Mineraldünger angetreten. Sie bedenken nicht die Folge ihres Tuns. Diese Folgen aber sind Hungersnot und politisches Chaos, das die ganze Welt in seinen Strudel ziehen wird.«

Hexenmeister am Werk?

Wahrscheinlich kennen Sie alle das Sprichwort: »Wasch mir den Pelz, aber mach mich nicht naß!« Es bedeutet eine ausweglose Situation, vor der jemand steht, eine Aufgabe, die nicht zu bewältigen ist, es sei denn, daß man mit einer Wirkung auch eine Nebenwirkung in Kauf nimmt.

Genau dies aber ist die Situation von Chemikern, Biologen und anderen Forschern, die ein Schädlingsbekämpfungsmittel entwickeln, ein Pestizid – wie es oft genannt wird. Wer denkt bei diesem Namen nicht sofort an die böse Pest, die einst Millionen hinwegraffte? Der Zusammenhang stimmt nicht. »Pest« kommt aus dem Englischen und heißt soviel wie »Schädling«. Und »Cide« stammt aus dem Lateinischen und bedeutet »töten«. Schädlinge aber können Unkräuter, Insekten und Pilze sein, von Viren und Bakterien ganz zu schweigen. Da gibt es zum Beispiel auf einem Getreidefeld mehr als 50 verschiedene »Unkräuter«, die bekämpft werden müssen, ohne daß die Nutzpflanze selbst darunter leidet. Ziel der Unkrautbekämpfung ist nicht, möglichst viele Unkräuter zu vernichten, sondern die Unkräuter so weit zu unterdrücken, daß sie keinen Schaden mehr ausüben. Aber nicht dasselbe Mittel wirkt gegen jedes Unkraut.

Da gibt es Zehntausende von Insekten, nützliche und schädliche. Die nützlichen müssen geschont werden, die schädlichen müssen bekämpft werden. Wie kann man garantieren, daß ein Mittel so genau gezielt wirkt?

Fragt man einen Chemiker, wie man eine wirksame Substanz findet, antwortet er, man müsse das Einmaleins der Chemie beherrschen, sich spezialisieren und schließlich noch eine gute Nase und ziemlich viel Glück haben. Dennoch: Es ist alles andere als ein Glücksspiel, das in den Laboratorien stattfindet. Es ist mühsame, jahrelange Kleinarbeit.

So werden zum Beispiel auf der landwirtschaftlichen Versuchsstation der BASF in Limburgerhof bei der Suche nach einem Herbizid – einem neuen Unkrautbekämpfungsmittel – monatlich 60000 Versuchstöpfe eingesät. Nach ihrem Erfinder, dem Landbauwissenschaftler Eilhard Mitscherlich, heißen sie Mitscherlichtöpfe. Sie werden mit Kulturpflanzen und mit Unkräutern aller Art eingesät. Im Jahr sind dies stattliche 750000 Töpfe. Jeder muß die gleiche Menge Erde erhalten und auch genau die gleiche Erde. Kein Topf darf mehr gedüngt sein als der andere. In jedem Topf ist nur eine ganz bestimmte Samenart, immer in der gleichen Menge. Wie die Pflanzen wachsen, hängt nicht davon ab, daß alle Wachstumsbedingungen gleich sind, sondern von der Art der Bedingungen selbst. Von einem bestimmten Tag an werden Nutzpflanze und Unkraut mit derselben Menge eines möglichen Wirkstoffes besprüht, von Versuch zu Versuch wird die Dosierung verändert, verstärkt oder abgeschwächt. Jeder Topf hat seine Nummer, es wird über ihn

Buch geführt. Da kann es sein, daß der Wirkstoff, der das Unkraut völlig vernichtete, auch bei geringster Dosierung die Nutzpflanze schädigte. Und schon scheidet diese Substanz aus weiteren Versuchen aus. Da können das Unkraut sterben und die Kulturpflanze gedeihen, aber Versuche ergeben, daß nützliche Insekten zugrunde gehen, wenn sie mit dem Wirkstoff in irgendeine Berührung kommen. Auch diese Substanz wird verworfen, kommt für weitere Versuche nicht mehr in Frage.

Die Toxikologen sind es, die hier zu entscheiden haben, die sich mit den Giften und ihrer Wirkung befassen. Auch Ratten, Mäuse, Bienen und Fische gehören hier zu ihren Versuchstieren. Ratten und Mäuse werden mit der Substanz geimpft, werden mit ihr gefüttert. Bienen werden getestet, um zu erfahren, ob der Wirkstoff schädliche Folgen bei ihnen als Fraß-, Kontakt- oder Atemgift haben könnte.

Erst wenn die Toxikologen grünes Licht gegeben haben, werden die Versuche aus den Laboratorien ins Freiland verlegt. Zwei Jahre sind inzwischen mindestens vergangen. Der eigentliche Härtetest wird noch viele Jahre weitergehen.

Fast noch schwieriger als diese Tests mit Herbiziden, also Unkrautbekämpfungsmitteln, sind die Versuche mit Insektiziden, also Mitteln, die schädliche Insekten töten – aber die nützlichen am Leben lassen.

Eine dicke Stahltür in den Kellerräumen des Biologischen Instituts von Bayer in Leverkusen schließt sich hinter einem, und man befindet sich von einem Augenblick zum andern in einer Art Schrekkenskammer schädlicher Insekten, wenn man auf dicken Glasscheiben liest: Heuschrecken, Anopheles-Mücke, Termiten, Kartoffelkäfer, Baumwollwanzen, Blattläuse und Fliegen, um nur einige wenige Namen zu nennen.

Man erinnert sich, daß Heuschrecken zu den »sieben Plagen der Menschheit« zählten, daß ein einziger Heuschreckenschwarm an einem Tag 3000 Tonnen Pflanzen aller Art vernichtet. Man weiß, daß die Anopheles-Mücke Überträger der Malaria ist. Man wünscht sich wieder aus diesem Raum hinaus ins Freie, in Licht und Luft und Sonne.

Auch hier werden täglich neue Substanzen gegen die Schädlinge geprüft. Da reihen sich unzählige kleine Drahtkäfige aneinander mit

Futternäpfen und Fliegen, die von ihnen fressen. Das Futter ist mit Wirkstoff in verschieden starker Dosierung durchsetzt. Und es wird zu Protokoll genommen: Welcher Stoff wirkt von welcher Dosierungsmenge an tödlich? Auf den schnellen Tod kommt es hier an; denn die Fliege muß so schnell sterben, daß sie ihre Eier nicht mehr ablegen kann. Es geht hier also um das sogenannte Fraßgift.
Aus einem anderen Käfig holen ein Laborant oder eine Laborantin eine Fliege mit der Pinzette heraus und beträufeln sie mit einem Tropfen der Substanz. Die Berührung mit der Substanz soll den Tod der Fliege herbeiführen. Wann tritt er ein? Wie lange dauert es? Auf dem Protokoll wird es vermerkt. Man weiß ein wenig mehr über die sogenannten Kontaktgifte.
Insektizide, die die Laborversuche positiv bestanden haben, werden jetzt ebenfalls – wie die Herbizide – im Freiland getestet. Das Wort »Freiland« ist irreführend. Es handelt sich dabei um Gelände, das in winzig kleine Parzellen aufgeteilt ist. Sie haben den unterschiedlichsten Boden, und die unterschiedlichsten Kulturpflanzen – Getreide, Gemüse, Obst – sind angebaut. Versuchsgüter sind es, von der Außenwelt streng abgeschirmt. Über alle Klimazonen der Erde sind sie verteilt. Und wieder vergehen runde zwei Jahre. Substanzen, die im Labor die Tests bestanden haben, versagen im Freilufttest.
Die wenigen, die übrigbleiben, werden nun in größeren Feldversuchen getetstet. Aber die letzte Entscheidung darüber, ob ein Pestizid zugelassen wird, fällt nicht in den Feldversuchen. Denn letzten Endes kommt es auf eines an:
Wie schnell oder wie langsam zerfällt ein Pflanzenschutzmittel? Ist noch Gift im Gemüse, wenn wir es essen, im Obst, wenn wir es kaufen, im Brot, im Reis, in der Kartoffel, im Tee, im Fleisch, in der Milch? Denn der Verbraucher muß sich darauf verlassen können, daß nur völlig unbedenkliche Ware auf den Markt gelangt, daß er nicht Gift ißt, wenn er ißt.
Vor wenigen Jahren wäre es schwierig gewesen, diese Frage zu beantworten. Die analytische Meßtechnik war einfach noch nicht soweit, jene winzigen Spuren ermitteln zu können, um die es hier in der Regel geht.
Da gab der Sport inzwischen einige Hilfe mit der elektronischen Zeitmessung. Über Sieg oder Niederlage entschieden nicht mehr

Sekunden, sondern Zehntel-Sekunden, ja Hundertstel-Sekunden. Beim 100-Meter-Lauf, bei den Bobrennen, beim Slalom oder der Abfahrt über steile Schneepisten. Man saß vor dem Fernseher, hörte es – aber begreifen konnte man es nicht.
Die Wissenschaftler – Rückstandsanalytiker genannt –, die nach den »giftigen« Rückständen der Pflanzenschutzmittel suchen, die wissen wollen, welche Mengen davon im Erntegut, in den Nahrungsmitteln, im Boden, im Wasser zurückblieben, können über die Zehntel- und Hundertstel-Sekunden nur lächeln.
Ihre Meßeinheiten heißen »mg/kg« oder »µg/kg«: Es mußten neue Meßeinheiten gefunden werden, um die Rückstände aus Pflanzenschutzmitteln noch zu messen – mit Apparaten, die erst entwickelt werden mußten: Spektralphotometer, Gas-Chromatograph, Ultrarot-Spektrometer, um nur einige wenige zu nennen.
Was aber ist 1 mg/kg? Soviel wie ein Pfennig auf 10000 Mark. Soviel wie eine Minute im Ablauf von zwei Jahren. Soviel wie ein Tropfen in 100 Litern Wasser. Oder in Prozenten ausgedrückt: 0,0001 Prozent. Um auf die Pflanzenschutzmittel zurückzukommen, wäre 1 Gramm eines Pflanzenschutzmittels in 1000 kg Salat soviel wie 1 mg/kg.
Wenn solche neuen winzigen Meßeinheiten gefunden werden mußten, so deswegen, weil sich die Rückstände von Pflanzenschutzmitteln nicht anders in Zahlen ausdrücken ließen.
Natürlich stünden alle diese Zahlen in einem luftleeren Raum, wenn es nicht eine Richtzahl gäbe. Eine Richtzahl, die genau die gefährliche Grenze zwischen Rückstand und Freiheit von Rückstand markiert. Diese Richtzahl gibt es. Im besonderen Fall der Pflanzenschutzmittel handelt es sich um die verträgliche Menge, die der Mensch ohne Gefahr zu sich nehmen kann, und zwar täglich ein Leben lang. Da gibt es natürlich die berechtigte Frage, woher man wissen will, wieviel verträglich ist, wo die Gefahr beginnt, denn Menschenversuche mit Pflanzenschutzmitteln gibt es ja nicht. Die Richtwerte haben die Toxikologen bei langjährigen Tierversuchen ermittelt. Es handelt sich hier um Fütterungsversuche an verschiedenen Tierarten, vor allem an Ratten und Hunden. Zeigte sich bei einem Versuch der Hund unempfindlich gegen eine Substanz, die Ratte jedoch empfindlich, wurde in erster Linie der Rattenversuch gewertet.

Ein mögliches Ergebnis dieser langen Versuche – bis zu einem Zeitraum von zwei Jahren – könnte also zum Beispiel bedeuten, daß eine Ratte über diesen ganzen Zeitraum hinweg täglich fünf Milligramm einer Substanz vertragen hat, ohne Schaden an ihrer Gesundheit zu nehmen. Bei einem Eigengewicht einer Ratte von 50 Gramm würde das 100 Milligramm je Kilo Körpergewicht bedeuten.

Mit Recht kommt der empörte Einwand: Aber ein Mensch ist keine Ratte und auch kein Hund.

Dazu Dr. Helmut Frehse, Leiter eines biologisch-physiologischen Labors: »Zur Umrechnung vom Tierversuch auf den Menschen veranschlagen wir einen Sicherheitsfaktor von 100. Wir unterstellen dabei, daß der Mensch zehnmal empfindlicher sein kann als das Tier. Nur ein Hundertstel der im Dauerversuch an Tieren als garantiert unschädlich erwiesenen Menge wird auch für den Menschen als ungefährlich angesehen.« Nun erst ist der Zeitpunkt gekommen, daß ein Herbizid oder ein Insektizid von der Biologischen Bundesanstalt für Land- und Forstwirtschaft unter Mitwirkung des Bundesgesundheitsamtes zugelassen werden kann. Sechs bis acht Jahre sind für alle diese umfangreichen Tests notwendig gewesen.

Vergiftete Vögel, verendetes Wild?

Auf den Feldern von Isernhagen bei Hannover fanden Schulkinder 287 tote Stare, zwei Buchfinken und einen Sperling. Die Untersuchung der toten Vögel in der Tierärztlichen Hochschule von Hannover ergab als Todesursache das Pflanzenschutzmittel E 605, das in den Mägen der Vögel festgestellt werden konnte. Nach Wochen intensiver Nachforschungen kam allerdings heraus, daß ein Landwirt auf seinen Feldern sträflicherweise absichtlich einen höheren Dosierungsgrad gewählt hatte, um sich so der körnerfressenden Vögel zu erwehren.

1973 wurde die Öffentlichkeit durch die Meldung alarmiert, daß an der spanischen Coto Donana rund 50000 Vögel verschiedener Art elend zugrunde gegangen waren. Man schob die Schuld zuerst auf

Pflanzenschutzmittel, mit denen Orangenplantagen besprüht worden waren. Doch holländische und schwedische Wissenschaftler wiesen durch ihre Untersuchungen einwandfrei nach, daß der Botulismus, eine bakterielle Erkrankung, am Tod der Vögel schuld war. Im Tierhygienischen Institut zu Freiburg wird Jahr für Jahr untersucht, welche Krankheiten verendetes Fallwild hatte. Bei nur 1,5 Prozent konnten Pflanzenschutzmittel dafür verantwortlich gemacht werden, die nicht nach Vorschrift angewendet worden waren. Hätte der Pflanzenschutz jene verheerenden Folgen für den Wildbestand, wie sie oft behauptet werden, so müßte es sich in rückläufigen Jagdstrecken ausdrücken. Das Gegenteil ist der Fall. Die Wilddichte nahm in den letzten 25 Jahren ständig zu. Daß bei uns jährlich etwa 300000 Hirsche, Rehe und Hasen Opfer des Verkehrs werden, sei nur am Rande erwähnt.
Kehren wir zum Menschen zurück. Viele schwören auf Nahrungsmittel aus sogenanntem biologischen Anbau – also ohne Chemie, wie Dünger und Pflanzenschutz. Die Stiftung Warentest prüfte in einem Vergleich 14 Fabrikate aus biologischem Anbau – Brechbohnen, Erbsen, Karotten als Konserven und als Tiefkühlkost sowie Karottensäfte – und sechs Fabrikate aus herkömmlichem Anbau, also mit chemischen Dünge- und Pflanzenschutzmitteln. Das Fazit aus diesem Test: Die getesteten Gemüse und Säfte aus biologischem Anbau enthielten zwar keine Rückstände von Pflanzenschutzmitteln, aber auch bei normal angebautem Gemüse waren Rückstände kaum festzustellen. Der Glaube, die einen seien rein, die anderen aber verseucht, ist eine Weltanschauung. Mit den wissenschaftlichen Erkenntnissen hat er nichts zu tun.

Alle großen Dinge sind einfach

»Empfängt der Boden von allen Stoffen, die er an die Pflanzen abgegeben hat, nichts zurück, so muß ein Zeitpunkt eintreten, wo er an eine neue Vegetation keinen dieser Bestandteile abgeben kann, wo er völlig erschöpft, völlig unfruchtbar, selbst für Unkrautpflanzen, werden muß.«

Diesen Satz schrieb vor rund 150 Jahren einer der größten Wissenschaftler nieder: Justus von Liebig. Als erster untersuchte er die Landwirtschaft mit naturwissenschaftlichen Methoden, analysierte Böden und entdeckte, wie durch geeignete Düngung die Erträge gesteigert werden könnten. Durch Ausstreuen von Phosphat, Stickstoff und Kali ergaben die Ackerböden doppelte und dreifache Erträge.

Um die Mitte des 19. Jahrhunderts wurden mit der üblichen Anbau- und Düngungsmethode pro Hektar etwa zehn Dezitonnen Getreide und etwa siebzig Dezitonnen Kartoffeln gewonnen. Heute erntet man mit Hilfe des wissenschaftlich entwickelten Mineraldüngers im Durchschnitt vierzig und mehr Dezitonnen Getreide und rund zweihundertundachtzig Dezitonnen Kartoffeln auf gleich großer Anbaufläche.

Mit jedem Kohlkopf vom Acker oder jedem Korn vom Feld entzieht der Mensch dem Boden genauso Nährstoffe wie mit dem Obst von den Bäumen oder dem Grashalm auf Weideflächen. Der Mensch verändert dadurch auch das ökologische Gleichgewicht. Es entsteht ein Defizit an Nährstoffen, das ausgeglichen werden muß.

Nicht ohne Grund gab es früher die sogenannte Dreifelderwirtschaft, zu der die Brache gehörte. Alle drei Jahre ließ der Bauer den Acker unbenutzt liegen und verzichtete auf eine Ernte. Man wußte also schon damals genau, daß der Boden mit der Zeit verarmte. Durch die Brache wollte man erreichen, daß er sich wenigstens vorübergehend erholen sollte.

Nicht selten wird heute wieder die Forderung erhoben, zu den Methoden von damals zurückzukehren. Was würde eine solche Entscheidung bedeuten? Zum einen: Es wurde damals weniger als ein Drittel dessen geerntet, was heute ein Hektar erbringt. Unschwer vorzustellen, welche Auswirkungen dies nicht nur auf die Versorgung der Bevölkerung haben müßte, sondern auch auf die Preise für Nahrungsmittel. Die Menschen von heute müßten wieder wie damals mehr als die Hälfte ihres Einkommens für die Ernährung ausgeben und nicht, wie heute, nur etwas mehr als ein Viertel.

Zum andern würde bei gleich großer Einwohnerzahl ja auch der Flächenbedarf dreimal so groß werden. Wir kämen dann nicht mehr mit 13,2 Millionen Hektar landwirtschaftlich genutzter Fläche aus.

Nun aber hat die Bundesrepublik Deutschland nur 24,5 Millionen Hektar Gesamtfläche mit Bergen, Seen, Wäldern und Straßen und Städten.
Außerdem: Die Nährstoffe aus Stallmist oder Jauche sind keine anderen als jene in den mineralischen Düngern. Umgekehrt: Die Mineraldünger aus den heutigen großtechnischen Verfahren enthalten die Nährstoffe in der gleichen Form wie die organischen Dünger. Den Stickstoff gewinnt man aus der Luft, Kali aus Meeresablagerungen, Phosphat meist aus mineralisierten tierischen Knochen früherer Epochen und Kalk aus Muschel- und Korallenablagerungen.
Mit Recht stellte daher der Verband Deutscher Landwirtschaftlicher Untersuchungs- und Forschungsanstalten fest, daß es beispielsweise beim aufgenommenen Stickstoff für Pflanzen keinen Unterschied geben könne zwischen natürlichen, etwa aus Humus stammenden oder aus synthetischen, aus der Fabrik kommenden Nitrat-Ionen. Und Untersuchungen des Instituts für Pflanzenernährung und Bodenkunde der Universität Kiel ergaben keinerlei Hinweise darauf, daß »natürliche« Nährstoffe für die Pflanzen besser und brauchbarer seien als »synthetische«. Mit anderen Worten: Pflanzen unterscheiden nicht zwischen »Natur« und »Chemie«.

6

»Hexenmeister« der Moleküle

Im Wunderreich der Fasern

Die Bilder sind unvergessen. Sie flimmerten am 21. Juli 1969 über alle Bildschirme der Welt. Sie kamen aus einer Entfernung von 384 000 Kilometer auf die Erde, ganz genau gesagt: Sie kamen vom Mond. Zwei Männer, die beiden Astronauten Edwin E. Aldrin und Neil Armstrong, waren mit ihrer Mondfähre »Eagle« im Staub des Erdtrabanten gelandet. Nun bewegten sie sich, fast Monstern gleich, in ihren silbrig glänzenden Raumanzügen durch die Mondwüste, vor dem Hintergrund eines schwarzen Horizonts. Wer es mit ansah auf der Erde, hielt den Atem an; denn das, was hier geschah, war jenseits dessen, was der menschliche Verstand begreifen konnte: unfaßbar, unglaublich, wunderbar.
Bei diesem Mondspaziergang herrschten Temperaturen zwischen 160 Grad Wärme und 130 Grad Kälte. Sie wären tödlich für Aldrin und Armstrong gewesen, hätte ihr Raumanzug sie nicht vor sengender Glut und klirrender Kälte geschützt. Aber »Chemie-Schneider« hatten ihn sozusagen nach »Mondmaß« entworfen, aus zwanzig verschiedenen Schichten, die innerste aus Nylon, die äußerste aus einem Fluorkohlenwasserstoff-Gewebe. Ohne das Wunder der Chemiefasern wäre das Wunder des Mondspaziergangs nicht möglich gewesen. In Raumanzügen aus Naturfasern – Seide, Wolle, Baumwolle – wären Aldrin und Armstrong verbrannt oder erfroren.
Eine Meldung wie diese kann man fast jeden Tag in der Zeitung lesen: »Beim Überholen auf regennasser Straße geriet der Wagen ins Schleudern, streifte einen Baum und überschlug sich. Der Fahrer kam mit leichten Verletzungen davon. Er war angeschnallt.« Der Sicherheitsgurt aus Chemiefasern, elastisch und dennoch zugleich reißfest, hatte verhindert, daß der Fahrer beim Überschlagen durch die Frontscheibe seines Wagens geschleudert wurde.
Das Maschengeflecht der Fischernetze, das Zentnerlasten tragen können muß, ohne zu reißen, ist genauso Chemiefaser wie die hauchdünnen, elastischen Damenstrümpfe. Und die Gardinen, die bei Wind vor den Fenstern sanft hin- und herschaukeln, sind aus dem gleichen »künstlichen Stoff« wie die Segel, die Sturmböen von Windstärke 10 aushalten.
Wer heute auf Reisen geht, bringt in einem Koffer so viel Wäsche, Kleidung und Anzüge unter, daß man wirklich vom »leichten Gepäck« sprechen kann. Die Kofferberge von einst, mit denen man

sich herumplagen und abärgern mußte, bleiben ein Relikt der sogenannten guten, alten Zeit – auch wenn die Mode wieder Röcke bis zum Boden verordnen sollte. Der »Faden aus der Retorte« hat unser aller Leben verändert. Nur Adam und Eva, die ersten beiden Menschen, hatten es noch leichter. Ihnen genügte ein Feigenblatt – wenigstens solange sie im Paradies lebten.

Eine neugierige Kaiserin entdeckte den Seidenfaden

Maulbeerbäume zählen zu den ältesten Bäumen der Erde. Maulbeerbäume standen auch in den Palastgärten der chinesischen Kaiser. Einer von ihnen war Huang-ti. Er regierte um das Jahr 2700 vor Christus im geheimnisvollen Reich der Mitte. Irgendwann, ein Maitag soll es gewesen sein, blieb die Kaiserin Hsi-Ling-Chih beim täglichen Spaziergang durch die Palastgärten überrascht vor einem der zahllosen Maulbeerbäume stehen. In den Zweigen hingen an kurzen seidigen Fäden weiße Früchte, die sie nie zuvor gesehen hatte. Noch rätselhafter wurde alles, als sich eine dieser vermeintlichen Früchte, etwa so groß wie ein Vogelei, mit Leben zu erfüllen schien. Aus einer Öffnung an einer ihrer halbrunden Enden zwängte sich ein Schmetterling ans Licht der Welt. Ein Seidenspinner war ausgeschlüpft.

Kaiserin Hsi-Ling-Chih war neugierig und pflückte die vermeintliche Frucht vom Baum, stellte fest, daß sie aus einem zusammenhängenden, hauchfeinen, doch bemerkenswert festen Faden bestand, den sie abwickeln konnte. An diesem Tag wurde aus der staunenden Kaiserin eine geduldige Forscherin. Sie ahnte, daß sie das Ende einer Verwandlung erlebt hatte. Nun wollte sie auch den Anfang erfahren.

Sie fand die Eier, die der Seidenspinner ablegte. Sie sah die winzigen Raupen, kaum drei Millimeter lang und schwarz behaart, die aus den Eiern ausschlüpften. Sie beobachtete die winzigen Räupchen, die unaufhörlich, schier unersättlich, die Blätter des Maulbeerbaumes fraßen. Nach 35 Tagen wogen sie bereits das 7000- bis 9000fache ihres Schlupfgewichts, waren etwa acht Zentimeter lang gewor-

den. Ihre Zeit war gekommen, sich einzuspinnen, um ein Schmetterling zu werden.
Der Seidenwurm ist prall gefüllt – mit flüssiger Seide. Durch komplizierte Vorgänge im Raupenkörper ist ein Teil des Eiweißgehaltes der Maulbeerblätter umgewandelt worden. Nun pressen die Raupen die Seidenflüssigkeit aus den Spinndrüsen durch zwei winzige Kanäle zum Spinnrüssel an ihrer Unterlippe. Dort tritt ein Doppelfaden aus. Die Tiere pendeln unablässig mit dem Kopf hin und her und legen das Gespinst, das an der Luft sofort erstarrt, in achtförmigen Schleifen um ihren Körper.
In etwa 65 Stunden haben die Raupen im Durchschnitt 2000 Meter Seidenfaden um sich herumgesponnen, sich in einen Kokon eingehüllt, um sich nach 35 Tagen zum Schmetterling zu wandeln.
Die Kaiserin war nicht nur klug und neugierig, sondern auch geschäftstüchtig. Sie hatte erkannt, daß dieser Faden sich vorzüglich für Kleider eignen könnte. Wenig später begann die chinesische Naturseide-Produktion. Das Prinzip war ebenso einfach wie genial: Kurz vor Ablauf der 35-Tage-Frist wurden die Kokons in einen Dörrofen geschoben. Die Raupen starben, die Seide blieb unbeschädigt. Aus etwa 100 Gramm Insekteneiern gewannen die Chinesen etwa 15 Kilogramm Seide. Die Produktion galt als Staatsgeheimnis, auf dessen Verrat die Todesstrafe stand. Aber Schmuggler sind erfinderisch. So wurden die Seidenraupeneier in den kunstvoll aufgetürmten Frisuren von Chinesinnen und in Bambusstäben in den Westen gebracht. Aus Seide gewebte Kleider wurden zum Statussymbol der Reichen.
Was aber – diese Frage muß hier gestellt werden – hat die neugierige und kluge Kaiserin Hsi-Ling-Chih aus dem Jahre 2700 vor Christus mit den Chemiefasern von heute zu tun? Warum diese Rückschau in eine allzu ferne Vergangenheit? Die Antwort ist einfach: Weil es für die großen Forscher im Reiche der Chemie nur eine einzige Lehrmeisterin gab und gibt, die Lehrmeisterin Natur. Was in der Natur geschah und geschieht, versuchten sie und versuchen sie zu analysieren, in seine Bestandteile von Substanzen aufzulösen.
Was die Kaiserin Hsi-Ling-Chih als erste der Natur ablauschte, beschäftigte viele Jahrhunderte später die Forscher. So schrieb der englische Naturforscher Robert Hooke um das Jahr 1700: »Es müßte möglich sein, eine künstliche, leimartige Substanz herzustellen, die

ähnlich, wenn nicht genauso gut oder sogar besser ist wie das Exkrement oder was immer es sein mag, woraus der Seidenwurm sein Knäuel (Kokon) spinnt...«

Der Traum erfüllte sich. Er erfüllte sich rund 5000 Jahre nach dem Tod der Kaiserin aus China. Auf der Weltausstellung in Paris 1889 bewunderten die Millionen, die in die Metropole an der Seine gekommen waren, nicht nur das Filigrangewirr des Eiffelturms, ein Weltwunder des 19. Jahrhunderts. Ein französischer Graf aus uraltem Adel, Hilaire de Chardonnet, präsentierte ein anderes Weltwunder, zwar nicht so spektakulär wie der Eiffelturm, aber revolutionär. Er eröffnete das Zeitalter der Chemiefasern. Er löste nitrierte Zellulose in einem Alkohol-Äther-Gemisch und preßte die Lösung durch sehr dünne Glasröhrchen. Dann verdampfte er die Lösung und erhielt einen Faden mit seidigem Glanz, genau so seidig wie jener, den die Kaiserin aus China entdeckt hatte.

Das Produkt: Kunstseide. Der Natur abgelauscht. Maschinen stellten es her. Getreu dem Vorbild der Seidenraupe: eine flüssige Spinnmasse – gelöste Zellulose – durch feine Öffnungen zu Fäden geworden. Seide war von da an kein Vorrecht der Millionäre mehr. Und Kunstseide war von Naturseide nicht zu unterscheiden. Einige wenige extravagante Frauen mögen sich damals geärgert haben. Und ausgerechnet eine Kaiserin hatte ihnen – wenn auch unbewußt und ungewollt – diesen Ärger eingebrockt.

Aber dies alles war nur ein Anfang einer Entwicklung, die das Leben leichter und farbenfroher machte.

Die Seide war nur ein erster Schritt. Es gab andere Naturprodukte: Wolle, Baumwolle. Die Frage, die sich Chemiker stellten, ist logisch: Warum nicht auch solche Fasern chemisch, synthetisch, herstellen?

Kaiserin Hsi-Ling-Chih hätte eigentlich ein Denkmal verdient.

Ein Genie vergiftet sich mit Zyankali

Der 15. Mai 1940 war für die Frauen in den USA ein ganz besonderer Tag. Der Krieg im fernen Europa berührte sie nicht. Noch leb-

ten sie in Frieden. Es gab weder Lebensmittel- noch Kleiderkarten. An jenem Tag erschienen in den Zeitungen der großen Städte ganzseitige Anzeigen. Der größte amerikanische Chemie-Konzern, DuPont de Nemours, kündigte einen Damenstrumpf an, wie es ihn bisher nie gegeben hatte, einen Strumpf »aus Kohle, Luft und Wasser«, wie es die Werbeleute ausdrückten. Einen Strumpf aus einer neuen chemischen Faser: Nylon. Reiß- und scheuerfester als jede Naturfaser sei dieses Nylon und dünner als Naturseide, so wurde es den Frauen versprochen. In wenigen Tagen waren die vier Millionen Paar Nylonstrümpfe, die DuPont auf den Markt geworden hatte, ausverkauft. Noch im gleichen Jahr wurden die ersten Unterröcke und Hemden aus Nylon angeboten. Mit Nylon war das Zeitalter der chemischen Textilfaser endgültig angebrochen.
Einer sollte es nicht mehr erleben, ein Wunderkind der Chemie sozusagen, der Mann, der die Fasersubstanz entwickelt hatte, die unter dem Namen Nylon berühmt wurde. Sein Name: Wallace Hume Carothers. 1896 war er in dem kleinen Ort Burlington im US-Staat Iowa geboren worden. Buchhalter sollte er werden, so wollte es sein Vater, Lehrer an einer Handelsschule. Aber er wußte, daß es nicht seine Welt war, in irgendeiner Firma Bilanzen zusammenzurechnen. Er setzte seinen Willen durch, begann mit 18 Chemie zu studieren und war erst 30, als er einen Ruf als Professor für Chemie an Amerikas berühmteste Universität, die Harvard-Universität, erhielt. Schon zwei Jahre später holte ihn der große DuPont-Konzern, stellte ihm Labor, Assistenten, alles, was er brauchte, zur Verfügung. Grundlagenforschung sollte er betreiben. Und Wallace Hume Carothers begann zu forschen, zu experimentieren. Setzte seine Assistenten auf viele Experimente an. Ein Team hervorragender Fachleute, aber er, Carothers, war der Kopf, das Gehirn.
Bei der Erforschung der Riesenmoleküle machte einer seiner Chemiker eine seltsame Beobachtung. Er stellte fest, daß eine aus Sebacinsäure bestehende Substanz, die er erwärmte, bei etwa 80 Grad plötzlich durchscheinend wurde, aber zunächst noch ziemlich starr blieb. Er erhitzte weiter, das Thermometer kletterte auf 100 Grad, und bei etwa 130 Grad wurde die Masse fast flüssig. Nun führte der Chemiker einen Glasstab in den Kolben ein, in dem sich die heiße Masse befand. Als er den Stab herauszog, blieb etwas von der Masse

an ihm hängen und zog sich zu einem langen, dünnen Faden aus, der sofort an der Luft erstarrte. Nun wollte der Chemiker den Faden zerreißen und beseitigen, aber es gelang nicht. Der Faden zerriß nicht, sondern dehnte sich auf das Drei- bis Vierfache seiner Länge. Als er ihn losließ, zog er sich aber nicht wieder zusammen, wie ein Gummiband es getan hätte, sondern behielt seine Länge bei. Ja, er war in diesem gedehnten Zustand noch viel fester als zuvor, obwohl er viel dünner geworden war.

Als der Chemiker über diesen Versuch berichtete, war sich Carothers sofort klar darüber, daß hier die Spur zu der ersten vollsynthetischen Faser gefunden war. Aber als er feststellte, daß diese Faser schon in lauwarmem Wasser wieder weich wurde, wußte er auch: Er war zwar auf dem Weg, aber noch nicht am Ziel.

Aber ungeahnte Aspekte zeichneten sich schon jetzt ab: eine künstliche Faser, fester als jede Naturfaser, ganz und gar in der chemischen Retorte entstanden. Warum nicht? Es gab schon den Kunstdünger, die künstlichen Farbstoffe, künstlichen Kautschuk, synthetisches Benzin aus Kohle, synthetische Medikamente.

Der 28. Februar 1935 ist ein historisches Datum. An diesem Tag versammelten sich die Bosse von DuPont in dem kleinen Labor von Carothers. Er hatte sie kommen lassen, weil er wußte: Nun bin ich am Ziel. Es war ein synthetischer Faden aus den Molekülen der Adipinsäure und anderer Substanzen, der erst bei 230 Grad Hitze weich wurde. Es war der spätere Nylonfaden.

Doch der Weg vom gelungenen Laborversuch zur industriellen Großproduktion in der Chemie ist lang und kostet Millionen. Neue Maschinen müssen konstruiert werden, die nicht immer auf Anhieb funktionieren. Bei DuPont dauerte dieser Weg über drei Jahre, verschlang 27 Millionen Dollar – nach damaligem Kurs runde 100 Millionen Mark.

Den großen Triumph erlebte Carothers nicht mehr. Er war ein Genie, aber sehr labil. Immer wieder verfiel er in tiefe Depressionen. Eine fast abgöttische Liebe verband ihn mit seiner Schwester Isabel, der Frau eines Sprachlehrers. Als sie im Januar 1937, erst 31 Jahre alt, an einer Lungenentzündung plötzlich starb, schien für ihn eine Welt zusammenzubrechen. Er verfiel zusehends, war kaum ansprechbar. Bei DuPont tat man alles, um ihm zu helfen. Die besten Nervenärzte bemühten sich um ihn. Hatte sein Leben nicht jetzt

erst – nach diesem Erfolg mit Nylon, der seinen Namen in der ganzen Welt berühmt gemacht hatte – begonnen? Welche glanzvolle Zukunft lag nicht noch vor ihm?
Gedanken, die nicht seine Gedanken waren. Er kapselte sich immer mehr ab. Am Morgen des 29. April 1937 verließ er sein Haus in Wilmington. Seine Frau glaubte, er ginge in seine Labors bei DuPont. Aber Carothers ließ sich in einem Hotel ein Zimmer geben. Als er bis zum Abend es noch nicht verlassen hatte, öffnete der Hotelier mit einem Nachschlüssel die Tür.
Carothers war tot. Der Arzt stellte fest, daß er mit einigen Körnchen Zyankali, die er in Zitronensaft genommen hatte, seinem Leben ein Ende gesetzt hatte.

Woher 12 Millionen Schafe nehmen?

Längst ist inzwischen Nylon nur eine in einer Flut von kaum mehr überschaubaren Chemiefasern geworden. Man würde aber auch den chemischen Forschern in anderen Ländern nicht gerecht, erzählte man nicht eine beinahe seltsame Geschichte. Im Sommer 1938 reist eine Gruppe von DuPont-Direktoren nach Europa. Ihr erstes Ziel war Berlin. Dort, im Stadtteil Lichtenberg, stand ein Betrieb des großen IG-Farben-Konzerns, zu dem sich die wichtigsten deutschen chemischen Werke zusammengeschlossen hatten. Die DuPont-Direktoren wollten mit den IG-Farben einen Lizenzvertrag aushandeln über die Produktion von Nylon im damaligen »Großdeutschen Reich«. Sie waren sicher, daß dieser Vertrag zustandekommen werde.
Doch nun geschah für die Amerikaner etwas völlig Unerwartetes. Die IG-Farbenvorstände öffneten einen Panzerschrank, und wenig später wußten die DuPont-Leute, daß auch die deutschen Chemiker eine Chemiefaser entwickelt hatten, die sich kaum von Nylon unterschied. Ihr Name: Perlon. Ein viele Jahre lang streng gehütetes Geheimnis war zum ersten Mal enthüllt. Die DuPont-Direktoren sahen auch die Perlon-Fäden und Perlon-Gewirke und lasen die Patentschriften. Und entdeckten etwas noch Seltsameres, fast Un-

glaubliches: Dieses Perlon entstand aus einer chemischen Substanz – dem Caprolactam –, das der Nylon-Erfinder Carothers für eine chemische Faser als völlig ungeeignet angesehen hatte.
Dr. Paul Schlack, der wissenschaftliche Leiter des IG-Werkes in Berlin-Lichtenberg, berichtete den DuPont-Direktoren von jener entscheidenden Nacht, der Nacht vom 28. zum 29. Januar 1938: »Mein Laborant Ahrens und ich hatten wieder einmal einen Versuch vorbereitet. Wir hatten Lactam und andere Säuren in ein dickwandiges Glasrohr eingeschmolzen. Dieses Rohr wurde über Nacht in einem Ofen auf 230 bis 240 Grad erhitzt. Ohne besondere Erwartungen hatten wir diesen Versuch vorbereitet. Bestenfalls erwarteten wir ein halbes Resultat.
Als ich am anderen Morgen mein Laboratorium betrat, wollte ich meinen Augen kaum trauen. Der vorher in der Wärme dünnflüssige, wasserhelle Inhalt des Rohres war zu einer graugelben, festen Masse erstarrt. Ich öffnete das Rohr und zog den gebildeten Formkörper heraus. Und meine Überraschung wuchs: Das war ja keine harte und spröde Masse, sondern ein zäh-elastisches und geschmeidiges Material. Wir erwärmten den Kunststoff bis er schmolz. Dann tauchten wir einen Glasstab in die Schmelze und zogen ihn heraus. Es bildete sich ein langer Faden, der sich kalt verstrecken ließ und dabei außerordentlich fest wurde. Die sofort bestimmte Reißfestigkeit lag über der von Naturseide. Kein Zweifel: Das Material war ein hervorragender Faserrohstoff.« Nun wußten die DuPont-Direktoren, daß sie zwar mit Nylon einen Vorsprung hatten, daß es aber auch Perlon gab. Zwei Namen – und fast das gleiche Ergebnis. Nun hatten natürlich Lizenzverhandlungen keinen Sinn mehr.
Das neue Zeitalter chemischer Fasern, das angebrochen war, unterbrach der Zweite Weltkrieg. In Deutschland wurden die Anlagen zum Teil nach 1945 demontiert. Als die Zeiten wieder normal geworden waren, nach 1950, begann der unaufhaltsame Vormarsch der Chemiefasern. In der Retorte gezeugt, aber besser als die Naturfasern Seide, Baumwolle, Wolle. Es wurden »maßgeschneiderte« Fasern – je nach Zweck, dem sie dienen sollten: Ob als Strumpf oder Anzug, ob als Hemd oder Regenmantel, ob als Büstenhalter oder Fenstergardine, ob als Möbelbezugstoff oder Bodenbelag. Es wurden chemische Fasern entwickelt, die sogar Hitzegrade von 400

Grad und mehr unversehrt überstanden. Es gab Fasern für Anzüge, die man in Tests monatelang ins Wasser legen konnten, ohne daß die Jacken ihre Form und die Hosen ihre Bügelfalten verloren.
Dies alles waren technische Probleme. Die Forscher in den Labors haben an ihnen gearbeitet und sie gelöst. Mit einer Präzision, die kaum vorstellbar ist. So dürfen moderne Qualitätsfasern, die aus den Düsen der Fasermaschinen gezogen werden, auf eine Länge von 4000 Kilometern – dies wäre zum Beispiel die Entfernung Kopenhagen–Palermo und zurück – keinen Bruch zeigen. Moderne Fäden der Chemie werden mit einer Geschwindigkeit bis zu 1500 Metern in der Minute aus den haarfein perforierten Spinndüsen gezogen, also mit einem Tempo von 90 Kilometern pro Stunde.
Die Fasern der Natur – Seide, Baumwolle und Wolle – werden in Zukunft nicht ausreichen. Ein Zurück zu Adam und Eva und zum Feigenblatt ist keine ernsthafte Antwort. Vergessen wir die Seide. Sie spielt für den Alltag ohnedies keine Rolle. Vom Preis ganz abgesehen. Aber wie ist es mit Wolle? Würden die Schafe, die es in der ganzen Welt gibt, nicht ausreichen, um den Bedarf an Wolle zu dekken?
Ein modernes Chemiewerk produziert heute täglich – und die Betonung liegt auf täglich – 150 Tonnen Chemiefasern, die alle Eigenschaften der natürlichen Wolle haben. Für diese tägliche Leistung brauchte man 12 Millionen Schafe. Und diese 12 Millionen Schafe brauchten eine Weidefläche von der Größe Nordrhein-Westfalens.
12 Millionen Schafe könnte man ja züchten – aber sie fänden weder Weide noch Futter. Und könnten daher auch keine Wolle geben.
Bliebe die Baumwolle. Doch sie kann nur knapp 40 Prozent des Textilbedarfs decken.
Mode aber, wie jeder Mann und jede Frau sie sich heute wünscht, machte die Chemiefaser möglich. Ihr Anteil an der Weltfaserproduktion beträgt heute fast 50 Prozent. Vor 50 Jahren betrug er 3 Prozent. Dies sind nüchterne Zahlen, für viele Menschen vielleicht langweilig. Aber sie sind viel mehr als nur Zahlen. Sie signalisieren eine Art Revolution der menschlichen Gesellschaft, die die chemischen Fasern ausgelöst haben. Ein Blick zurück in den Anfang unseres Jahrhunderts macht es deutlicher. Am Beginn dieses 20. Jahrhunderts konnten sich selbst im industriell schon entwickelten Eu-

ropa außer den Familien der reichen Oberschicht höchstens noch jene der bürgerlichen Mitte auch im Alltag besser kleiden. Genauer gesagt: Mode war ein Reservat für den Adel, die Offiziere, die höhere Beamtenschaft. Der dumme Spruch »Kleider machen Leute« stammt aus jener Zeit. Der Unterschied zwischen den Begüterten und den weniger Begüterten zeigte sich in der Kleidung – und wurde zum Ärgernis. Die Menschheit war sichtlich und unübersehbar in Klassen eingeteilt.
Heute, im Zeitalter der Chemiefasern, ist alles anders geworden. Noch nie hatten die Menschen so viele Möglichkeiten, sich bequem, praktisch, elegant – ganz nach Wunsch und Gelegenheit – zu kleiden. Entwicklungen der Chemie haben unbestritten zum Abbau der Klassenunterschiede und zu einer Demokratisierung der Gesellschaft geführt. Millionen können ein menschenwürdigeres Dasein führen.
Es gibt immer wieder Gegner der chemischen Fasern – wie es eben auch Leute gibt, die nicht auf chemische Medikamente bauen, sondern allein auf die Heilkräfte der Natur. So wurde zum Beispiel behauptet – als Nylon und Perlon auf den Markt kamen –, diese chemischen Fasern würden Akne und Hautallergien auslösen. Doch als die Chirurgen Nylon- und Perlonfäden zum Vernähen von Operationswunden zu verwenden begannen, gab es keine Probleme, ein Zeichen, daß diese Fasern hautverträglich sind.
Kleidung aus Chemiefasern verhindert, daß die Haut atmen kann, hieß es später einmal. Bekleidungsphysiologen, Hygieniker und Dermatologen überprüfen alle Textilien aus Chemiefasern, die in den Kleiderfabriken hergestellt werden, in langen sogenannten Trageversuchen mit Thermometer und Feuchtigkeitsmesser, ehe diese Textilien in die Großproduktion gehen. Eine Bettdecke zum Beispiel muß die von einem Schlafenden ausgeschiedene Körperfeuchtigkeit nach außen durchlassen, aber die Wärme zurückhalten. Die normale Luftfeuchtigkeit unter einer guten, diese hygienischen Bedingungen erfüllenden Bettdecke beträgt etwa 80 bis 85 Prozent. Wird dieser Wert unter- oder überschritten, müssen die Textilingenieure in den Stoff- und Kleiderfabriken das Problem lösen. Und ehe es nicht gelöst ist, läuft die Produktion nicht an.

7

Bunter als der Regenbogen

Im Rausch der Farben

Die Meldung, die Ende 1976 über die Fernschreiber der Zeitungsredaktionen lief, stammte von der Deutschen Presseagentur, aber sie las sich mehr wie ein verfrühter Aprilscherz denn als ernsthafte Nachricht. »Jeans-Blau wird knapp«, lautete die Überschrift, und im Text hieß es: »Schlechte Aussichten für die Freunde der Jeans: Der blaue Farbstoff wird knapp. Die gewaltige Nachfrage nach Jeans-Hosen, -Jacken, -Westen und -Mänteln hat auch zum Run auf einen Farbstoff geführt, der – weil weder lichtecht noch waschecht – im Grunde nicht mehr zeitgemäß ist und daher von den chemischen Fabriken kaum mehr hergestellt wird. Heute müssen deshalb für ein Kilo dieses Farbstoffes, das früher noch zum Preis von 36 Mark verkauft wurde, schon über 600 Mark geboten werden. Die Indigo-Produzenten scheuen sich, ihre Kapazitäten zu erweitern, weil sie fürchten, daß die Preiserhöhungen für Jeans der Anfang vom Ende des Jeans-Trends sein könnten.«

Die Meldung der Deutschen Presseagentur war kein Aprilscherz. Da wurde eine Farbe plötzlich zur Mangelware in einer Zeit, die so farbig und bunt war wie noch nie seit Bestehen der Welt. Pop- und Schockfarben in der Mode, Signalfarben bei den Autos, Leuchtfarben bei Verkehrsschildern, Farben auf den Bildschirmen der Fernsehgeräte, Farbfotografie, Farbfilm, farbige Häuserfassaden in vorher trostlos-grauen Straßen. Wissenschaftler entdeckten, daß die Farbe Grün die Arbeitsfreude steigert und Blau sie hemmt.

Es sieht fast so aus, als ob die Farben der Natur nicht mehr konkurrenzfähig seien zu den Farben der Chemie. Und der siebenfarbige Regenbogen ist nur noch ein fahler Abglanz im Vergleich zu den Farbskalen der Buntstifte in einem Malkasten der Kinder.

Die berühmten Modeschöpfer der Haute Couture können im Jahr zweimal – zum Frühjahr und zum Herbst – die neuen Modefarben vorschreiben, ohne daß sie befürchten müssen, sich im Laufe von fünf Jahren auch nur einmal zu wiederholen. Chemiefaser plus Farbskala plus Einfallsreichtum der Couturiers bringen mehr Farbe ins Leben und mehr Freude an der Mode.

Es begann alles mit Rot. Besser gesagt mit Purpur-Rot. Und es begann mit einem Schäfer und seinem Hund. So erzählt es wenigstens eine Sage, die älter als 2000 Jahre ist. Der Schäfer hütete seine Schafe im Süden, an der Küste des Mittelmeers. Er sah, wie sein Hund eine Schnecke, die aus dem Meer an den Strand gekrochen war, zerbiß. Und erschrak, als er Blut an der Nase und am Maul seines Hundes entdeckte. Er wischte Nase und Maul des Hundes mit Schafswolle ab. Und stellte fest, es war kein Blut, es gab keine Wunde. Der Schäfer erzählte die seltsame Geschichte weiter, daß es eine Schnecke gab, die eine wunderbare, rote Flüssigkeit enthielt.

Es gibt noch eine andere, schönere, uralte Sage um das Geheimnis der Farbe Purpur-Rot. Ein phönizischer Gott ging mit seiner Geliebten, der Nymphe Tyros, am Strand spazieren. Dem Hund des phönizischen Gottes widerfuhr das gleiche wie dem Hund des Schäfers. Die Nymphe allerdings hatte den verständlichen Wunsch an ihren Gott: Ein Kleid in jenem leuchtenden Rot. Ein Hund, ein Gott, eine Nymphe – und eine Schnecke, so begann es also.

Rot wurde die erste Modefarbe – und zugleich Symbol von Macht und Würde, Reservat für einige wenige. Verständlich, wenn man weiß, daß rund 10000 Schnecken getötet werden mußten, um ein Gramm des begehrten Farbstoffs zu gewinnen. Es war ein langwieriges und umständliches Verfahren. Die Schnecken wurden mit Spezialwerkzeugen aus ihren Gehäusen gelöst und die Purpurdrüsen herausgeschnitten. Man bestreute sie mit Salz, verdünnte dann die gelbliche Drüsenflüssigkeit mit Wasser und fauligem Harn und kochte sie etwa zehn Tage lang. Nun setzte man wieder Harn und auch Honig zu und erhielt so das Färbebad, in dem die Wolle behandelt wurde. Nach einer bestimmten Zeit nahm man sie heraus und legte sie in die Sonne. Je nachdem, welche Schneckenart verwendet und wie lange gefärbt worden war, entwickelte sich der Purpur in den unterschiedlichsten Nuancen bis hin zum tiefen Violett oder gar zu rötlichem Schwarz. Die Färbung war so echt, daß nicht einmal die heiße südliche Sonne sie zu schwächen oder zu zerstören vermochte.

Dementsprechend war natürlich auch der Preis. Um 300 nach

Christus kostete in Rom das Kilo purpurgefärbter Wolle – umgerechnet in heute verständliche Währung – 6000 bis 7000 Mark. Der Mantel von Kaiser Augustus, purpurgefärbt, wird auf etwa 50000 Goldmark geschätzt.
Wie viele Milliarden Purpurschnecken sterben mußten, um einigen wenigen zu ermöglichen, sich farbenfroh zu kleiden, kann auch nicht annähernd geschätzt werden. Die Masse blieb ›grau‹, als die Jagd auf ein anderes Tierchen begann, damals weit verbreitet, heute fast ausgestorben: die Weibchen der Kermes-Schildlaus. Sie hatten ihren Namen von der Kermeseiche, einer immergrünen, strauchförmigen Eichenart, die im Mittelmeerraum und in Südwesteuropa wuchs. Die Weibchen wurden zu bestimmten Zeiten von den Blättern abgesammelt, getrocknet und zu einem Farbpulver verrieben, das scharlachrot war. Doch Purpur-Rot und Scharlach-Rot verblaßten vor jenem Rot, das die Spanier sahen, als sie zu Beginn des 16. Jahrhunderts die leuchtend roten Gewänder der Aztekenfürsten erblickten. Und als ihre Schiffe nach Europa zurücksegelten, hatten sie eine seltsame Ladung an Bord: getrocknete Cochenilleläuse. Denn aus ihnen gewannen die Azteken dieses wunderbare Karmin-Rot.
Den Beamten der spanischen Krone wäre Gold lieber gewesen als diese Läusefracht. Doch sie mußten schon bald ihr Vorurteil revidieren; der Preis für nur ein Gramm des Farbstoffs der Cochenilleläuse kletterte schnell auf etwa eine Goldmark und kam damit sogar dem Goldpreis nahe. Für ein Kilogramm karminroter Farbe mußten immerhin 150000 Cochenilleläuse getrocknet und zu Pulver verarbeitet werden.
Doch die Masse blieb noch immer grau. Die farbenprächtigen Gemälde von Leonardo oder Michelangelo, von Goya oder Dürer, von Tizian und Rubens zeigen die Welt der Reichen und der Mächtigen, der Fürsten, Päpste und Kardinäle, der Kaiser, Könige und Generäle.
Die Farbstoffe der Purpurschnecken und Läuse kosteten ihren Preis, einen Preis, der für 90 Prozent aller Menschen unerschwinglich war. Kleider machen Leute – nie galt es so sehr wie damals. Und das Damals währte lange – bis in den Anfang unseres 20. Jahrhunderts.
Was für Rot galt, galt auch für Blau. Indigo – hieß das Zauberwort

fast ein ganzes Jahrtausend. König Indigo, sagte man. Eine Pflanze war es, aus der man den leuchtend blauen Farbstoff gewann. Auf riesigen Plantagen in Indien wurde Indigo angebaut, ein strauchartiges Gewächs.
Um den Indigo als Blaufarbstoff zu isolieren, ließ man die Blätter, dick gebündelt, in großen Bottichen gären. Hatte die Flüssigkeit eine hellgrüne Farbe angenommen, wurde sie mit Ruten und Stükken gepeitscht. So kam viel Luftsauerstoff in die Flüssigkeit, nach und nach setzte sich der blaue Farbstoff in Flocken oder Körnern am Boden ab, wurde gepreßt und getrocknet. Aus 100 Kilogramm Blättern gewann man 1,5 bis 2 Kilogramm Indigo-Blau. Für einen Hungerlohn arbeiteten Hunderttausende von Indern in den Indigo-Plantagen, bei glühender Sonne, unter dem zehrenden Hauch des Monsuns, vierzehn Stunden am Tag. Sie schlugen die Stauden mit dem Buschmesser, mußten darauf achten, daß der Schlag nicht zu hoch und nicht zu tief geführt wurde. Lag der Schlag zu hoch, litt die Ausbeute, ein zu tiefer Schlag verletzte die jungen Triebe, die bereits über der Wurzel standen.
Auch Indigo-Blau war teuer wie Purpur-Rot oder Karmin- und Scharlach-Rot. Ein Reservat der Reichen. Die Masse trug zwar auch schon manchmal farbige Kleider, aber das Rot stammte aus der Krapp-Pflanze und das Blau aus Heidelbeersaft oder aus der gelb blühenden Waidpflanze. Nur: Die Farben verblaßten sehr schnell in der Sonne und zerflossen bei Regen.

Die Sternstunde eines Achtzehnjährigen, den niemand kannte

In den Laboratorien des Königlichen Instituts für Chemie in der Oxford-Street zu London kämpften Wissenschaftler und Laboranten gegen einen millionenfachen Tod. In den britischen Kolonien wurden Tag für Tag Tausende von der Malaria dahingerafft. Es war um die Mitte des vorigen Jahrhunderts. Man hatte damals die großen Seuchen noch nicht in den Griff bekommen. Sie gehörten zu den sieben gefürchteten Plagen der Menschheit.
Sicher: Es gab Chinin, das einzige Medikament, mit dem man Mala-

ria bekämpfen konnte. Man gewann es aus der Rinde des Chinarindenbaums, der nur in den fast unzugänglichen Urwäldern Südamerikas wuchs. Aber es gab viel zu wenig Chinin. Einige hundert Malariakranke erhielten es und überlebten. Zehntausende, für die das Chinin nicht reichte, waren zum sicheren Tod verurteilt.
Direktor des Königlichen Instituts für Chemie war seit einiger Zeit der deutsche Chemiker August Wilhelm von Hoffmann. Der Gedanke ließ ihn nicht los, daß es doch möglich sein müsse, das seltene natürliche Chinin auf synthetischem Weg, also chemisch, herzustellen. Es war nicht nur ein Gedanke. Bei Versuchen, die er mit Steinkohlenteer angestellt hatte, war es ihm gelungen, eine Substanz zu entwickeln, die in ihrer Zusammensetzung dem natürlichen Chinin ähnlich zu sein schien. Von Hoffmann glaubte, auf dem Weg zum Ziel zu sein.
August Wilhelm von Hoffmann hatte einen jungen, kaum siebzehnjährigen Studenten, den er wegen seiner Begabung, seines Geschickes und Fleißes besonders schätzte, zu seinem Assistenten gemacht. Sein Name: William Henry Perkin. Ein schmächtiger junger Mann mit brandroten Haaren, das Gesicht voller Sommersprossen. Nach Hoffmanns Angaben führte Perkin die verschiedensten chemischen Versuche mit der chininähnlichen Substanz durch. Er mischte, kochte und filtrierte.
Bei einem seiner zahllosen Versuche bildete sich auf dem Grund seines Reagenzglases ein schwarzer, flockiger Niederschlag. Perkin wollte ihn wieder auflösen und goß Alkohol auf den dunklen Schlamm. Fast wäre ihm das Glas entglitten; denn plötzlich verwandelte sich der dunkle Schlamm in eine Lösung von leuchtendem Violett.
Dies war die Sternstunde eines bisher unbekannten jungen Mannes namens Perkin. Ein anderer hätte die violette Flüssigkeit weggegossen, denn künstliches Chinin war sie ja mit Bestimmtheit nicht. Aber Perkin kam plötzlich ein Gedanke: Ob dies eine künstliche Farbe sein könnte, die erste künstliche Farbe?
Nach wenigen Stunden hatte er eine genügende Menge des neuen Stoffes fertiggestellt. Er füllte die Lösung in einen Kolben und jagte nach Hause. Machte Feuer auf dem Herd, setzte in verschiedenen Töpfen Lösungen an, warf dann Seide, Leinen, Baumwolle hinein, kochte und rührte.

Die gefärbten Stücke wusch er aus, mit Wasser zuerst, dann mit Seife und Essigsäure, mit Soda und konzentriertem Ammoniak. Die Farbe ließ sich nicht auswaschen, sie war waschecht. Noch in derselben Nacht setzte er sich hin und schrieb einen Patentantrag für die erste synthetische Farbe, die es gab. Purpur-Anilin nannte er sie. Später erhielt sie den Namen Mauve. Und Perkin unter Nr. 36140 das erste englische Patent für eine Farbe aus Steinkohlenteer.
Es war vielleicht nicht ganz fair von ihm, daß er zu seinem Gönner, Professor August Wilhelm von Hoffmann, nicht zurückkehrte. Die wissenschaftliche Laufbahn interessierte ihn nicht mehr. Ein sechster Sinn schien ihm zu sagen, daß er als Produzent einer künstlichen Farbe mehr verdienen könne.
Sein Vater besaß einen kleinen chemischen Betrieb in Greenford. Er verarbeitete alte Fette. Hier gründeten Vater und Sohn die ›Mauvein Factory Perkin & Co.‹.
Die Zukunft der künstlichen Farbstoffe hatte auf diese seltsame Weise begonnen. Künstliches Chinin sollte gefunden werden, um der Seuche Malaria Herr zu werden. Es dauerte noch fast 100 Jahre, bis Chinin auf synthetischem Weg hergestellt werden konnte.
Die Färber in England wollten von dem neumodischen Farbstoff nichts wissen. Sie hielten nichts davon. Die Färber in Frankreichs Seidenstadt Lyon indes waren weitsichtiger. Sie nahmen die Produkte der Firma ›Mauvein Factory Perkin & Co.‹ ab, führten die neue Modefarbe ›mauve‹-, malvenfarben, ein. Der Bann war gebrochen. Das Jahrhundert der künstlichen Farben hatte begonnen.
Der Direktor des Königlichen Instituts für Chemie in London, August Wilhelm von Hoffmann, entwickelte Anilinblau, Anilinviolett, Anilingrün.
In einer Rede bei der Londoner Weltausstellung sagte er: »Für jede der verschiedensten natürlichen Farbnuancen, die bisher nur aus kostbarem pflanzlichen oder tierischen Material hergestellt werden konnten, werden wir in Zukunft einen gleichwertigen Farbstoff aus Teer herstellen...«
Als Hoffmann diese Sätze gesagt hatte, kam es zum Tumult. Ein alter hagerer Mann schrie, und langsam wurde es still: »Ich bin Austen James Mansfield und stehe hier auf im Namen aller Indigopflanzer Englands und Hollands. Hinter mir stehen allein auf britisch-indischem Boden 322 Firmen. Wir produzieren jährlich 6 Mil-

lionen Kilogramm Indigo im Wert von 4 Millionen Pfund Sterling. Will die Königlich Britische Regierung zusehen, wie man sich daran macht, unseren soliden Welthandel mit Talmi zu ruinieren? Jawohl, ich sage Talmi! Hier ist von künstlichen Farben die Rede, und ich behaupte hier vor aller Welt: Diese Farben sind unnatürlich, frech in der Wirkung, geschmacklos als Imitation. Ich frage Sie als Engländer: Haben wir noch eine Kultur, oder sind wir schon wie die Neger, die sich mit gläsernen Diamanten behängen und diesen Schund mit ihrem guten Elfenbein bezahlen? Ich erhebe Protest. Ich bin siebzig. Ich werde hundert werden, um diesen Kampf auszutragen.«

Hoffmann antwortete wenig und sehr ruhig: »Ich bin Wissenschaftler und kein Handelsherr. Der Wissenschaft geht es um Erkenntnis und Fortschritt ...«

Wenige Wochen später legte er sein Amt als Direktor des Königlichen Instituts für Chemie nieder und kehrte nach Deutschland zurück. Er hatte eine Prophezeiung ausgesprochen, daß die Zeit der Purpurschnecken und Läuse, des Indigo und der Krapp-Pflanze nach Jahrhunderten, ja nach Jahrtausenden, zu Ende gehe. Daß synthetische Farbe zur Farbe für alle werde, die die Welt bunter und froher machen werde...

Die »Sonntagsmaler« lügen nicht

Sie hängen heute überall, die frohen, rührenden Bilder der sogenannten Sonntagsmaler. Sie zeigen keine Fürsten und Kaiser mehr. Ihre Welt ist die Welt des sogenannten »kleinen Mannes«. Es ist eine bunte Welt. Es gäbe diese Sonntagsmaler nicht ohne jenen jungen Mann namens Perkin, der nach Chinin forschte und die Malvenfarbe fand. Die Chemie hatte das Bild der Welt verändert.

Manche mußten darunter natürlich auch bitter leiden. Zum Beispiel die französischen Bauern, die die Krapp-Pflanze in riesigen Mengen anbauten. Denn da war es den Chemikern Caro, Graebe und Liebermann gelungen, den roten Naturfarbstoff der Wurzel des Krapp synthetisch herzustellen. Die Folge: Für ein Kilogramm des natürlichen Krapp-Farbstoffs wurden knapp 90 Mark gezahlt, für ein Kilo des synthetischen Krapp brauchten nur wenig mehr als acht Mark gezahlt zu werden. Was können Bauern in einer solchen Situation tun? Sich an die Regierung wenden, um staatliche Hilfe bitten.

Und die Regierung überlegte und glaubte, die Lösung gefunden zu haben. Sie ordnete an, daß die Uniformhosen und die Uniformmützen der französischen Soldaten in Zukunft rot gefärbt werden sollten – natürlich mit Naturkrapp-Farbstoff. Auf diese seltsame Weise kamen die französischen Soldaten zu einer Uniform, über die sich damals die ganze Welt wunderte.

Es war ein verzweifelter Versuch, er rettete die Krapp-Bauern nicht. Sie mußten sich umstellen, die Felder umpflügen, andere Früchte anbauen.

Den Indigo-Pflanzern erging es nicht viel besser. Sicher hatten die wenigsten von ihnen jemals in ihrem Leben den Namen Dr. Adolf von Baeyer gehört. Professor für Chemie in München war er – und sein Lebenswerk war die Strukturaufklärung und chemische Synthese des Naturfarbstoffs Indigo. Die schwedische Akademie der Wissenschaften verlieh ihm im Jahre 1905 dafür den Nobelpreis für Chemie. Bald darauf mußte der Anbau von Indigo in Indien wegen Unwirtschaftlichkeit eingestellt werden. Der künstliche Indigo war billiger, mindestens ebenso gut, wenn nicht besser.

Wie Chemie ganze Volkswirtschaften verändern kann, dafür ist gerade Indigo ein einerseits erschütterndes, andererseits erfreuliches Beispiel.

1895 hatte die Indigoeinfuhr nach Deutschland einen Wert von 21,5 Millionen Mark; 1913 waren es nur noch 0,4 Millionen Mark. 1895 hatte die Indigoausfuhr von Deutschland einen Wert von 8,2 Millionen Mark; 1913 waren es 53,3 Millionen Mark.

Mit anderen Worten: Synthetischer Indigo hatte den Anbau von Naturindigo unrentabel gemacht. Aber: Königsblau – und so nannte man Indigo seit Jahrtausenden – war zur erschwinglichen Kleiderfarbe für Millionen geworden.

Für die Purpurschnecken des Mittelmeers und die Cochenilleläuse hatte ein geruhsames Dasein begonnen. Es lohnte nicht mehr, die einen aus ihren Gehäusen zu lösen und die anderen zu trocknen und zu pulverisieren.

Wenn Kunst von Können kommt, dann haben die vielseitigen synthetischen Werkstoffe den Namen »Kunststoffe« redlich verdient. Auch in der modernen Architektur setzen sie immer neue Akzente. Das Plexiglas-Dach des Münchner Olympiastadions ist dafür ein weltweit berühmtes Beispiel.

Dämmstoffe aus synthetischen Werkstoffen helfen jedem Bauherrn bares Geld sparen. Der geringere Energieverbrauch nützt aber nicht nur dem privaten Portemonnaie. Er ist auch ein Beitrag zur Entlastung der Volkswirtschaft.

Schöne alte Bauwerke zu erhalten und dauerhaft zu schützen, das haben sich viele Gemeinden zur Aufgabe gemacht. Ganze Straßenzüge bekommen ein neues Gesicht. Denn Farbe schützt und erhält nicht nur – sie macht unsere Städte auch farbiger und fröhlicher.

Bauen mit Textilien, das ist so neu nicht. Aber vom einfachen Zelt bis zur kühnen, avantgardistischen Architektur war's doch ein weiter Weg. Ohne die hochfesten synthetischen Fasern wären Lösungen wie diese Projektstudie für Schattendächer in der Wüste ebensowenig möglich wie die bereits erwogene Überdachung ganzer Siedlungen in der Arktis.

Modernes Wohnen ist ohne synthetische Werkstoffe und Fasern kaum noch denkbar. Im Bad setzen Chemiewerkstoffe und die farbfrohe Wanne aus Acrylglas fröhliche Akzente. In Wohnräumen vereinen Teppichböden ebenso wie Möbelbezüge, Vorhänge oder Gardinen die Vorteile chemischer Fasern: Sie bieten gestalterische Vielfalt, sind strapazierfähig und obendrein leicht zu pflegen.

NAKSKOV

AKSKOV

AKSKOV

Autos werden leichter (und damit sparsamer im Benzinverbrauch) und sicherer durch Produkte der Chemie. Wieviel Kunststoff allein in einem Pkw steckt, zeigt dies Modell in der Abteilung »Technische Chemie« im Deutschen Museum in München.

Klebstoffe sind eine besonders interessante Produktfamilie der Chemie. Sie erobern sich immer neue Anwendungsgebiete. Das Bild zeigt die Isolierstoßverklebung im Gleisbau mit Hilfe eines Spezialklebstoffes.

Eindrucksvoll beweist dieser Brandversuch mit einem Rettungsboot aus Polyester, daß bestimmte synthetische Werkstoffe starker Hitzeeinwirkung hervorragend widerstehen. (Bilder auf der Vorderseite)

Wenn der farbige Lack des Autos sein »Kleid« ist, dann ist die Grundierung das »Unterhemd«. Zusammen bieten sie zuverlässig Schutz und Schmuck zugleich, wenn der Besitzer seinerseits ein wenig Pflege dazu tut. Die Grundierung wird heute meist im Tauchbad aufgetragen; elektrischer Strom trägt die Farbteilchen in die entlegensten Ecken und Winkel der Karosserie.

Ein Reifen ohne Gewebeeinlage, nicht aus Kautschuk, sondern – in einem Stück gefertigt – aus Polyurethan! Die Chemie arbeitet bereits an der nächsten Reifen-Generation. Freilich wird noch eine Weile vergehen, bis die angestrebten Ergebnisse erreicht sein werden, aber Prototypen, die unter Praxisbedingungen erprobt werden, gibt es schon. Das Bild zeigt ein Beispiel.

In vielen Städten Deutschlands gibt es noch eine »Färberstraße« oder eine »Färbergasse«, Erinnerung an Zeiten, die mit dem jungen Perkin untergingen. Die Zunft der Färber war viele Jahrhunderte lang fast ein Geheimorden. Das Geheimnis der Färberei wurde von Generation zu Generation vererbt, mündlich weitergegeben. Vorbei, nur noch Straßennamen erinnern an diese Zeiten.
Die chemischen Konzerne – und nicht nur in Deutschland – wurden erst groß, als sie synthetische Farbe produzierten. »Farbenfabriken« waren sie, ob sie nun Bayer oder Hoechst oder BASF hießen. Und als sich die Größten unter ihnen zusammenschlossen, gaben sie sich den Namen »IG-Farben«.
Heute spannt sich Chemie viel weiter. Aber das Schlechteste war und ist es nicht, Farbe in die Welt zu bringen.

Fälschern auf der Spur

Vor einiger Zeit ging die Meldung durch die Weltpresse, daß auf dem Speicher eines halb verfallenen südfranzösischen Schlosses ein bisher unbekanntes Gemälde von Leonardo da Vinci entdeckt worden sei. Die Sammler in allen Ländern, die Direktoren aller großen, bedeutenden Museen horchten auf. Gerüchte kursierten, daß Beauftragte eines amerikanischen Multimillionärs bereits eine sagenhafte Dollarsumme für den bisher unbekannten Leonardo da Vinci geboten hätten. Das berühmteste Versteigerungshaus der Welt, Sotheby in London, benachrichtigte seine Kunden, daß dieser Leonardo öffentlich versteigert werden solle. Das aus Amerika vorliegende Angebot belaufe sich auf 2,6 Millionen Dollar. Der Zeitpunkt der Versteigerung werde noch rechtzeitig mitgeteilt werden.
Doch dann war lange Schweigen. Und schließlich kam eine kurze Verlautbarung vom Londoner Auktionshaus, daß das angebliche Leonardo-Gemälde sich als Fälschung herausgestellt habe. Farben-Chemiker hatten das Gemälde untersucht und waren zu diesem Ergebnis gekommen.
Was hatten sie getan? Sie hatten nur einen ein Millimeter langen

Farbsplitter aus dem Gemälde herausgeschnitten. Dieser Farbsplitter wurde in Kunstharz eingebettet und so angeschliffen, daß ein Querschnitt durch die Farbpigmente entstand. Unter dem Mikroskop konnten die Farb-Experten dann feststellen, daß die Farbpigmente zu der Zeit, als Leonardo lebte, noch nicht bekannt waren. Es handelte sich um Pigmente chemischen Ursprungs. Das angebliche Leonardo-Bild konnte also allenfalls gegen Ende des 19. Jahrhunderts gemalt worden sein, aber niemals von Leonardo selbst.

Um es zu verdeutlichen: Als Pigment bezeichnet man den feingepulverten unlöslichen Farbstoff. Die Farbe des Malers aber besteht aus Pigment und Bindemittel. Das Bindemittel kittet nur die einzelnen Farbpigmente, die einen Durchmesser von nicht mehr als $^{1}/_{100}$ Millimeter haben, aneinander.

Farbchemiker bewahrten die Welt vor einem falschen Leonardo. Farbchemiker garantieren auch das, was für den Verbraucher von heute beim Kauf eines farbigen Kleides, eines farbigen Stoffes, einer farbigen Gardine entscheidend ist: Echtheit.

Ein chemischer Farbstoff mag noch so leuchtend sein; ob er für Textilien brauchbar ist, hängt von einer Frage ab: Wie gebrauchsecht ist er?

Unzählige Tests prüfen den Farbstoff von heute – eine Check-Liste, wie sie der Pilot eines Jumbo-Jets abhaken muß, ehe er seine Maschine für startklar erklärt. Auf dieser Textil-Checkliste stehen, je nach Verwendungszweck des Farbstoffs: Lichtechtheit, Wasserechtheit, Meerwasserechtheit, Waschechtheit, Schweißechtheit, Reibechtheit, Bügelechtheit, Chemisch-Reinigungs-Echtheit, Wetterechtheit. Ehe nicht jeder einzelne dieser Punkte geprüft und abgehakt ist, wird ein Farbstoff für die Textilverarbeitung nicht freigegeben.

Noch vor etwa 50 Jahren war das Mißtrauen gegen synthetische Farbstoffe groß. Damals entstanden in allen Städten die sogenannten »Indanthren-Läden«, in denen die Hausfrauen solche Kleider und Stoffe kaufen konnten, die mit hochechten Farbstoffen gefärbt und bedruckt waren. Das Indanthren-Gütezeichen war eine Garantie dafür. Heute bedarf es dieser Läden nicht mehr. Die Echtheiten der zahllosen Farbnuancen unterliegen keinem Zweifel mehr.

»Lackierte Affen« gibt es nicht

Da sitzt man bei Sonne und guter Laune in einem Straßencafé, schlürft seinen Eiscocktail und schaut den Menschen zu, die an einem vorbeischlendern. Und sieht dann plötzlich einen, der in seiner Kleidung, in seinem Gang, in seinem ganzen Gehabe den Gedanken auslöst: »So ein lackierter Affe«.

Nun haben wohl viele schon einen Affen gesehen, aber den »lackierten Affen« müßten Forscher erst entdecken. So ist das mit vielen Redewendungen: Man weiß nicht, woher sie kommen.

Da gibt es noch eine andere Redewendung: »Der hat mich ganz schön gelackt«, sagt man, wenn man auf Sprüche oder Versprechungen eines anderen hereingefallen ist. Da hat einer eine Fassade um sich aufgebaut, die viel versprach, aber nichts hielt. Da war dann eben der »Lack ab«.

Der Autofahrer jedenfalls sollte froh sein, daß sein Auto ›gelackt‹ ist, denn der Lack gibt seinem Wagen Schönheit, Glanz und Sicherheit. Davon schien jener Mann nichts zu wissen, der seinen neuen Wagen übernommen hatte, um glücklich und stolz nach Hause zu fahren. Doch dann begann es plötzlich in Strömen zu regnen. Bei der nächsten überdachten Tankstelle bog der Fahrer von der Straße ab. Tanken wollte er nicht. Er wollte nur seinen schönen Wagen mit dem glänzenden Lack nicht naß werden lassen.

Der Mann an der Tankstelle versuchte ohne Erfolg den glücklichen Neuwagenbesitzer davon zu überzeugen, daß Regen dem Lack nicht schade. Um 19 Uhr schloß die Tankstelle. Es regnete die ganze Nacht. Als der Tankstellenpächter am nächsten Morgen um 7 Uhr wiederkam, sah er den neuen, schönen, glänzenden Wagen noch immer unter der Überdachung stehen. Ein Blick durch die Scheiben zeigte ihm einen schlafenden, in sich zusammengekauerten Mann. Ein Glück, daß es im gleichen Augenblick aufgehört hatte zu regnen. Er weckte ihn und gab ihm einen heißen Kafee. Als er abfuhr, sagte er noch zu ihm: »Regen schadet dem Lack wirklich nicht!«

Der Neuwagenbesitzer wollte dem Tankstellenpächter ein Trinkgeld geben. Der aber nahm es nicht. »Ich verkaufe Benzin, keine Betten«, sagte er. Und er hatte einen neuen Stammkunden gewonnen.

Autohersteller wie Autokäufer stellen an die Lackierung höchste Ansprüche. Sie soll dem Wagen dauerhaften Schutz trotz Beanspruchung bei Wind und Wetter, in den unterschiedlichsten Klimazonen, bei guter oder weniger guter Pflege geben. Nicht zuletzt setzen auch die Waschanlagen der Lackierung zu. In härtesten Probetests muß sich der Lack bewähren. So fallen zum Beispiel im Kugelstrahl-Schacht 1000 Kugeln aus 400 mm Höhe auf das lackierte Probeblech. Diese Dauerschlag-Beanspruchung gibt Aufschluß über die Schlagfestigkeit der Lackierung. Im sogenannten Faltversuch wird die lackierte Probe keilförmig zusammengeschlagen und die Dehnbarkeit des Anstrichs ermittelt. Vor dem endgültigen Einsatz eines Lackes steht in jedem Fall der Naturversuch: ein Jahr auf dem Prüfstand im aggressiven Klima Floridas.

Obwohl bei den heutigen industriellen Lackierverfahren noch zu 90 Prozent mit lösemittelhaltigen Lacken gearbeitet wird, geht der Trend doch dahin, mit einem möglichst geringen Anteil an Lösungsmitteln auszukommen oder völlig ohne sie. Den Forschern gelang es, wasserverdünnbare Lacke zu entwickeln, die bei der Grundierung der Autokarosserien eine immer größere Rolle spielen.

Das jüngste Kind der Lackforschung sind die Pulverlacke. Sie werden – durch Luftdruck fein zerstäubt – trocken auf die zu lackierenden metallischen Gegenstände aufgesprüht. Ein elektrisches Feld sorgt für die enge Bindung der Lackteilchen an die geerdete metallische Oberfläche. Anschließend werden die Werkstücke in Trockenöfen gebracht, wo das Lackpulver schmilzt und einen widerstandsfähigen Überzug bildet. Überschüssiges Pulver wird abgesaugt und erneut verwendet. Umweltprobleme gibt es dabei überhaupt nicht mehr.

Wer von Lack spricht, denkt dabei zunächst immer an Farbe. Aber dieser vielseitige Werkstoff kommt oft ganz unauffällig farblos daher. Lack ist auch dort, wo wir ihn nicht sehen – und auch gar nicht vermuten.

In den Supermärkten zum Beispiel beherrschen Dosen und Tuben die Regale. Dosen mit Bier und Limonade, mit Heringen und Leberpastete, mit Gemüse- und Obstkonserven. Und Tuben: mit Senf oder Cremes, mit Mayonnaise und Zahnpasta. Die Dosen und Tuben mögen außen auch noch so schön leuchtend bunt lackiert sein, wichtiger ist der farblose Lack auf ihrer Innenseite. Er verhindert als sicherer Schutz unerwünschte Reaktionen zwischen dem Metall oder Kunststoff von Dosen oder Tuben und ihrem jeweiligen Inhalt. Bier aus der Dose muß genauso wie Bier vom Faß schmecken, um nur ein Beispiel zu nennen. Die moderne Verpackungstechnik wäre ohne diese farblosen Lacke, die niemand sieht, undenkbar.

Farbe und Lebensfreude – zwei Begriffe, die unlösbar zusammengehören. Eine Welt, die ›grau in grau‹ ist, macht Menschen traurig. Kinder gehen lieber in eine farbenfrohe, helle Schule und lernen dort auch leichter. Eine Hausfrau wirkt lieber in einer fröhlichen, aufmunternden Umgebung. Und Angestellte wie Arbeiter fühlen sich bei ihrem Acht-Stunden-Tag in lichten, bunten Räumen wohler als in trister, grauer Monotonie.

Alles heute Selbstverständlichkeiten. Doch die Städte und die Fassaden der Häuser, in denen Millionen Menschen wohnten, präsentierten sich bis in den Anfang der siebziger Jahre ›grau in grau‹. Farbe war nicht das Problem. Das Problem war, überhaupt wieder Wohnraum zu schaffen nach den gigantischen Zerstörungen im Zweiten Weltkrieg. Wohnsilos, Betonburgen prägten das neue Gesicht der Städte, und die Fassaden der alten Häuser bröckelten.

Die Menschen begannen, sich in ihren tristen Städten nicht mehr wohl zu fühlen. Davon, daß Kommunen und Behörden im Rahmen eines internationalen Denkmalschutzjahres einige historische Objekte wieder in der alten Leuchtkraft der einstigen Farbigkeit renovierten, hatten sie nichts. Das waren nicht mehr als ein paar winzige Perlen in einem Meer von Grau.

Doch dann kam ein Wendepunkt. Der Stadt München waren die Olympischen Spiele 1972 zugesprochen worden. »Fröhliche Spiele« sollten es nach den Worten der Organisatoren werden. Ein Aufruf an die privaten Hausbesitzer erging, am Wettbewerb zur Verschönerung Münchens beizutragen, Fassaden zu erneuern, Farbe ins Grau zu bringen. Damals, 1971, entschloß sich auch das Deutsche Lackinstitut, diese Initiative zu fördern und organisatorische Hilfe zu leisten.

Als dann die Olympischen Spiele im August 1972 eröffnet wurden, strahlten viele alte Häuser in einem neuen Glanz. Seitdem wurden Verschönerungswettbewerbe mit Hilfe von Lack und Farben in fast 500 Städten durchgeführt. In unmittelbarem Zusammenhang damit

dürften mehr als 20000 Fassaden von Häusern farbig gestaltet worden sein. Architekten beziehen Farbe in ihre neuen Planungen von vorneherein mit ein. Die Menschen wollen es so, wie eine repräsentative Umfrage aus dem Jahre 1979 bewies: Über 82 Prozent der Befragten gaben an, daß sie ein farbiges Stadtbild sympathisch finden, und über 76 Prozent wünschten, daß der Trend zu farbigen Hausfassaden fortgesetzt werden soll.
Die grauen Wohnsilos und Betonburgen aus den 50er und 60er Jahren wurden vielerorts nachträglich mit Farbe aufgehellt, weil man weiß: Farbige Gestaltung von Städten ist ein wichtiger, positiver Umweltfaktor; Städte werden durch gut gestaltete Fassaden lebenswerter; Farbe, richtig eingesetzt, erhält und verschönert wertvolle Bausubstanz.
Die Besorgnis, unsere Städte könnten ›zu bunt‹ werden, beantwortete der berühmte Maler Friedrich Hundertwasser eindeutig: »Die gräßlichsten Farben sind immer noch besser als das heutige Grau. Wo Farben fehlen, spürt man die Nähe des Todes.«
Lack und Farbe – überall, wohin man sieht. Farben für tausend und einen Zweck. Auch der Computer braucht sie, innen wie außen. Innen als isolierendes Material bei Drähten, Trafos, Transistoren; außen sorgen seidig glänzende Metall-Lacke für Schutz und gutes Aussehen.
Auch die Atom-Techniker brauchen sie. Im Reaktorbau wie in den Laboratorien, in denen mit radioaktiven Stoffen experimentiert wird. Hier schuf die Lackindustrie einen Spezialanstrich. Er nimmt radioaktive Teilchen auf und kann dann wie ein Film von der Wand abgezogen und vernichtet werden.
Manchmal werden ganz seltsame Ansprüche an synthetische, das heißt chemische Farben gestellt.
Da wird zum Beispiel auch sogenannte »Wahltinte« verlangt. Natürlich nicht bei uns in Europa. Auch nicht in den USA. Aber in vielen Ländern Asiens, Afrikas und Südamerikas. Soll dort eine Wahl stattfinden, erhebt sich die Frage, wie eine Wahlfälschung durch mehrfache Stimmabgabe einzelner verhindert werden kann. Hier hat der seltsame Einfall Abhilfe geschaffen, jeden Wähler, nachdem er seine Stimme abgegeben hat, den Finger in eine Farbstofflösung tauchen zu lassen und ihn auf diese Weise unverwechselbar als »schon gewählt« zu kennzeichnen. Die Forderungen, die an diesen

Farbstoff gestellt wurden, waren gar nicht so leicht zu erfüllen. Er muß zwar auf der Haut so fest haften, daß seine Entfernung mit einfachen Mitteln nicht möglich ist. Er soll aber auch einen oder zwei Tage nach der Wahl wieder verschwinden. Probleme für Farbstoff-Chemiker. Sie wurden natürlich gelöst.

In die Rubrik »Kuriositäten« gehören auch die wenigen Kilogramm eines Speziallacks, den eine kleine Fabrik viele Jahre lang zur Einfärbung von Puppenaugen herstellte – und vielleicht heute noch produziert.

Verkehrsexperten hatten eine neue Idee: Farben für Straßen an Kreuzungen. Die vorfahrtsberechtigten Straßen sollen grün, die nicht vorfahrtsberechtigten Straßen rot eingefärbt werden. Durchgangsstraßen durch eine Stadt oder eine Ortschaft sollen mit einer bestimmten Leitfarbe versehen werden, um es dem Ortsunkundigen zu erleichtern, ein Stadtgebiet auf dem kürzesten Weg zu durchqueren. Optische Signale aus Farben, die den Urwald der Verkehrsschilder endlich lichten könnten.

Die Chemiker haben die Probleme inzwischen gelöst, ihre Farben haften auf jedem Straßenuntergrund, wie immer er auch beschaffen sein möge. Nur die zuständigen Verkehrsbehörden zögern noch, sagen: »Aber im Winter, wenn Schnee liegt?« Als ob der Hauptreiseverkehr mit den Autokarawanen im Winter stattfände.

Das Kapitel Farbe ist eines der faszinierendsten im Buch der Chemie. Farben machen unsere Welt aber nicht nur bunter, unser Leben ein bißchen fröhlicher. Sie bewahren auch unermeßliche Werte vor der Zerstörung. Allein durch den Schutz vor Rost werden sicher jedes Jahr Milliardenbeträge gespart. Von der Bausubstanz unserer Städte sprachen wir schon. Aber Schiffe könnten nicht fahren, eiserne Brücken ihre Lasten nicht lange tragen, gäbe es die schützenden Anstriche nicht.

Wie viele Menschen schließlich Farbe und Lack Sicherheit und Gesundheit und oft genug ihr Leben verdanken, darüber denkt schon gar niemand nach. Man muß nicht unbedingt das Beispiel des Schiffbrüchigen vor Augen haben, der vom zur Rettung bereiten Flugzeug unerkannt untergehen müßte, gäbe es nicht die Farbbeutel, die weit um ihn herum das Wasser leuchtend gelb oder rot färben. Auch der Alltag hält Beispiele genug bereit: Das farbige Verkehrsschild, die warnenden Markierungen an Baustellen oder Ar-

beitsstätten, das leuchtende Rot von Sicherheitsfahrzeugen – sie alle setzen Signale, die unser Gehirn schneller verarbeitet als jedes geschriebene warnende Wort – Signale für das Leben.
Ganze Generationen von Chemikern haben der Natur das Geheimnis der Farbe abgerungen. Um allen Wandlungen der Mode, des Lebensstils, des Verkehrs und der Sicherheit gerecht zu werden, um alle Bedürfnisse des Verbrauchers zu befriedigen, muß heute eine Farbstoff-Firma rund 2000 verschiedene Farbstoff-Präparate bereit halten.
Im Lauf eines einzigen Jahres werden in den Laboratorien einer großen Firma etwa tausend neue Farbstoffe entwickelt. Rund 90 Prozent werden schon nach ersten Prüfungen aussortiert. Von den verbleibenden 10 Prozent scheiden bei den anschließenden Dauerversuchen noch einmal 90 Prozent aus. Als Ausbeute eines Versuchsjahres bleiben also nur wenige Farbstoffe übrig; und auch sie müssen sich dann am Markt erst durchsetzen.

8

Der »Stoff«, der Leben leichter macht

Kunststoffe bauen eine neue Welt

Für Maria Gambarelli, die gefeierte Primaballerina an der Metropolitan-Oper zu New York, brach eine Welt zusammen. Beim Training zu einem fast akrobatischen, gespreizten Tanzschritt fühlte sie plötzlich einen stechenden Schmerz in der Hüfte. Eine Weile verharrte sie regungslos, wie erstarrt. Der ziehende Schmerz in der linken Hüfte ließ nicht nach. Auf zwei Tänzerinnen des Opernballetts gestützt, erreichte sie ihre Garderobe, lag auf der Couch. Hoffte, es werde bald vorübergehen. Überall in New York hingen die Plakate, groß gedruckt ihr Name. Zwei Tage noch, dann sollte das Ballett »Schwanensee« in der Metropolitan ihr großer Erfolg werden. Die Karten waren schon ausverkauft. Alle wollten die Gambarelli sehen.

Die Vorstellung mußte abgesagt werden. Maria Gambarelli lag auf der Privatstation einer orthopädischen Klinik. Es war der Beginn eines langen Leidensweges, der fast drei Jahre währte. Viele Kliniken, viele Orthopäden, einige Operationen, doch ihre Hoffnung, wieder gesund zu werden, blieb auf der Strecke. Der Name der Ballerina Maria Gambarelli war fast schon vergessen.

Zwei Jahre vergingen so zwischen Hoffnung und Depression, als sie zum ersten Mal den Namen des englischen Chirurgen John Charnley hörte. Ihm war nach endlosen Versuchen zum ersten Mal gelungen, was nach menschlichem Ermessen unmöglich zu sein schien: der totale Ersatz des menschlichen Hüftgelenks durch ein reibungslos funktionierendes Gelenk aus Kunststoff und Stahl.

Das natürliche menschliche Hüftgelenk besteht aus einer Kugel und einer Pfanne. Der Kopf des langen Oberschenkelknochens ist die Kugel, die von einer Knorpelschicht überzogene Höhlung die Pfanne. Im gesunden Zustand funktionieren Kugel und Pfanne zusammen reibungslos unter der ganzen Last eines Menschen, die sie zu tragen haben. Erkranken sie jedoch, so reibt sich Knochen an Knochen, und jede Bewegung wird zur unerträglichen Qual. Seit dem Ende des Zweiten Weltkrieges beschäftigte sich Professor Charnley mit der Hüftchirurgie. Einmal glaubte er schon am Ziel zu sein. Er hatte ein künstliches Gelenk konstruiert, dessen Kugel aus rostfreiem Stahl bestand. Sie wurde mit der Pfanne verbunden, die aus einem damals neuen Kunststoff auf Fluorkohlenstoffbasis hergestellt war, das reibungsärmste und zugleich feste Produkt der chemischen Kunststoff-Forschung. Erste Operationen schienen glänzende Ergebnisse zu haben. Patienten, die vorher nicht gehen konnten, waren plötzlich schmerzfrei und konnten ihre Hüften wieder normal bewegen.

Doch der Triumph währte nicht lange. Fast alle 366 Patienten, die er operiert hatte, spürten nach einem Jahr wieder die gleichen Hüftbeschwerden wie vor der Operation. Es war eine bittere Stunde für Charnley, als er feststellen mußte, daß der Kunststoff im Körper seine Wirksamkeit nicht behielt. Unter dem Körpergewicht nutzte er sich viel zu schnell ab.

1962 hörte Charnley von einem neu entwickelten Kunststoff, dem Polyäthylen, dessen Eigenschaften weitaus bessere Erfolge versprachen. Laborversuche bewiesen, daß der neue Kunststoff sich nach drei Wochen noch nicht so stark abgenützt hatte wie das vorher verwendete Material in 24 Stunden. Nun war Charnley überzeugt, daß viele Menschen endgültig hoffen konnten.

In der ganzen medizinischen Welt horchte man auf, übernahm seine Operationstechnik und die »Ersatzteile« Edelstahl und Polyäthylen. Einer dieser Chirurgen in Amerika war Dr. Frank Stinchfield, Leiter der Abteilung für orthopädische Chirurgie am College für Ärzte und Chirurgen in Columbia. Zu seinen 1800 Patienten mit totalem Hüftgelenkersatz gehörte auch die Primaballerina Maria Gambarelli. Ein halbes Jahr nach ihrer Operation konnte sie langsam wieder mit Tanz-Training beginnen. Nach einem weiteren halben Jahr leuchtete ihr Name von Plakaten in New York. Die Gambarelli war wieder da – wie durch ein Wunder auferstanden.

Der Ballettabend »Schwanensee« wurde zu einer einzigen Ovation für sie. Sie nahm den Dank entgegen, mit Tränen in den glücklichen Augen. Und wußte, wem sie ihre Wiederauferstehung zu verdanken hatte: Ärzte und Chemiker hatten es möglich gemacht.

Professor Hans-Wilhelm Buchholz, Chefarzt der Endo-Klinik in Hamburg, einer Klinik für Gelenkersatz, stellte fest: »Ein künstliches Hüftgelenk aus Edelstahl, mit einer Gelenkpfanne aus dem Kunststoff Polyäthylen, hat nur ganz geringen Abrieb, so daß mit einer Haltbarkeit von rund 40 Jahren gerechnet werden kann. Das verwendete Material ist körperfreundlich. Abstoßungsreaktionen sind nicht bekannt.«

Im Sprunggelenk seines rechten Fußes trägt Professor Buchholz selbst ein künstliches Gelenk aus Stahl und Kunststoff...

Ein Herz aus Kunststoff schlug schon 120 Tage

Ersatzteile für den Menschen aus dem Kunststoff-Lager? Noch vor wenigen Jahren gab es diese Fragestellung überhaupt nicht, weil es die geeigneten Kunststoffe noch nicht gab. Für viele mag dieser Gedanke, diese Möglichkeit etwas Unheimliches an sich haben, ja vielleicht sogar etwas Menschenunwürdiges. Und doch: Zehntausende würden nicht mehr leben, hätten ihnen nicht Chirurgen mit neu entwickelten Techniken Ersatzteile aus Kunststoffen eingepflanzt. Die Liste der Möglichkeiten wurde länger von Jahr zu Jahr. Und je länger die Liste, desto größer auch die Hoffnung für immer mehr Menschen mit lebensgefährdenden Krankheiten.
Man schätzt, daß etwa 150000 Menschen die drohende Amputation eines Beines erspart blieb. Chirurgen ersetzten die verkalkten Adern durch Kunststoff-Venen oder Kunststoff-Arterien. Sieben Prozent aller Frauen und Männer zwischen 56 und 76 Jahren sind heute von Gefäßverschlüssen betroffen. Kunststoff-Arterien bewahren Infarktgefährdete vor dem Herztod. Einer der berühmtesten Herz- und Gefäßchirurgen der Welt, Michael DeBakey, sagte: »Die einzig wirksame Methode gegen die lebensbedrohenden Gefäßerkrankungen im Alter ist der Einbau künstlicher Adern.« Unzählige operierte er, unzähligen, deren eigene Adern schon so zerstört oder krank waren, daß sie den Blutdruck nicht mehr aushielten, pflanzte er Ersatzadern aus Polyester ein.
In 70000 menschlichen Herzen sorgen bereits Kunststoff-Ventile und Kunststoff-Klappen für die lebenserhaltende Blutzirkulation. Tausende können wieder hören, weil Hammer und Amboß im Innenohr aus Kunststoff eingepflanzt sind. Patienten mit Speiseröhrenkrebs können wieder normal essen, sie schlucken über eine Ersatz-Speiseröhre aus Kunststoff. Im Forschungszentrum der Duke University in Durham, USA, turnen Test-Schimpansen mit Bandscheiben aus Kunststoff genauso akrobatisch in den Bäumen, als gäbe es keinen Unterschied zu den Affen mit natürlichen Bandscheiben.
Selbst das erste künstliche Herz aus Epoxidharz mit Pumpenkammern aus Silikonkautschuk schlug schon in der Brust eines Menschen – ein Meilenstein, nicht weniger denkwürdig als Barnards er-

ste Herzverpflanzung. Schauplatz war am 4. April 1969 das St. Lukas Hospital in Houston, Texas. Der Patient: Mister Karp, 47 Jahre. Er litt an einer tödlichen Herzkrankheit. Chefarzt Dr. Cooley, schon durch einige Herzverpflanzungen berühmt geworden, versuchte verzweifelt einen Herzspender zu finden. Vergebens.
In dieser ausweglosen Situation entschloß sich Dr. Cooley, ein künstliches Herz, das Dr. Liotta in langen Jahren entwickelt hatte, dem todkranken Mister Karp zu implantieren. Die Operation verlief erfolgreich. Dr. Cooley entfernte das natürliche Herz, dessen linke Kammer schwer geschädigt war und ersetzte es durch das 250 Gramm schwere künstliche Organ aus Epoxidharz und Silikonkautschuk. Ein Antriebsaggregat setzte es in Gang. 64 Stunden lang schlug das künstliche Herz in der Brust des Patienten. Alle technischen Teile funktionierten einwandfrei.
Nach 64 Stunden wurde es gegen das Herz einer an einem Gehirnschaden verstorbenen Frau, die zur Transplantation vorher ihre Zustimmung gegeben hatte, ausgetauscht. Doch 38 Stunden später war Mister Karp tot.
Bis heute war es der einzige Versuch mit einem künstlichen Herzen im Menschen. Es hatte 64 Stunden geschlagen. Niemand kann sagen, wie lange es den Patienten am Leben gehalten hätte. Allerdings kann gesagt werden, daß der Patient ohne das künstliche Herz sicherlich schon früher gestorben wäre. Doch in Tierversuchen wollte man genauere Erkenntnisse gewinnen. Nicht ohne Erfolg.
Am Berliner Westend-Krankenhaus arbeitet der Chirurg Professor Dr. Emil Bücherl seit Jahren an einem künstlichen Herzen mit Miniaturantrieb. Die Deutsche Forschungsgemeinschaft unterstützte ihn und sein Team bisher mit 14 Millionen Mark. Seine Versuchstiere sind Kälber der Deutsch-Schwarzbunten-Rasse zwischen 90 und 120 Kilo Körpergewicht, bisher insgesamt über 150 Tiere. Den Überlebensrekord hält das Kalb »Barbara«. Am 3. März 1976 pflanzte Professor Bücherl dem Tier ein Kunststoffherz ein. Es wog knapp 500 Gramm. Durch zwei Kunststoffschläuche war es mit einem elektropneumatischen Motor verbunden. Über vier Monate schlug dieses Herz im Körper des Kälbchens Barbara.
Professor Bücherl: »Wir verfügen über eine Kunststoffpumpe, mit der wir das Herz des Patienten schon jetzt ersetzen könnten. Die Probleme liegen in einem Antriebsaggregat, das so leicht und klein

ist, daß wir es mit dem Herzen in den Körper einpflanzen können.«
Ingenieure von AEG-Telefunken, Siemens und Messerschmitt-Bölkow arbeiten an einem solchen Antriebsaggregat.
Natürlich steht das Herz aus Kunststoff im Widerstreit der Meinungen. In einem Punkt sind sich aber fast alle Herzspezialisten in der ganzen Welt einig: Sie geben dem Herz aus Kunststoff mehr Chancen als der Herzverpflanzung von Mensch zu Mensch, wie Barnard sie als erster gewagt hatte. Auf einen Zeitpunkt, zu dem dieses Ziel endgültig erreicht sein wird, lassen sie sich jedoch nicht festlegen. Die Optimisten meinen: Spätestens in zehn Jahren. Die Pessimisten sagen: Im Jahr 2000 bestimmt.
Herzkrankheiten stehen an der Spitze aller Todesursachen. Jeder zehnte Deutsche leidet an zu hohem Blutdruck. Er führt innerhalb von 10 bis 15 Jahren zum Herzversagen. Sechs Millionen Deutsche könnten mit einem Kunststoff-Herzen vor einem vorzeitigen Tod bewahrt werden. Viele Wissenschaftler glauben daran...

Der Horrorfilm, den keiner drehen wird

Kein Zweifel: Die Kunststoffe haben der modernen Medizin ganz neue Möglichkeiten erschlossen. Es ist noch gar nicht abzusehen, was sich auf diesem Gebiet in der Zukunft noch alles tun wird. Und doch ist es nur ein Teilgebiet – faszinierend für den Laien, segensreich für die Menschen, denen auf diese Weise geholfen werden kann; aber das Schwergewicht der Anwendung von Kunststoffen liegt auf anderen Gebieten. Sie sind in ihrer fast unendlichen Vielseitigkeit so sehr Bestandteile unserer täglichen Umwelt geworden, daß wir uns dessen kaum noch bewußt werden.
Erst wenn man sich einmal vorstellt, wie die Welt von heute ohne Kunststoffe aussehen würde, kommt einem ihre ganze Bedeutung zum Bewußtsein. Welt ohne Kunststoffe, Welt ohne Chemieprodukte überhaupt – das wäre ein Alptraum, eine großartige Vorlage für einen Horrorfilm erster Güte. Aber dieser Horrorfilm wird wohl nie gedreht werden, weil ihn niemand sehen will.
Dr. Heinz Schultheiss, Kunststoff-Experte eines großen deutschen

Chemiewerks, stellt das knapp, eindringlich und überzeugend so dar:

»Man stelle sich vor, aus einem modernen Ein-Familienhaus mit Garage sollte alles entfernt werden, was aus Produkten der chemischen Industrie, speziell der Kunststoff-Industrie besteht. Die Folgen: Durch die Ritzen pfeift der Wind, weil keine Dichtungsmassen vorhanden sind. Es ist kalt, weil die Dämmstoffe fehlen. Es regnet durch die Decke, da sie keine Abdeckfolie trägt.

Alles ist grau, weil die Farben fehlen. Metall rostet, Holz verfault, weil es keine Anstrichmittel gibt. Vom Kühlschrank bleibt als Rest nur noch das metallene Kühlaggregat – denn das Gehäuse war aus Kunststoff und die Isolierschicht aus Polyurethanschaum.

Aus den gleichen Gründen stehen von den modernen Küchengeräten nur noch die Elektromotoren. Aber sie können nicht laufen, weil die Drähte nicht mehr isoliert sind. Das Auto in der Garage ist nurmehr ein Wrack ohne Reifen, ohne Lenkrad, ohne Armaturen, vielfach ohne Außenteile, mit rostigem Blech. Die Autositze sind nur noch Metallgerüste. Vermutlich könnten sich die Bewohner des Hauses nicht einmal mehr auf der Straße sehen lassen, denn ihre Anzüge, Kleider, Strümpfe, Hemden bestehen wahrscheinlich zum überwiegenden Teil aus Chemiefasern, also aus Kunststoffen in einer besonderen Form.

Alle diese lebenswichtigen Dinge kommen letztlich aus der Chemie. Sie liefert die Rohstoffe, aus denen die weiterverarbeitende Industrie Lacke, Dichtfolien, Kittmassen, Autoreifen, Kunststoffgehäuse, Textilien, Teppichböden, Möbelteile, Lenkräder, Bezugsstoffe, Brillengestelle, Bauelemente, Lichtschalter, Polyesterschaumstoffe und vieles andere mehr herstellt.«

Soweit Dr. Schultheiss. Es wäre nachzutragen, daß natürlich auch Radio und Fernseher ohne Kunststoff »tot« wären und daß auch der Griff zum Telefon keinen Sinn mehr hätte. Moderne Kommunikation klappt eben ohne Chemie ebensowenig wie moderner Verkehr. Nicht nur das Auto wäre ohne Kunststoffe ein unbrauchbarer Schrotthaufen, es gäbe weder Flugzeuge noch schnelle Züge, vom vollisolierten Campinganhänger gar nicht erst zu sprechen.

Wer – angeregt durch diese Beispiele – mit offenen Augen um sich schaut, wird bald selbst erkennen, daß unsere Welt voller Kunststoffe ist. Was die meisten Menschen aber nicht kennen, auch kaum kennen können, das ist die enorme Bedeutung der Kunststoffe für moderne Technologien wie die Raumfahrt und die Kerntechnik. Diese beiden benötigen plastische und elastische, dabei noch möglichst leichte Werkstoffe, die allen nur möglichen Belastungen standhalten: extremer Kälte wie größter Hitze, energiereichen Strahlen, raschem Druckwechsel und was dergleichen Einflüsse mehr sein mögen. Der Hitzeschild, der die Raumkapsel beim Eintauchen in die Atmosphäre vor dem Verglühen schützt, ist eine solche Entwicklung!

Ein besonders interessantes Gebiet ist die Verbesserung der Eigenschaften von Kunststoffen durch den Zusatz verschiedener Füllstoffe.

Die »verstärkten« Kunststoffe, die auf diese Weise entstehen, zeichnen sich durch besonders hohe Festigkeit und Steifheit aus. Am wirkungsvollsten sind faserförmige Zusätze. Glasfaserverstärkte Kunststoffe kennt jeder Bastler. Solche Werkstoffe erreichen bei geringerem Gewicht heute schon die Festigkeit von Buntmetallen und bald wohl auch die von Stahl.

Dabei sind sie wesentlich leichter als Metalle zu verarbeiten; und rosten oder oxidieren können sie auch nicht.

Viel Kritik wird heute an der Verwendung von Kunststoffen zur Verpackung von Gütern aller Art geübt. Wer ein wenig darüber nachdenkt, wird freilich bald darauf kommen, daß die fast unübersehbare Warenvielfalt in unseren Kaufhäusern, Supermärkten und Fachgeschäften ohne moderne Verpackungsmethoden und entsprechende Werkstoffe unvorstellbar wäre. Tiefkühlkette und Selbstbedienung gibt es nur, weil sich die Verpackungstechniker, und mit ihnen die Anwendungstechniker der Kunststoffindustrie, soviel einfallen ließen. Der Laie macht da keine Unterschiede. Für ihn ist Kunststoff gleich Kunststoff, basta. Dabei vollbringt die Kunststofftechnik gerade auf diesem Gebiet wahre Wunder. Je nach dem zu verpackenden Gut wechselt das Material. Und wo ein Kunststoff allein die oft sehr hohen Ansprüche nicht erfüllen kann, da werden eben mehrere kombiniert. Soll zum Beispiel ein Nahrungsmittel vor Feuchtigkeit von außen nach innen und vor Aromaverlust von innen nach außen zugleich geschützt werden, ist das mit einer einfachen Folie nicht zu schaffen. Also nimmt man eine Verbundfolie: eine Schicht, die das Aroma bewahrt, eine zweite, die die Feuchtigkeit fern hält. Der Verbraucher merkt das nicht. Aber es liegt auf der Hand, daß solche Wirkungen allein mit dem guten alten Papier oder Karton nicht zu erreichen wären – so wichtig diese Werkstoffe auch heute noch sein mögen, und wie hervorragend ihre Eigenschaften auch dank entsprechender Ausrüstung (also wieder durch Chemie!) auch dem jeweiligen Verwendungszweck angepaßt werden können. Hier noch ein paar Beispiele für kombinierte Verpackungen aus dem Verbraucheralltag: Erfrischungstücher stecken in folienbeschichteten Papierbriefchen, Margarine kommt im folienbeschichteten Karton in den Handel. Ob Zigarette oder Suppenwürfel, Konfekt oder Milchprodukte aller Art: für alles gibt es die zweckmäßige, schützende Verpackung. Wer sich die Werte vor Augen führt, die auf diese Weise vor dem Verderb geschützt werden, wer dazu die wesentliche Erleichterung beim Einkauf und der Vorratshaltung rechnet, die ja schließlich auch etwas wert ist, der wird vielleicht anders über die so oft gedankenlos als »überflüssig« bezeichneten modernen Verpackungen urteilen.

Venedig muß nicht untergehen

Doch genug von den Kunststoffen im Alltag. Das Vertrauen der Menschheit zu den neuen Werkstoffen und ihrer »Bandbreite« ist nahezu unbegrenzt. Nun sollen sie sogar dazu beitragen, eine Stadt vor dem Untergang zu bewahren, die Jahr für Jahr das Traumziel von Millionen Touristen aus aller Welt ist: Venedig.
Die tödliche Gefahr für die Stadt der Kanäle kommt alle Jahre mehrmals wieder: Die schöne blaue Adria, »la bella Adria«, wird zum heimtückischen Feind. Wenn der Schirokko bläst, und die Flut nicht aus der Lagune abfließen kann, steigt der Wasserspiegel manchmal meterhoch über den Markusplatz. Das Wasser überflutet Dom und Paläste, dringt in die Erdgeschosse der Häuser, nagt am Mauerwerk. Es legt den Verkehr lahm. Und was noch schlimmer ist: Auch die medizinische Versorgung findet nicht mehr statt; denn Ärzte und »Krankenwagen« – in diesem Fall Krankenboote – können die Kanäle, die Straßen Venedigs, nicht mehr passieren, der

Wasserstand macht ein Durchkommen unter den Brücken unmöglich.
Viele Pläne wurden in den vergangenen Jahren vorgelegt und wieder verworfen, um Meer und Lagune bei Gefahr zu trennen. An Erdwälle dachte man, an Schleusentore und an Betonmauern. Aber alles erwies sich als unbrauchbar. Es verschandelte die traumhaft schöne Landschaft, es machte den Seehafen für viele Wochen unbefahrbar, es zerstörte das so wichtige Gleichgewicht der Natur. Und alles war unerschwinglich teuer.
Ein neuer Plan von Professor Antonio Colamussi von der Universität Bologna hat nun alle Aussichten, verwirklicht zu werden. Die Rettung Venedigs soll von drei riesigen Schläuchen aus Kunststoff kommen. Drei riesige Schläuche, so robust, um allen Stürmen zu widerstehen, und zugleich doch so elastisch und flexibel wie kein anderes Material aus irgendeinem anderen chemischen oder natürlichem Werkstoff.
Die Idee ist genial und verblüffend einfach zugleich. Die drei Kunststoffschläuche sollen an jeder der drei Lagunenmündungen zur offenen Adria montiert werden: an der Bocca de Lido, di Malamocco, di Chioggia. Herrschen normale Wetterverhältnisse, liegen diese elastischen Deiche flach und unsichtbar auf dem Meeresgrund. Mit starken Stahltrossen sind sie an Betonpfählen verankert, damit sie nicht hin- und herpendeln. Sie stören also weder den normalen Schiffsverkehr noch beeinträchtigen sie das Landschafts- und Städtebild. Die meisten Sommerurlauber werden nichts von ihnen sehen.
Wenn jedoch Gefahr von einem der heimtückischen Winde, dem Nordostwind Bora oder dem Südwind Schirokko, droht, füllen sechs Pumpwerke die Kunststoffschläuche mit Seewasser. In 30 bis höchstens 120 Minuten sind die Lagunenmündungen in der jeweils erforderlichen Meeresspiegelhöhe geschlossen. Aus dem elastischen unsichtbaren Deich ist ein starkes Bollwerk gegen die Adria und ihre Wassermassen geworden. Modellversuche in einer menschenleeren Mündung des Po-Deltas haben bewiesen, daß Professor Colamussis Pläne mit den Kunststoff-Schläuchen nicht nur auf dem Papier stimmen, sondern auch die Zerreißproben durch die gigantischen Kräfte einer entfesselten Natur bestanden.
Ein Mailänder Reifenkonzern, eine italienische Baufirma und zwei

deutsche Chemiefirmen, die gemeinsam das Projekt Venedig im Laufe von zwei Jahren verwirklichen können, haben die Kosten auf 20 bis 30 Milliarden Lire berechnet. Die UNESCO ist bereit, für diesen Betrag zu bürgen, weil »Venedig Kulturbesitz der gesamten Menschheit ist«.

Die Bürger Venedigs beginnen aufzuatmen, sie wissen: »La Serenissima Venezia« ist doch nicht zum Tod verurteilt, kann gerettet werden.

Kunststoff rettete auch Tausende von Erdbebenopfern in der östlichen Türkei, in der Region um Van, vom Tod des Erfrierens. Sie hatten ihre armseligen Hütten verloren, verbrachten Tage und Nächte in eisigen Schneestürmen, die plötzlich vom Osten her hereinbrachen. Die dünnen Zelte, eingeflogen aus vielen Ländern Europas, zerrissen wie Papier.

In dieser verzweifelten Situation konnten nur noch »Schaumstoff-Iglus« helfen. Transporter der Bundesluftwaffe flogen die vorgefertigten Einzelteile dieser Iglus und Techniker ins Katastrophengebiet. An Ort und Stelle wurden dann die Zwischenwände der aufgerichteten Iglus »aufgeschäumt« – mit Polyurethanschäumen, die aus »Spritzpistolen« zwischen die Wände geschossen wurden. Kein noch so eisiger Wind kann diese Wärmeschicht durchdringen. Die Erdbebenopfer brauchten nun den anderen Tod, den des Erfrierens, nicht mehr zu fürchten: Kunststoff half, Menschenleben zu retten.

Aus der Traum vom schönen, leichten Leben?

Die Katastrophe kam plötzlich, und niemand hatte Zeit, sich auf sie vorzubereiten. Das gesamte Stromnetz brach zusammen, von einer Sekunde zur anderen wurde es stockdunkel in der Millionenstadt New York. In den U-Bahn-Röhren blieben die Züge stehen, die Menschen, die in ihnen saßen, wurden von panischer Angst ergriffen. Aufzüge blieben zwischen den Stockwerken der Wolkenkratzer hängen. Die Verkehrsampeln setzten aus, ein fast unentwirrbares Chaos war die Folge. Alle Telefone waren tot. Nur in den Krankenhäusern gaben die Notaggregate noch eine Zeitlang Strom, dann war auch ihre Kapazität erschöpft. Kriminelle nützten die Stunden der Katastrophe, um zu plündern.

Als der Strom wieder floß, erwachten die Menschen nur langsam aus einer fast tödlichen Lähmung. Der Schock dieser Katastrophe hatte sie zutiefst getroffen. Zurück blieb die erschreckende Erkenntnis, wie verwundbar das war, was man als »modernes Leben« bezeichnet.

Heute sind die Industrienationen dieser Erde von einem anderen Schock, dem »Ölschock«, betroffen und bedroht. Die Appelle, Öl zu sparen, werden immer beschwörender. Wer von Öl spricht, denkt zunächst an Heizöl, Benzin oder Diesel und beklagt die seit Jahr und Tag steigenden Preise. Nach der Meinung kompetenter Fachleute werden sich die Energiepreise bis zum Jahr 2000 verdreifacht haben.

Von den Folgen des Ölschocks ist die chemische Industrie in besonderem Maße betroffen, denn sie benötigt ein aus dem Öl gewonnenes Folgeprodukt, das Rohbenzin – auch Naphtha genannt – als wichtigen Rohstoff, vor allem im Bereich der Kunststoffe. Nichts erscheint daher logischer als anzunehmen, daß die Kunststoffchemie auch im Ölverbrauch an vorderster Stelle steht.

In Wirklichkeit wird nur ein kleiner Bruchteil, etwa 4 Prozent, des geförderten Rohöls als Rohstoff zur Herstellung von Chemiewerkstoffen verbraucht. Die gesamte chemische Industrie mit der Vielzahl ihrer Produkte benötigt 6 bis 7 Prozent. Die Hauptmenge des Rohöls geht in andere Bereiche: Ein gutes Viertel wird im Verkehrssektor als Motortreibstoff benötigt; weit mehr als die Hälfte wird zur Wärmeerzeugung in der übrigen Industrie und in privaten Haushalten verbrannt.

Auf der Kunststoffmesse im Oktober 1979 in Düsseldorf sagte daher der Kunststoffexperte Dr. Herbert Willersinn zu Recht: »Das Dümmste, was die Menschheit machen kann, ist, Öl zu verbrennen. Für die Chemie ist das Öl der ideale Rohstoff.« Und er fügte den scheinbar so gar nicht in die Landschaft von Ölschock und Ölkrise passenden Satz hinzu: »Wenn man Öl sparen will, muß man mehr Kunststoffe verwenden.«

Doch der provokant klingende Satz kann mit Beispielen belegt werden. Um den Energieverbrauch verschiedener Werkstoffe verglei-

chen zu können, braucht man einen Ölvergleichsmaßstab, das Öläquivalent. Eine Tonne Öläquivalent entspricht 11744 Kilowatt Energie.
Bis zum Beispiel ein »Plastikeimer« ins Regal eines Kaufhauses kommt, kostet das Bohren nach Erdöl Energie, fressen die Tanker Sprit, laufen auch die Tankwagen mit Diesel, benötigen die Chemieanlagen Energie zur Umwandlung des Erdöls in Werkstoff, bleibt ein Teil des Erdöls in ihm gebunden und verbrauchen auch die Verarbeitungsmaschinen Strom, der wiederum mit Hilfe von Öl erzeugt wird. Alle diese einzelnen »Ölverbrauchsschritte« schlagen sich in der Berechnung des Öläquivalents nieder. Doch nun zu den Beispielen:
Für eine Million Düngemittelsäcke aus Papier sind 700 Tonnen Öläquivalente nötig. Für »Säcke« aus dem Kunststoff Polyäthylen dagegen nur 470 Tonnen. Um 100 Kilometer Abwasserrohre von vier Zoll Stärke zu ziehen, sind 1970 Tonnen Öläquivalente bei der Verwendung von Gußeisen erforderlich, 500 Tonnen beim Einsatz von Ton, aber nur 360 Tonnen bei der Fertigung aus Kunststoff. Eine Million Literflaschen aus Glas kosten 230 Tonnen, aber nur 97 Tonnen bei der Herstellung aus Kunststoff.
Der große Vorsprung energiesparender Kunststoffe erklärt sich aus zwei Gründen. Sie schmelzen bereits bei Temperaturen von 150 bis 200 Grad Celsius. Gußeisen dagegen erreicht im Kupolofen 1600 Grad, in den Glaswannen herrschen Temperaturen von 1300 Grad. Eisenteile müssen noch vernietet, verschweißt, gepreßt und lackiert werden, der Kunststoff dagegen enthält bereits seine Farbe und bekommt seine endgültige Form in einem Arbeitsgang.
Es gäbe noch viele andere Beispiele, die zeigen, daß gerade Chemiewerkstoffe geeignet sind, Energie und Rohstoffe sparen zu helfen. Professor Dr. Karl-Heinz Büchel machte es auf der schon erwähnten Kunststoffmesse im Herbst 1979 in Düsseldorf auf eine andere Weise deutlich. Er sagte: »Ein Kilo Erdöl, zu einer Hartschaum-Wärmedämmplatte verarbeitet, trägt lange Zeit zum Energiesparen bei. Die gleiche Menge, als Treibstoff oder in der Heizung verbrannt, ist in wenigen Sekunden verschleudert«. Kunststoff-Bauteile im und am Auto erhöhen nicht nur die Sicherheit, sondern verringern auch das Gewicht des Fahrzeugs und senken den Benzinverbrauch. Mit 100 Litern Benzin kann ein Mittelklassewagen

von heute bei Tempo 110 km runde 1000 Kilometer fahren. Aus diesen gleichen 100 Litern Benzin kann die chemische Industrie eine ganze Palette von Produkten machen:

1 Autoreifen
6 Mülleimer
17 Fahrradschläuche
20 Oberhemden
20 Pullover und
200 Strumpfhosen.

Der Gesamtwert dieser Produkte beträgt etwa 2500 Mark. Dieses Beispiel zeigt wohl eindeutig, welche Unterschiede zwischen Verbrennen und Veredeln von Rohstoffen liegen.«

Einst nannte man die »Kunststoffe« verächtlich »Ersatz« und »Wegwerfware«. Heute gehört die Wiederaufbereitung von Kunststoff- oder Kautschuk-Müll zur wesentlichen Aufgabe der Forschung – und das nicht nur aus ökologischen Gründen, sondern auch aus ökonomischen Überlegungen heraus. Jährlich werden bereits mehr als 250 000 Tonnen Kunststoffrückstände wiederverwertet. »Plastikreste« lassen sich in Bodenplatten und Rohrisolierungen umschmelzen. »Plastik-Müll« heizt Häuser – so etwa über die Müllverbrennungsanlage Frankfurt-Nordweststadt.

Dieses »Recycling« – ein Wort, das wir aus Amerika übernommen haben – könnte eine noch viel größere Bedeutung gewinnen. Ein typisches Beispiel dafür sind die nun abgeschlossenen Versuche, bei denen alte Autositze nach entsprechender Zerkleinerung durch Heißdampf wieder in ihre chemischen Grundbestandteile, also gewissermaßen ihre Bausteine, zerlegt werden können, die sich dann in die Kunststoffproduktion zurückführen lassen.

Nun werden aber chemische Prozesse immer billiger, je größer die Anlagen sind, in denen sie ablaufen. Die Frage wird zu einem Problem der Organisation: Irgendwer muß ja die Sitze aus den alten Autos ausschlachten, muß die alten Schaumstoff-Matratzen aus dem »Sperrmüll« aussondern, sammeln, transportieren. Das aber kann nicht Aufgabe der Chemie sein. Sie hat die technischen Voraussetzungen geschaffen zum Recycling. Mit einem Millionenaufwand an Investitionen. Doch was nützen alle chemischen Möglichkeiten, wenn die Zufuhr der Altstoffe nicht klappt? Ähnliches gilt auch für die rund 35 Millionen alten Autoreifen, die jedes Jahr irgendwo auf dem Müll landen. In den wachsenden Abfallbergen stecken nicht nur wertvolle Rohstoffe, sondern auch Energiereserven. Das Bundesministerium für Forschung und Technik mißt dem Recycling außerordentliche Bedeutung bei. Das Problem des Aussonderns und des Transports brachliegender Energie müßte eigentlich von Staat, Ländern und Gemeinden zu lösen sein.

9

Nach »Maß geschneidert«

Geklebt – und untrennbar verbunden

Die Katastrophe machte Schlagzeilen: Zwischen Oktober 1953 und April 1954 waren drei Flugzeuge der britischen »Comet« abgestürzt. Diese ersten Düsenverkehrsflugzeuge der Welt hatten schon einen weitgehend von Klebstoffen, und nicht mehr, wie bis dahin üblich, von Nieten zusammengehaltenen Rumpf. Die Konstrukteure der »Comet« wurden nach diesen Katastrophen immer wieder mit der Frage konfrontiert, ob die geklebten Spanten der Düsenriesen den Belastungen nicht gewachsen gewesen wären. Ob es nicht ein Kardinalfehler gewesen sei, von den bisher bewährten Nieten auf Klebstoff umzuschalten.
Die Konstrukteure der »Comet« – vielleicht selbst etwas verunsichert – konnten nur auf die Lizenzakte verweisen, die ihrer »geklebten Comet« nach Jahren der Tests und der Prüfungen den Start frei gaben.
Von den beiden zuerst abgestürzten Maschinen blieb nichts übrig, was Beweis für die Behauptung der Konstrukteure hätte sein können. Alles verbrannt, verkohlt, keine Möglichkeit für die Experten, ein Argument für oder gegen den Klebstoff zu finden. Das Mißtrauen blieb. Man kann es nur als makaber bezeichnen, daß der dritte Absturz einer »Comet« zwar für die Besatzung und die Passagiere zur Katastrophe wurde, für die Konstrukteure aber zu einem Alibi.
Die dritte abgestürzte »Comet« wurde nahe der Insel Stromboli aus dem Meer gehievt und Millimeter für Millimeter untersucht. Das Ergebnis überraschte selbst die Experten: Nicht defekte Klebestellen wurden entdeckt, sondern ausgerissene Nietlöcher. Die dünnen Aluminiumbleche, die aus Gründen der Gewichtsersparung verwendet worden waren, hatten der Belastung an den Nietstellen nicht standgehalten.
Eine Tragödie der Verkehrsluftfahrt wurde zum Triumph einer neuen Klebetechnik, die ohne die Entwicklung der Kunststoffe undenkbar gewesen wäre. Die Verkehrsflugzeuge der neuesten Typen-Generation weisen immer weniger Nietpunkte auf, dafür immer mehr unsichtbare Klebestellen. Beim Airbus A300 zum Beispiel wird am Rumpf sowohl die »Außenhaut« als auch die innere Verkleidung auf die Spanten geklebt.
Die Folge war nicht nur größere Sicherheit. Pluspunkte stellten sich auch auf der Seite der Wirtschaftlichkeit ein. Die Maschinen wur-

den relativ leichter, konnten daher mehr Last transportieren oder mehr Passagiere an Bord nehmen. Die früher äußerst arbeitsintensiven Niet- und Fräsprozesse fielen weg, so ergaben sich schon bei der Fertigung erhebliche Kosteneinsparungen.
Das Wichtigste aber bleibt: Die Klebetechnik machte das Fliegen sicherer. Nach einer internationalen Statistik über die Ursachen von Flugzeugabstürzen in den vergangenen zwanzig Jahren kann festgestellt werden, daß bisher noch kein einziger Bruch einer geklebten Verbindung wegen Überbeanspruchung oder wegen Alterung zu den Akten einer Tragödie in der Luft genommen werden mußte. Wenn man an die Riesenkräfte denkt, denen Düsenjets ausgeliefert sind, könnte man mit Recht von einem »Wunder des Klebens« sprechen.
Aber Wissenschaft und Forschung kennen keine Wunder. Was manchmal wie ein Wunder aussehen könnte, ist das Ergebnis jahrelanger Überlegungen, unzählbarer Testreihen und finanzieller Investitionen mit siebenstelligen Zahlen. Und manchmal gelang dann ein weiterer Schritt nach vorne. Die modernen Klebstoffe sind nur ein Beispiel in einer fast unüberschaubaren Palette.
Sie haben auch die Fertigungsmethoden im Automobilbau von heute beeinflußt. An den Fließbändern geschah Jahre hindurch das gleiche: Stählerne Roboterarme griffen ein Blechteil und schweißten es an den Rahmen, Fließbandautomaten nieteten bzw. schraubten Kotflügel an. Es wurde gehämmert und geschraubt, genietet und gestanzt. Wer in unseren Tagen durch die Montagehallen der Automobilwerke geht, kann feststellen, daß an allen Teilen der Karosserie schon geklebt wird, auch an den Teilen, die stärksten Belastungen ausgesetzt sind, wie zum Beispiel die Windschutzscheibe. Vom Kotflügel bis zum Armaturenbrett, vom Dachhimmel bis zur Kofferraumhaube — der modernen Klebetechnik sind keine Grenzen gesetzt.
Die Chemiker haben mit der Erfindung der Kunststoffe auch Klebstoffe entdeckt, die bis dahin für »unklebbar« gehaltene Materialien dauerhaft zusammenhalten: Glas auf Metall bei der Windschutzscheibe, Metall auf Metall bei den Dachverstrebungen, Plastik auf Metall beim Bodenbelag, um nur einige wenige Beispiele zu nennen. Alle diese hier genannten Materialien sind hart und scheinen eine glatte Oberfläche zu haben. Wie – diese Frage liegt nahe – ge-

lingt es, harte und glatte Flächen durch Klebstoff fest miteinander zu verbinden?
Was mit dem bloßen Auge sich als glatte Fläche darstellt, sieht bei fünfzigtausendfacher Vergrößerung unter dem Elektronenmikroskop ganz anders aus. Die glatte Fläche entpuppt sich als rauh, fast einer Gebirgslandschaft vergleichbar, mit Schluchten und Gipfeln, mit sanften Abhängen und mit Steilwänden. Trägt man auf eine solche Oberfläche Klebstoff auf, sickert er in dieses rauhe Gelände ein und füllt es völlig aus. Die »Molekularkräfte«, die entstehen, und die Oberflächenspannung, die den Klebstoff in die letzte Vertiefung der Klebefläche hineinholt, solange er weich ist, führen zur unlösbaren Verbindung, die auch den stärksten Belastungen zu widerstehen vermag.
Geklebt hat der Mensch immer, solange man seine Geschichte, seine Art zu leben, zurückverfolgen kann. Und hier handelt es sich immerhin um runde 6000 Jahre. Se-Gin – so nannten die Sumerer, die Bewohner des fruchtbaren Schwemmlandes zwischen Euphrat und Tigris, ihren Klebstoff, den sie durch Auskochen von Tierhäuten, Tierknochen und Tiersehnen herstellten. Die Ägypter rührten Kasein, ein Eiweiß der Milch, mit Wasser und Sand zusammen. Mit diesem Mörtel gelang es ihnen beim Bau der Pyramiden, daß bis heute ein Stein mit dem anderen fest verhaftet blieb. Sie kannten auch bereits um 1500 vor Christus Hautleime für das Furnieren ihrer Möbel. Mehr als 3000 Jahre haben diese ihre Furnierklebungen gehalten – bis auf den heutigen Tag. Und sicher werden sie noch weitere Jahrhunderte überstehen. Sie waren es auch, die Papyruspflanzen auskochten und Kleister daraus gewannen – einen in seiner Substanz ganz ähnlichen Kleister, wie er noch bis vor kurzem beim Tapezieren verwendet wurde.
Auch die Griechen und Römer verwendeten tierische Leime für das Verkleben von Möbeln und Geräten aus Holz. Im antiken Rom wurde auch noch Mehlkleister verwendet. Die Herstellung der Hautleime war bis zum späten Mittelalter immer mit der Leder- und Pergamententwicklung gekoppelt.
Die erste handwerkliche »Leimfabrik« wurde im Jahr 1690 in Holland gegründet, das erste »Leimpatent« für die Herstellung eines Tischlerleims 1754 in England erteilt. Bis zum Anfang unseres, des 20. Jahrhunderts gab es eigentlich keine besonderen Klebeproble-

me. Die vorhandenen und bekannten Klebstoffe reichten aus, um die anstehenden Aufgaben zu erfüllen. Meist ging es darum, Papier, Pappe, Leder und Holz – also sehr »klebewillige« Materialien – miteinander zu verbinden. Die Buchdeckel, die man klebte, knisterten und knackten zwar, wenn man sie auseinanderbog, aber sie hielten stand.

Erst in unserem Jahrhundert entwickelte sich aus der handwerklichen »Leimküche« die Klebstoffindustrie. Die Produktion und Anwendung von Klebstoffen wurde zu einem zentralen Gebiet einer immer umfangreicheren Forschung. Chemiker, Physiker und Ingenieure setzten sich mit den Wirkungen der Adhäsions- und Kohäsionskräfte auseinander, erforschten den molekularen Aufbau der klebenden Stoffe und fanden schließlich in den modernen Kunstharzen die Rohstoffgrundlagen für immer leistungsfähigere Klebestoffe.

An eindrucksvollen Demonstrationen dieser Klebekraft fehlte es in den letzten Jahren nicht. Besucher der großen Industriemessen konnten sie erleben – die Laien staunten, und manchmal wunderten sich sogar die Fachleute. Ein Beispiel von vielen: Zwei Bulldozer mit zusammen 170 PS sollten zusammengeklebte Metallteile auseinanderreißen. Die Kraft von 85 PS wirkte nach der einen Seite, die gleiche Kraft nach der anderen. Doch die zwei Bulldozer bewegten sich keinen Millimeter. Die Klebekraft, die die Metallteile aneinanderband, machte diese PS-Riesen zu kraftlosen Zwergen. Ein anderes Beispiel: Ein Hubschrauber donnerte über ein Messegelände, an einem zusammengeklebten Stahlseil schwebte ein Riesenlaster durch die Luft – einer fast schwerelosen Puppe gleich.

Doch die Kraft und die Stärke der Kleber von heute, ihre »Festigkeit«, wie die Fachleute sagen, gäbe ein einseitiges, daher falsches Bild. Genauso wichtig, vielleicht sogar noch wichtiger, ist eine andere Eigenschaft, die sie haben: die »Geschmeidigkeit«. Das Wort überrascht vielleicht, erinnert an Eleganz, an Tänzerisches, an die Kür von Turnern und Turnerinnen oder von Eiskunstläufern.

Der Vergleich ist dennoch nicht ganz abwegig. Die Bedeutung des Leims früher beschränkte sich auf das Zusammenkleben von Papier, auf das Verbinden von Holzteilen und – vielleicht noch – auf das Überziehen von Pillen. Im »Kunststoffzeitalter« gibt es natürlich – sonst gäbe es diese Entwicklung nicht – auch die »Klebstoffe nach Maß«. Eine Schätzung, die nicht den Anspruch auf Vollständigkeit erhebt, also sozusagen wie die Verlesung der Lotto- und Totozahlen an jedem Wochenende in Rundfunk und Fernsehen »ohne Gewähr« ist, ergibt die erstaunliche Vielfalt von rund 800 verschiedenen Kunststoffklebern. Einige von ihnen werden sehr schnell sehr fest. Andere kann man, auch wenn sie schon hart geworden sind, durch einfaches Erhitzen wieder weich und von neuem wieder klebfähig machen. Wieder andere bleiben flexibel. Die Klebefläche kann durch leichten Fingerdruck geschlossen und durch leichtes Hochziehen wieder gelöst werden.

Die Entwicklung der Klebstoffe verlief im letzten Jahrzehnt fast unüberschaubar schnell. Eine Frage wird oft gestellt: Wird es in wenigen Jahren Autos geben, in denen keine Niete und keine Schraube mehr zu finden ist, in denen nichts mehr geschweißt oder gelötet ist? Natürlich wäre dies im Prinzip möglich, sagen die Fachleute. Sie weisen aber darauf hin, daß in vielen Teilschritten der Automobilverarbeitung die herkömmlichen Verbindungsmethoden zur Zeit noch rationeller und damit kostensparender sind als das Kleben.

Die vernünftigen Möglichkeiten der modernen Klebstoffe sind faszinierend genug. Der Direktor der Düsseldorfer Chirurgischen Universitätsklinik, Professor Dr. Karl Kremer, berichtete über einen Gewebeklebstoff, der ungiftig, leicht sterilisierbar, einfach zu handhaben und in der Lage ist, sogar Schnittflächen in Nieren oder Lungen zuverlässig miteinander zu verbinden. Auch Operationswunden braucht man nicht mehr zu vernähen, da ein Gewebeklebstoff das bisher übliche chirurgische Nähmaterial ersetzen kann.

Kein Jahr verging, in dem neue Klebstoffe nicht neue Entwicklungen andeuteten: Autobremsbeläge: geklebt, Hubschrauberrotoren: geklebt, Babywindeln: geklebt, der Titanbohrer, mit dem die Astronauten auf der Mondoberfläche arbeiteten: geklebt. Die Entwicklung wird weitergehen.

Mit Hilfe der Fotografie – und die wäre ohne Chemie undenkbar – kann man Lichtbrechungs-Unterschiede in einem bestimmten Medium, zum Beispiel in der Luft oder in Glas, sichtbar machen. Diese technische Hilfe benötigen die Fachleute, um sonst nur ungenau oder gar nicht sichtbare Unterschiede zu deuten. Das Bild zeigt eine solche »schlierenoptische« Aufnahme.

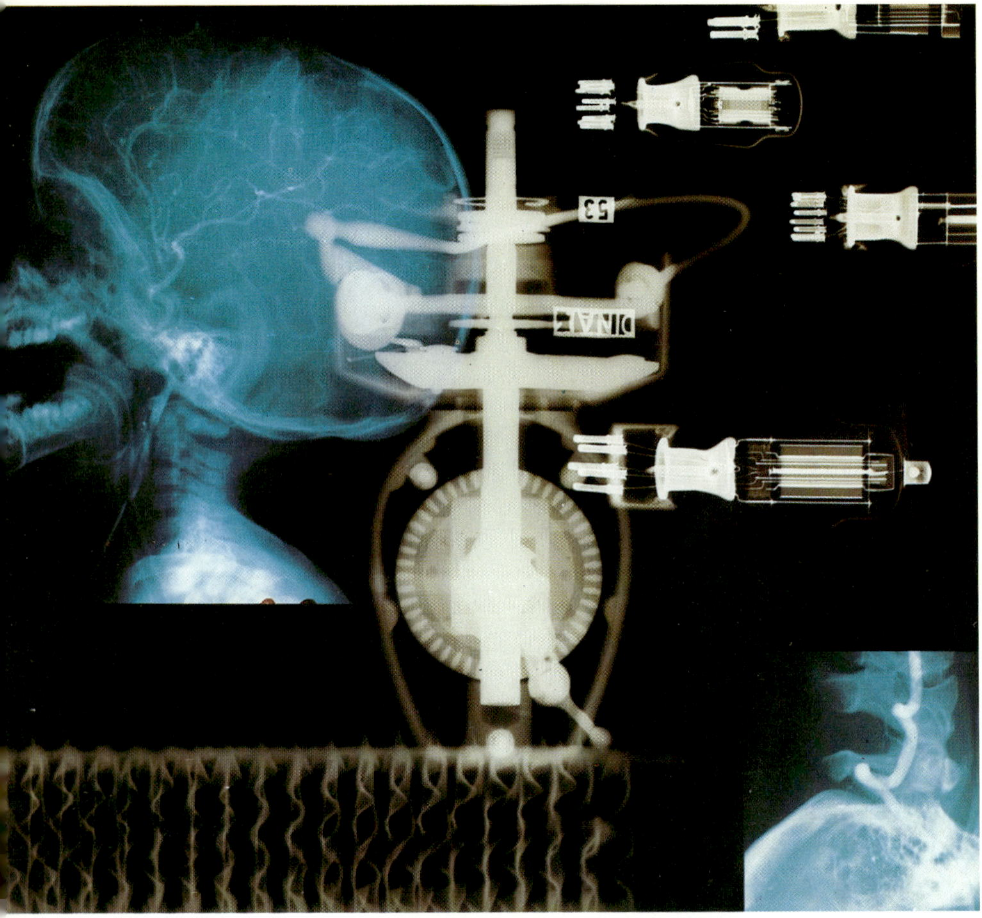

Der Blick ins Innere des menschlichen Körpers ist in vielen Fällen für eine genaue Diagnose unentbehrlich. Dafür hat die Röntgenfotografie erst die Voraussetzung geschaffen. Der Grafiker hat im oberen Bild verschiedene Anwendungsgebiete kombiniert.

Das Tonband ist ein selbstverständliches Kommunikationsmittel, sei es zur Nachrichtenspeicherung und -übermittlung, sei es als immer verfügbare Konserve von Wort und Musik.

Die getreue Abbildung der menschlichen Umwelt in Druckwerken stellt hohe künstlerische, handwerkliche und technische Anforderungen. Druckfarben spielen dabei eine zentrale Rolle. Sie müssen sowohl technischen als auch ästhetischen Ansprüchen genügen. Das Bild zeigt einen Blick in die Druckfarben-Herstellung.

Hobby-Fotografen erheben Anspruch auf schnelle Entwicklung ihrer belichteten Filme. Das wäre ohne die »Filmentwicklungsfabriken« nicht zu schaffen. Das Bild oben zeigt die Riesentrommel einer solchen Anlage. Und die wäre ohne Chemikalien so wenig vorstellbar …

… wie die klassische Dunkelkammer des ernsthaften Amateurs oder des Berufsfotografen, in die das Bild rechts einen Blick vermittelt.

Frost und Hitze, Feuchtigkeit und Trockenheit, Pilze und Bakterien, natürliche oder umweltbedingte chemische Einflüsse setzen Kulturdenkmälern aus vergangenen Epochen unablässig zu: Sie verwittern, verfallen, verschwinden. Ihre Erhaltung und Konservierung ist ein besonders interessantes Aufgabengebiet der Chemie. Ob Stein, Holz oder Metall; für alle Werkstoffe gibt es Substanzen, die reinigen, festigen und vor neuer Zerstörung schützen. Auch die weltberühmte ägyptische Sphinx wurde mit Steinkonservierungsmitteln behandelt und so für die Zukunft gerettet.

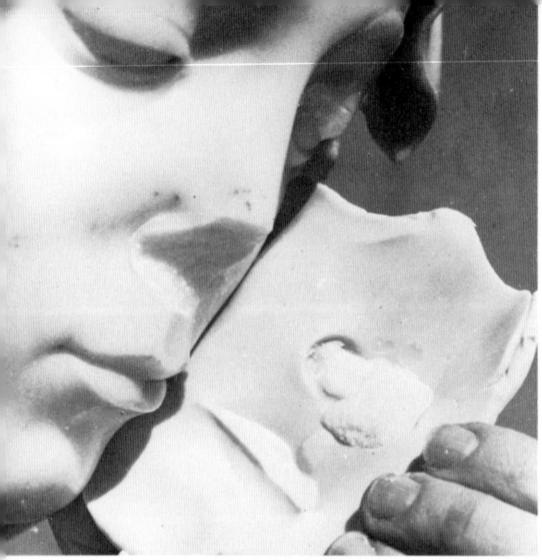
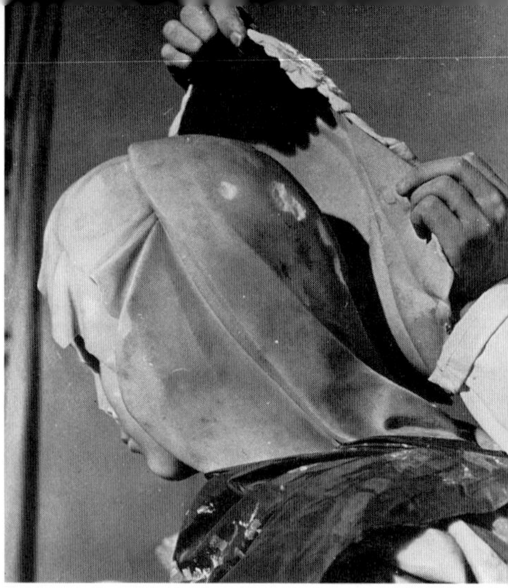
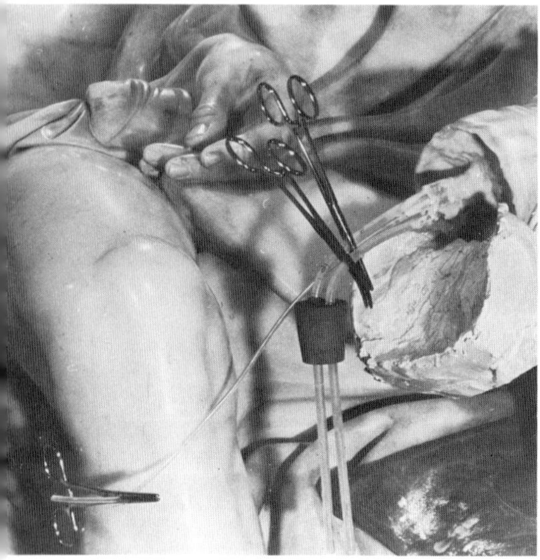
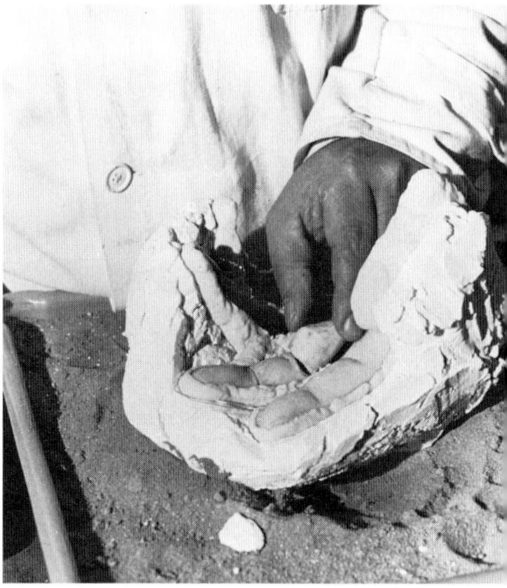
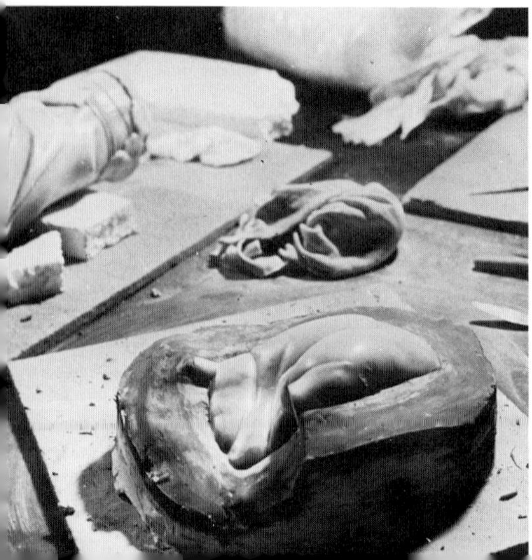
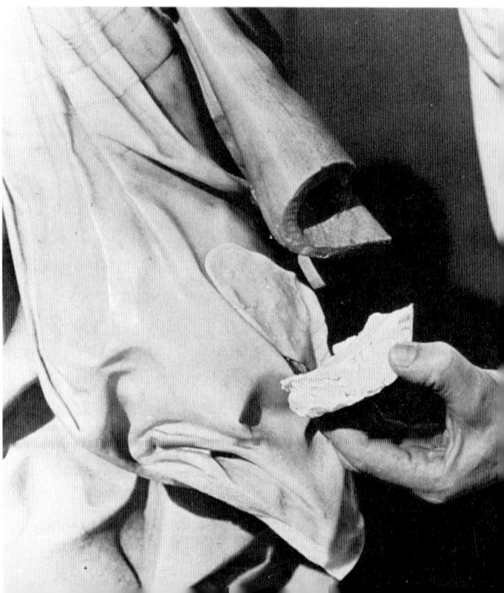

Die unvergleichliche Pieta des Michelangelo wurde 1972 im St.-Peters-Dom zu Rom von einem Geistesgestörten durch Hammerschläge schwer beschädigt. Zum Glück gab es einen exakten Gipsabguß. Mit Hilfe von Negativ-Formen aus Silikonkautschuk und anderen chemischen Werkstoffen konnte das Original in einem langwierigen Verfahren, aus dem die linken Bilder Ausschnitte zeigen, wiederhergestellt werden.

Klebstoffe, Lasierungen, Füllstoffe und andere chemische Produkte sind wichtige Helfer eines jeden Restaurateurs.

Von dieser 1378 gebauten Hansekogge fand man 1962 beim Ausbaggern des Bremer Hafens nur noch Bruchstücke. In einem langwierigen Prozeß wurden die Holzteile mit Polyäthylenglykol gefestigt und zusammengebaut: Eine Meisterleistung der Konservatoren.

10

Pyramiden und Dome, Gemälde und Wikingerschiffe

Zeugen von gestern für morgen gerettet

Die einen feierten, die anderen trauerten. In ganz Ägypten jubelten an jenem 9. Januar 1960 die Menschen. In den Städten, den Fellachendörfern und Oasensiedlungen schallte aus den Lautsprechern die Stimme ihres Präsidenten Gamal Abdel Nasser. Er sprach vom Ende des Hungers für sein Volk, von einem neuen Zeitalter der Fruchtbarkeit für sein Land. Es war der Tag, an dem er mit einem Knopfdruck die Arbeiten zum Bau des Assuan-Staudamms eröffnete. Zwölf Tonnen Dynamit explodierten und sprengten 20000 Tonnen Fels. Am nächsten Tag begannen die Arbeiten an einem Projekt, das zu den größten unseres 20. Jahrhunderts zählt. Der geplante Hochdamm sollte die Wasser des Nils stauen und für gleichmäßige Bewässerung der Felder zu beiden Seiten des Flusses sorgen. Zwei-, ja sogar dreifache Ernte in einem Jahr würde die Bändigung des Stromes ermöglichen.
Die einen feierten, die anderen trauerten. Diese anderen waren Archäologen, Wissenschaftler, Menschen aller Nationen, die den Untergang eines der ältesten Baudenkmäler Nubiens befürchteten. Die vor 3200 Jahren bei Abu Simbel in das Steilufer des Nils eingebauten Felsentempel für Pharao Ramses II. und seine Gemahlin Nefertari waren in Gefahr, vom Rückstau des Nilwassers durch den geplanten Assuan-Hochdamm überschwemmt zu werden. Ein Monument von pharaonenhafter Großdimension: Erreicht doch das Innere des Haupttempels eine Tiefe von 63 Metern, die äußere Fassade mit den vier Kolossalstatuen des Ramses eine Höhe von 33 Metern. Fast 3200 Jahre hatte dieses »Weltwunder« am Steilufer des Nils südlich von Assuan überdauert. Noch fünf Jahre Frist, dann, so schien es, war dieser Zeuge einer großen Kultur in den Wassern des Stausees versunken.
Die einen feierten, die anderen trauerten. Aber sie trauerten nicht lange. Warum sollte es der Technik, die einem Land die Fruchtbarkeit durch einen monumentalen Staudamm gab, nicht auch möglich sein, Zeugen der Vergangenheit vor dem Versinken zu bewahren? Wer heute nach Oberägypten reist, kann den Assuan-Hochdamm bewundern. Er sieht aber auch, hoch über dem Nil, die geretteten Felsentempel von Abu Simbel. Ramses II. blickt nach wie vor über sein Land. Eine der kühnsten Rettungsaktionen in der Geschichte der Technik – vor allem aber der Chemie – machte es möglich.
Ein schwedisches Ingenieurbüro entwickelte damals einen Plan zur

Versetzung der Felsentempel. Er sah vor, die Tempelanlagen aus dem Sandsteinfels herauszulösen, sie in transportable Einzelelemente von maximal 30 Tonnen Gewicht zu zerlegen und den gesamten Komplex 65 Meter höher, knapp über der Oberfläche des neuen Stausees, originalgetreu wieder aufzubauen.

Die Kosten für diese größte »Umzugsaktion« aller Zeiten beliefen sich nach vorsichtigen Schätzungen auf rund 100 Millionen Mark, eine gigantische Summe, die Ägypten natürlich nicht aufbringen konnte. Der Appell des Landes an die UNESCO und die in dieser Weltorganisation vertretenen Staaten, bei der Rettung der Baudenkmäler von Abu Simbel zu helfen, blieb nicht ungehört. Internationale Solidarität sicherte die Finanzierung, das »Unternehmen Ramses II.« konnte anlaufen.

Zur Sicherung gegen den steigenden Nil mußte noch vor Aufnahme der eigentlichen Bergungsarbeiten ein 360 Meter langer Schutzwall aus Erde errichtet werden, ohne den Abu Simbel bereits im Winter 1964/65 im Wasser hätte versinken müssen.

Der Felsaushub über der großen Tempelanlage begann im Frühjahr 1964. Über 300000 Tonnen Gestein mußten abgetragen und die 20000 Tonnen schweren Tempel aus den umgebenden Felsen herausgelöst werden. Es dauerte viereinhalb Jahre, bis die Tempel mit den überlebensgroßen Statuen des Pharao Ramses II. in 1050 Blöcke von je 20 bis 30 Tonnen Gewicht zersägt waren. Doch noch vor dem Abtrag und vor dem Transport waren Probleme zu lösen, die sich aus den schlechten Festigkeitswerten des nubischen Sandsteins ergaben. Bei diesem durch Windverfrachtung gebildeten Sediment wechseln kompaktere mit mehr oder weniger porösen Stellen ab. Viele Blöcke erhielten daher eine Verfestigung durch Injektionen mit Epoxid-Kunstharzen. Schichten von mittlerem Porositätsgrad ließen sich durch Injektionen von Polyesterharzen verfestigen. Vor dem Auftrennen in einzelne Blöcke wurden die Kanten von Sichtflächen entlang den Schnitten ebenfalls mit Epoxid verfestigt, um der Gefahr vorzubeugen, daß beim Zersägen des Sandsteins Material herausbrach.

Der Transport der einzelnen Blöcke zum 64 Meter höher gelegenen neuen Tempelstandort erforderte besondere Vorsichtsmaßnahmen. Nach dem Aussägen wurden in die Sandsteinblöcke Löcher von 3,5 bis 4,5 cm Durchmesser gebohrt und mit einem Epoxidharz-Mörtel

ausgegossen. In diese Löcher wurden dann die Stahlanker eingeführt. Nach dem Aushärten der Mörtelmasse, das rund 24 Stunden beanspruchte, konnten die Blöcke an den Eisen vom Kran hochgezogen und auf Speziallastwagen verladen werden.
Da im Laufe der Arbeiten am Assuandamm der Wasserstand des Stausees erhöht wurde, mußte der kleine Tempel mit den Statuen der Königin Nefertari, der schon fertig aufgebaut war, wieder abgebaut werden. Dies gelang den Ingenieuren mit dem knappen Vorsprung von drei Monaten vor dem steigenden Wasser. Ende 1968, fünf Jahre nach Beginn des »Umzugs«, war der letzte der 1050 Riesenblöcke wieder an dem Platz, den er schon mehr als 3000 Jahre lang gehabt hatte. Es versteht sich fast von selbst, daß die einzelnen Blöcke auch beim Zusammenfügen wieder mit hochfesten Kunststoff-Klebern dauerhaft verbunden und vor dem Eindringen zerstörender Feuchtigkeit in die Fugen geschützt wurden. Seitdem ragen die kolossalen Ramses-Statuen majestätisch wie eh und je in den nubischen Himmel. Ohne Kunststoff-Chemie gäbe es die Felsentempel von Abu-Simbel nicht mehr.
Noch einmal mußten sich Kunststoff-Chemiker mit Ramses II. beschäftigen. Bei einer Untersuchung der einbalsamierten Mumie des Pharao, die im ägyptischen Museum zu Kairo wie in einem Mausoleum aufgestellt war, stellten Wissenschaftler fest, daß ein gefährlicher Bakterienbefall sie zu zerstören drohte. An Bord einer französischen Militärmaschine wurde der gläserne Sarg nach Frankreich geflogen. Nach der Landung in Paris wurde die Mumie mit hohen militärischen Ehren und 21 Salutschüssen empfangen – nicht anders, als hätte ein lebendes Staatsoberhaupt Frankreich zu einem Staatsbesuch betreten.
Genaue chemische Untersuchungen ergaben, daß die Mumie Ramses II. von 65 verschiedenen Bakterienarten befallen war. Die Restaurierungsarbeiten, bei denen ebenfalls Kunstharze eine wichtige Rolle spielten, um den weiteren Zerfall des Körpers zu verhindern, währten fast drei Jahre.
Die Heimkehr der Mumie im Oktober 1979 nach Kairo glich einem Triumphzug. Ägyptens Staatschef Sadat enthüllte im Museum zu Kairo, im Saal »Krieg und Frieden«, den gläsernen Sarg und ordnete an, daß an der mehr als dreitausend Jahre alten Leiche des Königs eine ewige, vierköpfige militärische Ehrenwache postiert werde.

Zum zweiten Mal hatten Chemiker den großen Pharao, der von 1290 bis 1124 vor Christus regierte, der Nachwelt erhalten. In der Verfassung, die er seinem Lande gab, werden schon Rechte verbürgt, die noch nicht einmal im 20. Jahrhundert nach Christus überall selbstverständlich sind: Recht auf politisches Asyl, Verbot der Folterung von Gefangenen, das Recht von Flüchtlingen auf Rückkehr in ihre Heimat. Vielleicht verdiente solch ein Herrscher, daß man auch seine Mumie mit Ehrenkompanie und Salutschüssen in Paris begrüßte, daß man die steinernen Nachbildungen seines Körpers in Abu Simbel nicht in den Fluten eines Stausees versinken ließ – auch wenn dieser königliche »Umzug« nach der endgültigen Bilanz 130 Millionen Mark kostete...

Buddhas, Dome, Wikingerschiffe

Zu den berühmtesten und zugleich ältesten Tempeln Japans zählt der Yakushiji-Tempel in Nara. In frühen japanischen Schriftrollen wird er schon im Jahre 688 erwähnt. Seitdem wallfahren die Pilger zu diesem Heiligtum, um vor der Statue eines weiblichen Buddha, der »Gakko Bosatsu«, sich der schweigenden und allem Irdischen entrückenden Meditation hinzugeben.
Im Laufe der rund 1300 Jahre »überlebte« Gakko Bosatsu Erdbeben und Brände scheinbar unversehrt, bis sich vor einiger Zeit an der vierzig Zentner schweren Bronzestatue gefährliche Risse und Bruchstellen zeigten, die vor allem den festen Halt des fünf Zentner schweren Kopfes des weiblichen Buddhas in Frage stellten.
In langwieriger und mühevoller Arbeit ersetzten die Restauratoren zunächst den inneren Tonkern der Statue durch eine verschraubte Stützkonstruktion aus rostfreiem Stahl und fixierten dann den Kopf in seiner ursprünglichen Lage auf dem Rumpf. Für die feste Verbindung von Kopf und Rumpf wurden auch in diesem Fall Epoxidharze gewählt, mit denen auch feine Risse an anderen Stellen der Statue geschlossen wurden. Die »nahtlose« Operation, die die Restauratoren an Gakko Bosatsu gewagt hatten, konnte erfolgreich abgeschlossen werden.

Vor einer Reihe von Jahren entdeckten Archäologen in einer der Felshöhlen bei Qumrân, im Nordwesten des Toten Meeres, Schriftrollen aus dem ersten christlichen Jahrhundert. Die beiden Rollen, die aus völlig durchkorrodiertem Kupferblech bestanden, trugen deutlich sichtbare Schriftzeichen hebräischer Herkunft, die man verständlicherweise nur zu gerne hätte enträtseln wollen.
Doch an ein Aufrollen des äußerst brüchigen und sehr druckempfindlichen Materials war nicht zu denken. Die Rollen wären in unzählige winzige Teilchen zerfallen, der Inhalt des Textes für immer unbekannt geblieben. Gerade die geringe mechanische Festigkeit stark korrodierter Metallgegenstände stellte Archäologen und Konservatoren immer wieder vor kaum lösbare Aufgaben.
Professor H. Wright Baker aus Manchester kam auf den Gedanken, die nach außen gekehrte Rückseite der insgesamt rund zweieinhalb Meter langen Rollen mit einem Kunstharz-Bindemittel zu festigen. Dann begann er, mit einer eigens konstruierten Kreissäge die Rollen in Streifen zu zerlegen. Er achtete darauf, die Schnitte sorgfältig, millimetergenau, zwischen den einzelnen Schriftzeichen hindurchzuführen.
So war der fast zweitausend Jahre alte Text zu gut neun Zehntel klar zu lesen. Aus ihm ging hervor, daß in der Gegend von Qumrân – also dort, wo auch die Rollen von den Archäologen gefunden worden waren – ein Schatz von zweihundert Tonnen Gold und Silber vergraben wurde, der damals vor den in das Land eingedrungenen Römern in Sicherheit gebracht werden mußte.
Dieser Schatz wurde zwar bis heute nicht gefunden. Und es nimmt auch nicht wunder, denn Erdbewegungen und Erdbeben machten die alten Ortsangaben unbrauchbar. Vielleicht aber – auch dies ist denkbar – ist er in den seitdem vergangenen zweitausend Jahren längst gehoben worden, ohne daß die »Goldgräber« ihr Geheimnis preisgaben. Doch diese Frage ist sekundär. Noch heute sollen Abenteurer in der Gegend von Qumrân mit Spaten und Suchgeräten auftauchen, um ihr Glück zu machen. Primär bleibt bei diesem Beispiel: Ohne die Möglichkeiten der modernen Werkstoffe der Chemie wären auch diese Schriftrollen nicht »lesbar« geworden.
Es ist das Schicksal vieler Dome und Kathedralen – vor allem in unseren mitteleuropäischen Breiten –, daß die Baugerüste kaum jemals völlig von ihren Fassaden abmontiert werden. Nur eines scheint

sich gewandelt zu haben: Aus den Baugerüsten aus Holz wurden solche aus Stahl oder Leichtmetall. Als schön können weder die einen noch die anderen bezeichnet werden. In ganz besonderem Maße trifft dieses Schicksal auf den Kölner Dom zu, betrug bei ihm doch die reine Bauzeit sechshundertzweiunddreißig Jahre, genauer gesagt von 1248 bis 1880 – wenn man so will: ein Weltrekord im Dauerbau, wie er von keiner anderen Kathedrale auf Erden auch nur annähernd erreicht wurde.

Ein Wunder, daß der Kölner Dom, noch ehe er vollendet war, nicht bereits abgerissen wurde. So verwittert waren schon viele Steine, daß man diese Frage allen Ernstes diskutierte. Der berühmte Baumeister Schinkel stellte am 3. September 1816 in einem Gutachten fest:

»Die Zerstörungen an diesem herrlichen Denkmal haben mich erschreckt und es ist an allen Orten die schleunigste Hilfe notwendig. Seit Jahrhunderten fehlen hierzu die Mittel und die Zerstörung hat überhand genommen. Alle Fugen der Strebebogen rings um den Chor sind ausgewaschen und das Wasser läuft wie durch ein Sieb überall hindurch und verbreitet eine solche allgemeine, nicht zu tilgende Feuchtigkeit, daß alles Gestein, selbst das Metall der Rinnen und der Schiefer auf den Dächern, mit dickem Moos überzogen ist, wodurch das Faulen und Zernagen aller Teile mächtig fortschreitet...«

Seitdem sind über 150 Jahre vergangen, in denen man versuchte, der Zerstörung und Verwitterung der über 50 verschiedenen Gesteinssorten, die am Kölner Dom verwendet wurden, Einhalt zu gebieten. Heute sind es chemische Steinschutzmittel, Produkte auf Silikon- und Kieselesterbasis, die mit Erfolg von den Dombaumeistern eingesetzt werden.

Dombaumeister Dr. Arnold Wolff stellte fest: »Der Stein muß atmen können. Schließt man den Stein wasserdicht ab, besteht die Gefahr, daß sich dahinter das Wasser aus dem Inneren des Bauwerks ansammelt, nach außen drängt und die Schutzschicht abreißt. So behandelte Flächen – mit Sulfaten oder Fluaten, wie sie früher verwendet wurden – sehen in den ersten Jahren gut aus. Doch dann setzt plötzlich ein rascher Verfall ein, und der Schaden ist größer, als wenn man nichts getan hätte. Ein mit Silikon behandelter Stein jedoch wird nicht wasserdicht gemacht, sondern nur wasserabstoßend, ähnlich einem imprägnierten Regenmantel, der ja auch den Regen abperlen, den Wasserdampf von innen aber ungehindert austreten läßt. So bleibt der Stein trocken und die Atmungsaktivität trotzdem voll erhalten.«

Im Zweiten Weltkrieg wurden auch die rund hundert Fialen – kleine, etwa 30 Zentimeter hohe Türmchen, die die Portale des Domes schmückten –, zerstört oder von Souvenirjägern gestohlen. Die Steinmetze der Dombauhütte hatten seitdem wichtigere Renovierungsarbeiten zu erledigen, als die Fialen aus Stein nachzubilden. Auch die Gelder, die zur Verfügung standen, um den Dom am Rhein zu retten, waren natürlich begrenzt.

Eine einzige dieser hundert Fialen aus Stein nachzubilden, hätte über 2500 Mark gekostet. Ein Steinmetz hätte in vierzehn Tagen eine Steinfiale meißeln können und drei Steinmetze hätten volle zwei Jahre arbeiten müssen, um die fehlenden hundert Fialen zu ersetzen. Gesamtkosten: Über eine viertel Million Mark!

Doch Dombaumeister Wolff fand eine Lösung: »Chemie ist für uns noch nie ein Fremdwort gewesen«, sagte er. »Und die Chemie half uns, die an den Portalen fehlenden Schmuckstücke aus einer Mischung von Kunstharz und Mörtel nachzubilden. Gesamtkosten: 6000 Mark. Niemand wird die Kunststoff-Kopien von den einstigen Stein-Originalen unterscheiden können.«

In den vergangenen Jahren gelang es, alte Schiffe mit großem Aufwand zu bergen und mit den modernsten Mitteln der Chemie zu konservieren. Zwei von ihnen zählen heute zu den größten Sehenswürdigkeiten der Welt: die »Hansekogge« aus dem 14. Jahrhundert und die »Wasa« aus dem 17. Jahrhundert.

Der 10. August 1628 war ein großer Tag für Stockholm. Die »Wasa«, das mächtige, nach der königlichen Familie genannte Kriegsschiff, sollte zu seiner ersten Fahrt auslaufen. Es hatte eine Besatzung von 133 Mann, konnte 300 Seesoldaten aufnehmen und verdrängte 1400 Tonnen. Zu seinem Bau waren 16 Hektar Wald geschlagen worden. Seine Bramstange ragte 50 Meter hoch, auf den drei Decks standen 64 bronzene Kanonen, über 1000 geschnitzte und vergoldete Figuren von Helden und Heiligen schmückten das Schiff. Salutschüsse, Jubelgeschrei der Menschen – und plötzlich die Katastrophe: Eine Bö kam auf, Sekunden später war die »Wasa« versunken. Es gab keine Überlebenden.

330 Jahre später wurde die »Wasa« geborgen. Taucher entdeckten sie in einer Tiefe von 33 Metern, fünf Meter unter Schlamm. Es dauerte zwei weitere Jahre, bis man sie gehoben hatte. Zur Konservierung wurde ein eigenes Dock gebaut, in dem das völlig erhaltene Schiff mit Polyäthylenglykol behandelt wurde, damit es nicht zerfiel. Es handelt sich hier um eine mit Wasser mischbare chemische, wachsartige Verbindung, die eine Art von Imprägnierung bewirkt. Zehntausende stehen heute jährlich in einem Museum in Stockholm, um das einzige erhaltene Kriegsschiff des 17. Jahrhunderts zu bewundern.
1962 fand man in Bremen beim Ausbaggern des Hafenbeckens die Reste einer Hansekogge aus dem 14. Jahrhundert. Im Gegensatz zur weitgehend intakten »Wasa« war diese Kogge schon in die einzelnen Planken und Spanten zerfallen. Diese Teile wurden zuerst von Tauchern, später mit Hilfe eines Taucherglockenschiffes geborgen. Der Wiederaufbau dieser Kogge mußte in einer sogenannten Nebelatmosphäre vorgenommen werden, in einer Luft also, die ständig zu 100 Prozent mit Wasserdampf gesättigt war. Etwa 2000 große, kleine und kleinste Einzelteile aus dunklem Eichenholz waren hier zu einem Schiff zusammenzufügen – ein Puzzlespiel, das stellenweise geradezu detektivischen Spürsinn verlangte. Ohne Polyäthylenglykol wäre die Hansekogge »zu Staub zerfallen«. Sie hätte nie zusammengesetzt werden können. Chemie machte den Blick in ein Stück Seefahrtsgeschichte möglich. Ein Besuch im Deutschen Schiffahrtsmuseum in Bremerhaven beweist es. Dort steht die »Hansekogge« noch immer in einer besonderen Konservierungsflüssigkeit, die die Planken allmählich ganz durchtränkt. Ein Jahr vielleicht noch, dann kann sie für immer frei aufgestellt werden.

Wenn »Vandalen« wüten

Rijksmuseum Amsterdam, 14. September 1975: Ein Mann stürzt auf Rembrandts berühmtes Gemälde »Die Nachtwache« zu. Vor den Augen der entsetzten Museumsaufseher sticht er mit einem gezahnten Messer wild auf das Meisterwerk ein. Ergebnis: Dreizehn große Schnitte klaffen im unteren Drittel des Bildes. Der offenbar geistesgestörte Mann, ein arbeitsloser Lehrer, kann dem Museumspersonal, das ihn überwältigt, gerade noch zurufen: »Christus hat mich gesandt!«

Rembrandts »Nachtwache« hatte bis zu diesem Tag bereits eine sehr bewegte Geschichte hinter sich. Schon im 19. Jahrhundert wurde sie von Messerstichen schwer beschädigt. Als man das Bild im 18. Jahrhundert vom Schützen- ins Rathaus umhängen wollte, reichte die Wandfläche für das 488 × 356 Zentimeter große Gemälde nicht mehr aus. Man suchte nach einer Lösung und fand auch eine – eine Lösung allerdings, die jedem Kunstliebhaber die Haare zu Berge stehen läßt: Am linken Bildrand schnitt man schlicht drei Personen ab; das Bild paßte nun an die Wand, und die Stadtväter waren zufrieden.

Die Restaurierung der »Nachtwache« dauerte über sieben Monate. So lange waren die sechs Restauratoren des Amsterdamer Rijksmuseums unter Leitung von Luitsen Kuiper mit der schwierigen Arbeit beschäftigt, die in der Galerie vor den Augen der Museumsbesucher durchgeführt wurde.

Zuerst mußte die Malschicht sorgfältig gesichert werden. Dazu legte man sehr dünnes, lichtabsorbierendes Papier, sogenanntes Japanpapier, auf die Bildoberfläche. Das Papier sollte die eventuell losen Farbpartikel auffangen, bevor man das Bild umdrehte und mit der Malfläche nach unten auf eine Filz- und Korkunterlage legte. Um von der Rückseite des Bildes zu den Messerschnitten vorzudringen, um sie zu »flicken«, mußte erst die zweite Haut des Gemäldes entfernt werden, da die Schnitte durch beide Leinwände gingen. Durch Abschaben und mit Hilfe von Xylol, einem viel benutzten Lösungsmittel, erfolgte dieser schwierige Arbeitsvorgang. Dann wurden die Schnitte mit Hunderten von Fäden »genäht« und die aufgeschlitzten Partien mit einem Epoxidharz-Kleber verschlossen. Eine neue Trägerleinwand mußte anschließend mit einem Wachs-Kolophonium-Kleber aufgebracht werden. Er hat den Vorzug, nicht nur elastisch zu sein, sondern auch eine gute Klebefähigkeit zu besitzen und das Kunstwerk überdies vor der so gefährlichen Feuchtigkeit zu schützen.

Nun erst konnte der Chefrestaurator Luitsen Kuiper mit den Retu-

schen beginnen, die grundsätzlich nur bei Tageslicht mit etwa gleicher Frequenz ausgeführt wurden, da künstliches Licht die Farbwerte verfälschen würde. Nach dem Neufirnissen der »Nachtwache« wurde das Gemälde in ein gläsernes Kabinett gebracht, in dem die konstante Temperatur 18 bis 19 Grad Celsius betrug. Der Durchhärtungsprozeß dauerte noch zwölf Monate, erst dann stand endgültig fest: Die Restaurierung der »Nachtwache« war gelungen.
Zu den aufsehenerregendsten Attentaten Geisteskranker auf Gemälde zählte auch die Beschädigung von Rubens »Höllensturz« am 26. Februar 1959 in der Alten Pinakothek in München durch ein Abbeizmittel, das große Flächen der Malschicht bis auf den Bildträger zerstörte. Die Schäden konnten, da ein umfangreiches technologisches Dokumentationsmaterial vorlag, so ausgebessert werden, daß der Eingriff heute nicht mehr erkannt werden kann.
Am 4. November 1966 wurde Florenz von einer gewaltigen Flutwelle des Arno überschwemmt. Das schlammige, ölige Wasser drang in Museen und Kirchen, wo es bis zu einer Höhe von vier Metern anstieg. Viele Kunstwerke sind dabei vernichtet worden, vieles konnte aber inzwischen dank internationaler Hilfe und moderner chemischer Restaurierungstechniken wiederhergestellt werden. Als Maßnahme der »Ersten Hilfe« wurden die sich beim Rückgang der Fluten lösenden Malschichten mit Acrylharzlösungen und Japanpapier gesichert. Zur Verhütung der Bildung von Schimmelpilzen wurden alle Gemälde mit Nystatin – einem Antibiotikum – besprüht.
Am 21. Mai 1972, einem Pfingstsonntag, attackierte ein offenbar geistesgestörter Australier im Petersdom zu Rom Michelangelos weltberühmte »Pietà« mit Hammerschlägen und beschädigte sie schwer. Bei dieser 1,75 Meter hohen Marmorgruppe, die von 1498 bis 1500 entstand, handelt es sich um die einzige, echt signierte Marmorplastik des Meisters. Niemand rechnete jemals damit, daß im Petersdom ein solcher Akt des Vandalismus möglich sein könnte. Angst um das Meisterwerk hatte man einige Jahre früher, als die »Pietà« die Reise über den Ozean antrat, um in New York ausgestellt zu werden.
Ein Team von Spezialisten war damals aufgeboten worden, um einen Transportbehälter zu entwickeln, der absolute Sicherheit vor Schäden geben konnte. Er bestand aus einer inneren Holzkiste, die

mit 10 Zentimeter dicken Polystyrolschaumplatten ausgekleidet war. Der Raum zwischen der Skulptur und den Kistenwänden wurde mit losen Polystyrolschaumkugeln gefüllt. Die innere Kiste wurde in eine größere Kiste gepackt und der Zwischenraum mit 10 bis 20 Zentimeter starken Polystyrolschaumplatten ausgekleidet. Diese Verpackung garantierte nicht nur sicheren Schutz gegen Stoß- und Fallschäden, sondern auch die Unsinkbarkeit im Falle eines Schiffsunglücks. Die Kiste mit der »Pietà« stand während des Transports auf dem Deck des Schiffes und war durch besondere Haltevorrichtungen abgesichert. Sie hätten sich automatisch geöffnet, wenn die Kiste fünf Meter unter Wasser gekommen wäre.
Unversehrt überstand die »Pietà« die Reise von Rom nach New York und zurück. Die Nachricht über den vandalischen Akt 1972 im Petersdom erschütterte nicht nur die Römer und die Katholiken. Die bange Frage, ob es gelingen werde, eines der größten Werke abendländischer Kunst zu restaurieren, wurde überall in der Welt gestellt.
Ein Jahr lang blieb die Seitenkapelle des Petersdoms, in der die Pietà Jahrhunderte gestanden hatte, leer. Ein Jahr lang arbeiteten die Restauratoren, um die Schäden zu beheben: Marias Nase war zertrümmert, ihr linker Arm abgeschlagen, zahllose kleinere Narben und Furchen hatten die Hammerschläge des Vandalen hinterlassen. Die Restauratoren stellten in der Abgeschlossenheit ihrer vatikanischen Werkstätten Abformungen der beschädigten Teile her, arbeiteten mit Silikonkautschuk und Latex-Konzentraten und anderen chemischen Werkstoffen und retteten Michelangelos Marmorgruppe in die Zukunft hinein. Nicht die Spur einer Narbe blieb an der »Pietà« zurück.
1977 wurde in den Staatlichen Museen in Berlin-Dahlem die Ausstellung »Kunst + Chemie – das Unersetzliche bewahren« gezeigt. Eine Abformung der »Pietà« und die Demonstration ihrer »chemischen Rettung« in dokumentarischen Fotos bildeten den Mittelpunkt.
So verschieden auch die Materialien von Kunstwerken sein mögen – Stein oder Holz, Leder oder Glas, Papier oder Textilien, Keramik oder Elfenbein, Metalle oder Mosaiken – viele von ihnen wären der Zerstörung anheimgefallen ohne die Möglichkeiten, die die Werkstoffe der Chemie den Restauratoren, die Künstler, Wissenschaftler

und Handwerker in einer Person sind, an die Hand geben können. Der Bogen ist weit gespannt: von den Felsentempeln zu Abu Simbel bis zur Wiederherstellung alter Fachwerkhäuser, von Höhlenmalereien bis zur bruchsicheren Transportkiste für alte griechische Vasen, von römischen Aquädukten bei Nîmes oder Segovia bis zur modernen Plastik eines Henry Moore, »Bogenschütze« genannt, vor der Nationalgalerie in Berlin.

11

Der Stoff, der unser Leben verändert

Weltrekorde,
Supermärkte,
Freizeitspaß

Im Stadion von St. Louis in den USA war die Hölle los. Wildfremde Menschen umarmten sich, jubelten dem einsamen Mann zu, der unten auf der scharlachroten Kunststoffbahn stand, die Arme hoch in den Himmel gereckt, regungslos, fast eine Statue. Auf der elektronischen Anzeigetafel leuchtete:
»Bob Hayes 100 Yards 9,1 Sekunden«.
Langsam kam Bewegung in den Körper des gazellenhaften Schwarzen. Dann begann Bob Hayes seine Ehrenrunde zu laufen, eine Hand hoch erhoben, der andere Arm bewegte sich im Laufrhythmus vor und zurück. Nie zuvor war ein Mensch schneller gelaufen. Ein Weltrekord wurde gefeiert. So lief er, der Modell-Athlet, nun zum Idol der Massen geworden, über die scharlachrote Kunststoffbahn. Ein Traum schien greifbar nahe: ein Athlet, der die 9 Sekunden als erster unterbieten würde. Wer würde es sein? Und wann? Ein Mann stand auf dem Siegerpodest im Stadion von St. Louis. Aber hinter ihm, unsichtbar, stand die Chemie. Genauer gesagt: die Kunststoff-Chemie. Fast dreißig Jahre konnte der Rekord nicht unterboten werden, den der Amerikaner Jesse Owens bei den Olympischen Spielen 1936 in Berlin mit 10,2 Sekunden über 100 Meter aufgestellt hatte. Erst als es Kunststoffbahnen gab, wurde die Traumzahl von 10,0 Sekunden erreicht. Die Kunststoffbahnen wurden verbessert – und Sprinter unterboten die Traumgrenze von 10,0 Sekunden. Die Kunststoffbahnen wurden weiter verbessert – und Bob Hayes streifte die 9,0 Sekunden für 100 Yards nur um einen Atemzug. Mediziner glauben zu wissen, daß der Mensch, der Sprinter, an seiner äußersten Grenze angelangt ist. Auch sein Rekord – ein Triumph der Chemie. Die scharlachrote Bahn leuchtete. Doch im Scheinwerferlicht stand nur Bob Hayes. Es wäre ungerecht, die Leistung von Bob Hayes zu unterschätzen. Auch auf einer Kunststoffbahn erreicht nur der Beste Rekorde.
Ein anderes Beispiel: Sommer 1972. Entscheidung im Stabhochsprung im Olympiastadion zu München. Auf 5,62 Meter liegt die Latte. Der Amerikaner Bob Seagran katapultiert sich über diese Höhe – die Höhe eines normalen Einfamilienhauses. Der Glasfiberstab aus Kunststoff hat es möglich gemacht. Auf einer Pressekonferenz sagte der Sieger: »Mit dem Glasfiberstab erreichen wir bald die 6 Meter. Es fehlen nur noch 20 Zentimeter bis zu dieser Traumgrenze.«

Keine andere Sportart wie der Stabhochsprung zeigt deutlicher den Zusammenhang zwischen Technologie und Rekord. Die Bambusstäbe, seit Anfang des Jahrhunderts üblich, ermöglichten Sprünge bis zu 4,50 Meter. Eine neue Ära brach an, als 1961 die hochelastischen Sprungstäbe aus Glasfiber Einzug in die Arenen hielten. 1963 übersprang der Amerikaner Bob Sternberg damit als erster fünf Meter – damals eine Traumgrenze. Doch kein Jahr ohne neuen Rekord, weil Chemiker Jahr für Jahr bessere Glasfiberstangen entwickelten. Sie verbesserten vor allem den Härtegrad, ohne die Elastizität des Kunststoff-Materials zu beeinträchtigen. Wer einmal in einem Stadion oder vor dem Fernsehschirm Stabhochsprung miterlebte, fragte sich sicher, was er mehr bewundern sollte: die Elastizität dieser Stäbe, die so gebogen waren, daß man fürchtete, sie müßten zerbrechen – oder die Artistik und den Mut der Springer, die fast im Handstand, Kopf nach unten, die schwindelnden Höhen bewältigten.
Der Glasfiberstab machte innerhalb von zwei Jahren Leistungssteigerungen möglich, für die zuvor 24 Jahre notwendig gewesen waren.
Aus Kunststoff ist auch der sechs mal sechs Meter große Berg, der die Springer, die aus solchen Höhen wie Geschosse herabfallen, auffängt. Für Sekunden scheinen sie in diesem »Berg« unterzutauchen. Unter einem solchen Sprungberg verdeckt sich, zusammengehalten durch eine Plane, ein Haufen von Schnitzeln aus weichem Polyurethanschaum. Die Sportler selbst, ihre Betreuer, Ärzte und Wissenschaftler, sind sich einig: Wir wären mit den Rekorden in vielen sportlichen Disziplinen längst am Ende, wenn Geräte, Laufbahnen, Schuhe und vieles andere nicht immer wieder verbessert würden. Kunststoffe spielen hier eine entscheidende Rolle.
Auf der Jagd nach immer neuen Rekorden helfen sie, die Barrieren der körperlichen Leistungsfähigkeit zu überwinden. Aber noch mehr: Sie bieten auch Schutz und Sicherheit vor Verletzungen. Auf Slalompisten zum Beispiel – die Skier sind heute ohnedies vorwiegend aus Kunststoff – stehen keine splitternden, bei Stürzen gefährlichen Holzstangen mehr. Statt dessen kollidieren die Pistenkünstler mit elastischen, also harmlosen Slalomstangen aus Polyäthylen. Die Knöchel stecken in individuell mit Schaumstoff ausgespritzten Skistiefeln.

Kunststoff entscheidet auch über Sekunden auf den großen Rennpisten der Grand-Prix-Fahrer: Nürburgring, Le Mans, Monza, Indianapolis. Überall wird nach der Formel »Sport und Technik« gefahren. Platz 1 oder 2 oder 3 bei einer Renndistanz von 400 oder 500 Kilometer? Ein paar Gramm Gewicht mehr oder weniger können darüber entscheiden. So werden die Boliden immer leichter: Karosserien aus Kunststoff, Motorteile aus Kunststoff. Und noch viel Wichtigeres: Sicherheitstanks und feuerfeste Pilotenanzüge. Kunststoffe haben das Leben vieler Grand-Prix-Fahrer gerettet. Die Toten, die es gab, klagen anderes an: Rabaukenfahrer, die kein Fair Play kennen, Pannen im System der Streckensicherung.

Ein drittes Beispiel: 1970 startete Rollo Gebhard mit seiner 7,30 Meter langen Yacht »Solveig 3«, gebaut aus mit Glasfasern verstärktem Kunststoff, zu einer wagemutigen Weltumseglung. Viele hielten ihn für einen sicheren Todeskandidaten. Allen Unkenrufen zum Trotz kehrte er nach 20 Monaten in den Heimathafen Hamburg zurück. Die Schiffe begrüßten ihn mit ihrem Sirenen-Song. 20 Monate Salzwasser, Tropensonne – und keine Pflege des Bootskörpers. Leguval hatte alles überstanden. Es gab weder Verrottung noch Austrocknung noch Wurmfraß – wie bei anderen herkömmlichen Segelyachten.

Der alte Satz: »Kleider machen Leute« muß bei Rennrodlern, Bobfahrern, Skispringern, Slalom- und Abfahrtsspezialisten umformuliert werden. Hier heißt es: »Kleider machen Siege«. Rekorde auf Eis und Schnee sind ohne Technik nicht mehr möglich. Lackanzüge, kunststoffbeschichtete Skier oder beheizbare Schuhe bringen Bruchteile von Zehntelsekunden, die über Gold oder Niederlage entscheiden.

Wer einmal Rennrodler auf dem Bildschirm oder vom Rande einer Bahn aus sah, mochte vielleicht an Wesen aus einer anderen Welt denken: Der Anzug aus lackglänzendem Plastik schnürt den Körper ein wie eine Wurstpelle. Dort, wo man den Kopf vermutet, verbirgt ein Kunststoffhelm mit getöntem Vollvisier das Gesicht. Gummischuhe, die wie Taucherflossen aussehen, schützen die Füße. Ihr Gerät, mit dem sie in extremer Rückenlage durch die Hochgeschwindigkeitsröhren jagen, die man Eiskanäle nennt – mit Spitzengeschwindigkeiten von über 100 km/h –, erinnert nur noch entfernt an einen Schlitten.

Welche Blüten der technische Perfektionismus trieb, war bei den Olympischen Spielen 1976 in Innsbruck zu beobachten. Da gingen zum Beispiel die Skispringer mit Handschuhen wie Schwimmflossen auf die Schanze, eingezwängt in Lackanzüge, die vorne die Luft hinein-, sie aber hinten nicht wieder herausließen. Mit den »Fischhäuten« und der »aerodynamischen Beule« auf dem Rücken wollten sie noch weiter springen. Viele Stürze der Sportler führten zum Verbot dieser technischen Auswüchse.
Auch die Lackanzüge der Abfahrtsläufer, diese maßgeschneiderten, glänzenden Einteiler, führten zu um wenige hundertstel Sekunden schnelleren Zeiten. Und die hautengen Anzüge der Eisschnelläufer mit angenähter Kapuze lassen kein Härchen flattern – es könnte eine hundertstel Sekunde an Zeit kosten. In Windkanälen werden Anzüge und Material getestet. Kurz vor den Olympischen Winterspielen in Lake Placid 1980 stellte Sepp Wildgruber aus Oberaudorf im Windkanal bei Mercedes einen »Weltrekord« auf: Er blieb selbst bei einer Geschwindigkeit von 225 km/h noch in der Hocke.

Die Supermärkte – ein gefährliches Paradies?

Es war ein Wettbewerb, der etwas traurig stimmte: Eine Zeitung suchte den schönsten und gemütlichsten »Tante-Emma-Laden«. Jene aussterbende Kategorie von Läden, in denen man noch bedient wird, beraten wird, etwas klatschen und tratschen kann. Auf manchen Ladenschildern stehen noch Worte wie: Kolonialwaren – Einzelhandelsgeschäft. Einige wenige Jahre noch – und es gibt keine Tante-Emma-Läden mehr. Aber vielleicht gibt es dann einen Schlager auf der Nostalgie-Welle mit dem Titel: »Als wir noch bei Tante Emma kauften...«
Die Gegenwart gehört den Supermärkten, und die Zukunft wird ihnen noch mehr gehören. Menschengewimmel, versteckte Fernsehschirme auf der Suche nach Ladendieben, Tiefkühlkost in Alufolie, Käse, Wurst, Lachs in Kunststoff-Klarsichtpackungen, Kaffee in aromadichter Schachtel, man bedient sich, man schiebt den Wagen vor sich her, die Registrierkassen klingeln wie Automaten.

Massenkonsum, Massengesellschaft. Stoßzeit am Freitag und Sonnabend; denn immer mehr Hausfrauen kaufen an diesen beiden Tagen für die ganze Woche ein. Chemie im Supermarkt und Chemie zu Hause machten es möglich.
Zur Zeit bestehen etwa ein Drittel der für Lebensmittel benötigten Packmittel aus Kunststoff. Vor 20 Jahren zum Beispiel mußten viele Hausfrauen noch mit der Kanne zum Milchmann an die nächste Straßenecke laufen oder die Pfandflaschen hin- und herschleppen. Oft war die unzureichend verpackte Milch, besonders in den Sommermonaten, verdorben. Deshalb war das Angebot der Molkereiprodukte auch entsprechend dürftig. Erst als geeignete Verpackungen zur Verfügung standen, konnten sich diese empfindlichen, eiweißreichen Nahrungsmittel stärker durchsetzen. Aus dem Kunststoff Polyäthylen waren diese Folienschläuche und Flaschen, in denen die Milch abgefüllt wurde. Selbst Kartonverpackungen werden durch eine Innenbeschichtung aus Polyäthylen abgedichtet.
Yoghurt, Sahne, Quark, Speiseeis, Desserts und zahlreiche andere Milchprodukte werden in tischfertigen Portionen angeboten in Bechern oder Behältern, die aus steifem, glasklaren oder eingefärbten Kunststoff Polystyrol bestehen. Produkte mit einem Fettgehalt von mehr als 10 Prozent wie Butter, Margarine, Öle, Fette, Mayonnaisen, Marinaden sind sauerstoff-empfindliche Lebensmittel. Ihre Verpackung besteht aus PVC, das wegen seiner hohen Dichtigkeit diese Produkte zuverlässig vor Verderb schützt.
Frischfleisch muß in Polyäthylen-Folien verpackt werden. Die rote Farbe des Fleisches bleibt nur bei Anwesenheit von Sauerstoff erhalten. Da diese Folie Sauerstoff durchdringen läßt, ist sie für Frischfleisch ideal. Für Käse dagegen, der vor Sauerstoff geschützt werden muß, um nicht zu verderben, wäre eine solche Folie völlig ungeeignet, ja gefährlich.
Paradies Supermarkt? Auf den äußeren Glanz fallen einige Schatten. Im Widerstreit der Meinungen steht vor allem der Kunststoff PVC. So stellte das Bundesgesundheitsamt in Berlin fest: »Eine gesundheitliche Gefährdung des Verbrauchers durch Lebensmittelverpackungen, die aus dem Kunststoff PVC hergestellt sind, ist nach dem augenblicklichen Stand der wissenschaftlichen Erkenntnis nicht zu befürchten.« Die amerikanische Behörde für die Lebensmittelüberwachung jedoch erklärte: »Eine Gesundheitsgefahr

durch den Genuß von Lebens- und Genußmitteln, die in PVC-Behältern verpackt gewesen sind, ist nach dem gegenwärtigen Wissensstand nicht auszuschließen.«
Zwei Gutachten, zwei Meinungen. Beide Ämter sprechen im Namen der Wissenschaft, beziehen sich auf den derzeitigen Stand der Erkenntnis – und kommen dennoch zu entgegengesetzten Schlußfolgerungen.
Tatsache ist, daß es in den USA und auch in der Bundesrepublik bei einigen wenigen von vielen tausend Arbeitern, die mit der Herstellung des Grundstoffs Vinylchlorid – VC – beschäftigt waren, zu Erkrankungen, darunter auch zu einer sehr seltenen Art von Leberkrebs, gekommen ist, und daß einige von diesen Leuten daran gestorben sind. Man ging der zunächst rätselhaft erscheinenden Ursache nach und fand heraus, daß die Arbeiter gasförmiges VC eingeatmet hatten. Seit in den Vinylchloridproduktionen in aller Welt entsprechende Sicherheitsvorkehrungen ergriffen wurden, sind keine derartigen Erkrankungen mehr bekannt geworden. Der inzwischen verstorbene Hauptgeschäftsführer der Berufsgenossenschaft der Chemischen Industrie, Dr. Paul Versen, sagte schon 1977 in einem Interview zu diesem Thema:
»... bei der vor wenigen Jahren bekannt gewordenen Vinylchlorid-Krankheit hat sich gezeigt, daß schnelle und entschlossene Maßnahmen solche Gefahren kurzfristig bannen können – so bedauerlich auch jeder einzelne Fall selbstverständlich ist.«
Der Verbraucher darf darauf vertrauen, daß das Bundesgesundheitsamt sehr sorgfältig ermittelt hat, ehe es feststellte: Der Stoff VC kann nicht aus dem daraus hergestellten PVC in Lebensmittel geraten und auf diese Weise den Verbraucher gefährden. Der Kunststoffkommission des Bundesgesundheitsamtes ist jedenfalls in den letzten 15 Jahren kein einziger Fall bekannt geworden, in dem Kunststoffverpackungen, gleich aus welchem Material, die Ursache von Krankheit, insbesondere Krebs, oder gar Todesfällen gewesen wären.

Das Geheimnis der weinenden Bäume

Es ist der Alptraum aller Autofahrer: Man fährt auf der Autobahn. Voll guter Laune in den Urlaub. Nachdenklich zu einer schwierigen Verhandlung. Normale Straßenverhältnisse. Kein Regen, also keine Gefahr von Aquaplaning. Kein Nebel, also gute Sicht. Kein Risiko 130 – oder auch mehr – zu fahren. Und dann plötzlich ein Gedanke: hoffentlich keine Reifenpanne bei dieser Geschwindigkeit.

Leben und überleben – millionenfach hängt es heute von der einen Frage ab: Wie sicher sind unsere Reifen? Stahlgürtelreifen, Textilgürtelreifen, Winterreifen, M&S-Reifen? Die Unfallstatistik beweist, daß Reifen-Katastrophen verhältnismäßig selten sind. Dennoch: So beruhigt wie der Engländer Richard Thompson, der vor 150 Jahren als erster einen aufgeblasenen Leinen- und Gummischlauch auf die Räder seines Reisewagens, von 2 Pferdestärken gezogen, aufsetzte und auch noch ein Patent für diese »Elastikriemen«, wie er sie nannte, erhielt, kann man im Zeitalter der Massen-Motorisierung nicht mehr sein.

Als die Europäer Amerika entdeckt hatten, sahen sie in den brasilianischen Urwäldern jene seltsamen Bäume zum ersten Mal, aus denen die Maina-Indianer einen milchigen Saft gewannen. »Chaa-o-chu« sagten die Indianer. »Chaa« bedeutet Holz und »o-chu« weinen oder fließen. Die Europäer machten den Namen Kautschuk daraus. Sie sahen, daß die Indianer Stoffe mit dem Saft bestrichen, um sie wasserdicht zu machen. Sie gossen den Saft auf Tonformen und stellten so eine Art primitives Gummiboot her. Sie verbrannten ihn, um die Götter zu bewegen, Regen zu senden. Ein englischer Chemiker empfahl seinen Ingenieuren, Kautschuk anstelle von Brotkrumen zum Radieren zu verwenden und gab ihm den Namen »Rubber«-Gummi. Ein Schotte, MacIntosh, machte aus Kautschuk 1823 die ersten Regenmäntel. Er schmierte die von ihm gefundene Kautschuklösung auf ein Tuch und preßte ein zweites darauf. Aber bei Kälte wurden diese Regenmäntel steif, bei Wärme stanken sie entsetzlich. Erst dem Amerikaner Charles Goodyear gelang es 1839, aus dem stinkenden Naturstoff ein technisch brauchbares Produkt zu machen, indem er Kautschukbrei mit Schwefel verkochte. Aus Kautschuk wurde echter elastischer Gummi.

Nun ahnten alle, was Kautschuk für eine Rolle spielen konnte. Die cleveren Engländer stifteten einen Abenteurer, Henry Wickham, dazu an, Samen der Hevea-Bäume aus Brasilien herauszuschmuggeln. Die Ausfuhr war bei Todesstrafe verboten. Henry Wickham hatte Glück. Riesige Kautschuk-Plantagen entstanden in Malaysia. Der Schmuggler wurde für seine Verdienste um das englische Königsreich geadelt.

Das Zeitalter des Autos war angebrochen – doch das Auto hatte nur Zukunft, wenn es gelang, das Reifenproblem zu lösen. Und das Reifenproblem war nur dann zu lösen, wenn man nicht den sündhaft teuren Preis der Kautschuk-Könige, die den Markt des Natur-Kautschuks beherrschten, bezahlen mußte. Die Alternative war klar: Man mußte synthetischen Kautschuk gewinnen. Die Chemiker Europas und Amerikas machten sich an die Arbeit. Einer von ihnen: Dr. Fritz Hofmann. Methylkautschuk nannte er sein synthetisches Produkt. Die Continentalwerke Hannover fabrizierten solche Reifen. 1912 fuhr Kaiser Wilhelm in seinem Mercedes zum ersten Mal mit vollsynthetischen Reifen. Alles nur ein Anfang. Der Gummi rieb sich zu schnell ab, er zeigte zu schnell Alterserscheinungen, wurde brüchig. Die Lebensdauer eines Pkw-Reifens betrug bestenfalls 5000 bis 8000 Kilometer, obwohl die Geschwindigkeiten noch ziemlich niedrig lagen.

Zahllose Forscher haben in mehr als 60 Jahren an einer der abenteuerlichsten Geschichten der modernen Chemie mitgewirkt – auf dem langen Weg vom bewunderten »Chaa-o-chu« der Maina-Indianer zum Hochgeschwindigkeitsreifen von heute. Die wildwachsenden Hevea-Bäume sind fast vergessen. Lediglich der Saft des Baumes »sapota achras« wird in Mittelamerika noch gesammelt. Er heißt »Chicle« – und auch mit ihm werden Millionen verdient: von den Kaugummi-Fabriken!

Heute werden in der Welt jährlich rund acht Millionen Tonnen Synthesekautschuk produziert, der Anteil des Naturkautschuks beläuft sich auf etwa 3,5 Millionen Tonnen. Wegen bestimmter Eigenschaften ist der völlige Ersatz des Naturkautschuks durch Synthesekautschuk noch nicht möglich. Aber in vielen Bereichen ergänzen sich »Naturprodukt« und »Kunstprodukt« in idealer Weise. Dennoch steht gerade diese Klasse der Chemiewerkstoffe in ständiger technischer und preislicher Auseinandersetzung mit dem Naturprodukt. Drastische Entwicklungen auf dem Sektor der Rohstoffbasis – die Ölkrise zum Beispiel – bedeuten für die chemische Forschung: jene speziellen Eigenschaften des Syntheseprodukts besonders weiter zu entwickeln, von denen man weiß, daß das Naturprodukt sie nicht erfüllen kann.

Ein Beispiel: Überall in der Welt arbeiten Konstrukteure an Automotoren, die sparsamer im Benzinverbrauch sind. Man weiß, daß solche Motoren künftig höhere Temperaturen aufweisen werden als die bisherigen. Nun spielte schon bis jetzt Synthesekautschuk eine wichtige Rolle – bei Zylinderkopfdichtungen etwa oder rotierenden Wellen, bei Keilriemen, Motor- und Getriebelagern. Das Naturprodukt Kautschuk war schon bisher in diesen Bereichen dem synthetischen Kautschuk unterlegen. Nun gilt es, den »Nitrilkautschuk« – eine der vielen modifizierten Arten von Synthesekautschuk – auf chemischem Weg für die höheren Motortemperaturen »einzustellen«.

Synthesekautschuk im Herzen des Autos – im Motor. Aber Synthesekautschuk auch im Herzen des Menschen, dem Motor des Lebens? Überall in der Welt ersetzen die Chirurgen operativ verbrauchte Herzklappen durch künstliche, die aus Synthesekautschuk bestehen. Sie funktionieren, es gibt keine Abstoßungsgefahren, sie ermöglichen Verlängerung des Lebens. Und die Operation selber ist heute für Herzchirurgen und für Patienten ein Eingriff, bei dem die Chancen für den Gewinn – des Lebens – bei 99:1 stehen.

Vom Herzen des Menschen zum Mond: Das merkwürdige Auto, mit dem die Astronauten von Apollo 14 ihre Exkursionen auf dem Erdtrabanten durchführten, fuhr auf Reifen aus Isopren-Kautschuk. Und Schlauchboote. Ihre Kunststoffhaut ist mit Kautschuk beschichtet. Viele Menschen in Seenot verdanken ihnen ihr Leben. Dämme werden mit Synthesekautschuk beschichtet, um sie widerstandsfähiger gegen Sturmfluten zu machen, aber auch Sohlen und Absätze der elegantesten Damenschuhe sind aus ihm gemacht. Nichts zeigt deutlicher die Spannweite von Elastizität und unvorstellbarer Härte. Das Geheimnis liegt in der Mischung. Der Chemiker spricht von »Zuschlagstoffen«. Noch 1950 waren es nur etwa 2000, heute sind es 17000 – und jährlich werden etwa 500 neue Zuschlagstoffe entwickelt.

In den modischen Damen-Badekappen ist ebenso Kautschuk wie in

modernen Straßenbelägen, in der Taucherausrüstung wie im Tennisschuh, in Stoßdämpfern wie im Unterbau der Eisenbahnschienen, auf denen Züge mit 200 Stundenkilometer dahinbrausen.
Mit dem Geheimnis der »weinenden Bäume« begann es. Latex, ihr rätselhafter milchiger Saft, wurde in seiner inneren Substanz entschleiert, auf chemischem Weg hergestellt. Nun aber – und dies ist fast ein Wunder, kehrt er auf anderen Wegen zur Natur zurück. Eine Mischung aus Öl und künstlichem Latex macht Erde wieder fruchtbar. Wüstensand und Abraumhalden, Sanddünen und verkarstete Regionen werden mit diesem Gemisch besprüht. Die Erde festigt sich langsam. Grassamen geht wieder auf, Büsche und Pflanzen finden mit ihren Wurzeln neuen Halt, wachsen, grünen, tragen Früchte. Wo Raubbau des Menschen Natur zerstörte, kehrt nun auf einem seltsamen Umweg Natur wieder zurück.

Ein Auto, nur für das Museum gebaut

Das Auto, das seit gut einem Jahr im Deutschen Museum zu München, in der Abteilung »Technische Chemie«, zu bewundern ist, ist ein merkwürdiges Gefährt. Es hat keinen Namen, fuhr nicht einen einzigen Kilometer und wird auch nie einen fahren. Es ist eine Kombination aller in Westeuropa gebauten Typen, eine Art »Europäisches Gemeinschaftsauto« also. Ein bißchen Mercedes und Fiat, Opel und Renault, Ford und Volvo, BMW und VW, Rover und Peugeot, Audi und Lancia, Porsche und Alfa Romeo.
Dieses zusammengesetzte Auto soll ein Demonstrationsobjekt sein und zeigen, welche Rolle Kunststoff beim Autobau von heute spielt. Autos, die den heutigen Sicherheitsvorschriften entsprechen, wären gar nicht möglich, gäbe es den Kunststoff nicht. Mit Armaturenbrettern und Pralltöpfen aus Polyurethanschäumen werden, um ein Beispiel zu nennen, Hirnverletzungen vermieden – bis zu einer Kopfaufprallgeschwindigkeit von 24,1 km/h, wie es der Gesetzgeber vorschreibt.
Der Austausch der stählernen Stoßstange von einst gegen eine flexible Stoßstange, die in das Fahrzeug integriert ist, erhöht die Sicher-

heit der Insassen und vermindert die Verletzungsgefahr. Die sogenannten »soft-ends«, das heißt weiche Front- und Heckteile, ersparen kostspielige Sachschäden bei Bagatellunfällen. Ein bleistiftstarker Kunststoffsplint in der Lenksäule kann zum Lebensretter werden. Wenn der Fahrer bei einem Unfall auf das Lenkrad prallt, bricht dieser Stift und die Sicherheitslenksäule kann sich zusammenschieben wie ein Fotostativ.
Wenn sich das Isoliermaterial der Autoelektrik nicht nach einiger Zeit auflöst, wenn wichtige Konstruktionselemente nicht zu Rost zerfallen, wenn Lager nicht mehr heißlaufen, obwohl sie nie jemand geschmiert hat, so bedeutet auch dies Sicherheit durch Werkstoffe.
Werkstoffe machen auch die Verbindung von Sicherheit mit Komfort möglich. Ein schlecht sitzender, übermüdeter Autolenker mit Rückenschmerzen stellt eine Gefahr für sich und andere dar. Bequeme Vollschaumsitze auf der Basis des weichen Polyurethan-Schaumsystems wurden weiterentwickelt. Heute können in einem einzigen Arbeitsgang aus demselben Material Sitze mit örtlich verschiedenen Eindruckhärten hergestellt werden. Selbst der Kraftstofftank aus Kunststoff hat die strengen Prüfungen längst bestanden.
In einem Pkw normaler Bauart und Größe werden heute 750 bis 1000 verschiedene Teile aus Kunststoff, vom kleinsten Clip bis zum Heizungsgehäuse und Luftfilter, eingebaut. Kein Wunder also, daß sich der Kunststoffanteil im Auto von zehn Kilogramm Mitte der 50er Jahre auf heute rund 80 Kilogramm erhöht hat. Die Einsatzbreite reicht von etwa 40 Kilogramm bei kleineren Modellen bis nahe an 100 Kilogramm bei Fahrzeugen der gehobenen Gewichts- und Preisklassen.
Natürlich sind die Kunststoffe nicht die einzige Chemie am Auto: in den Reifen steckt Synthesekautschuk, in und auf der Grundierung Lack. Antidröhnmassen und Unterbodenschutz stammen von der Chemie, genauso wie der Sicherheitsgurt und die glasklare, elastisch-zähe Zwischenfolie, die ein Mehrschichtenglas so besonders sicher macht.
Was bringt nun dieser viele Kunststoff? Vor allem einmal Gewichtsersparnis, die sich natürlich beim Kraftstoffverbrauch mit etwa 1 Liter pro 100 Kilometer bemerkbar macht. Zum anderen: Kunststoffe rosten und korrodieren nicht. Sie sind leicht zu pflegen

und, wenn das richtige Material an der richtigen Stelle eingesetzt wird, praktisch unverwüstlich.
Die Anwendungen von Kunststoffen im Auto sind noch lange nicht erschöpft. Man kann davon ausgehen, daß in Zukunft weitere Karosserieelemente im nichttragenden Bereich – Kotflügel, Türen, Hauben und Klappen – aus glasfaserverstärkten Kunststoffen oder geeigneten Thermoplasten hergestellt werden können.
Professor Dr. Ernst Fiala, verantwortlich für den Bereich Forschung und Entwicklung im Volkswagenwerk, schrieb in einer Studie: »Die 80er Jahre werden Fahrzeuge hervorbringen, die in jeder Hinsicht der bekannten Technologie kraftstoffsparend sein werden: Verringerung des Rollwiderstands durch entsprechende Reifen, Verringerung des Gewichts durch Verwendung von mehr Kunststoff und eine noch weitergetriebene Konstruktionssorgfalt.«
Der Chemie fällt bei dieser Entwicklung eine entscheidende Aufgabe zu. Und dies um so mehr, als man weiß, daß die deutschen Autofahrer zusammen in einem Jahr rund 300 mal zur Sonne und zurück fahren. Eine kaum vorstellbare Strecke, wenn man weiß, daß die mittlere Entfernung der Erde von der Sonne 149600000 Kilometer beträgt. Diese Distanz nennt man auch »astronomische Einheit«.

12

Von Omas Waschküche zur modernen Haushaltshygiene

Die Weißmacher mit der Riesenwaschkraft

Sie sind fast jeden Abend bei uns zu Gast auf dem Bildschirm, bevor die Nachrichten des Tages kommen: die Reinmacher und die Saubermacher, die Weißmacher, die mit der Riesenwaschkraft und die Weichspüler. Sie kommen als Schäfchen oder General und haben viele Namen. Sie unterscheiden zwischen dem Wort »sauber« und dem Wort »rein«. Aber auch »rein« genügt ihren Ansprüchen noch nicht; »porentief rein« muß es sein. Wo sie wirksam werden, gibt es keinen Grauschleier mehr.

Von dem Franzosen Jean Duché stammt der Satz: »Konserven, Waschmittel und Waschmaschinen haben mehr zur Befreiung der Frau beigetragen als alle Revolutionen zusammen.« Die These ist nicht übertrieben. Die Befreiung der Hausfrau aus der Waschküche war ein entscheidender zivilisatorischer Fortschritt, den Chemie und Elektroindustrie gemeinsam vollbracht haben.

Wer da meint, dies sei eine etwas allzu kühne Behauptung, lese den Erfahrungsbericht einer berufsmäßigen Waschfrau, den kurz vor dem Ersten Weltkrieg eine Zeitung unter der Überschrift »Über die Behandlung der Wäsche« veröffentlichte.

»Erster Tag: Die Wäsche wird im lauwarmen Seifenwasser eingeweicht, nach einigen Stunden herausgewunden, darauf eingeseift, fest zusammengehüllt und sortiert. Ich benutzte einige Zeit zur Bereitung des Seifenwassers Wasserglasseife, mußte jedoch bald erkennen, daß durch dieselbe Rostflecke in die Wäsche kamen. Ich kehrte darum wieder zur gewöhnlichen Schmierseife zurück. Zum Einseifen der Wäsche nehme ich das erste Mal braune, harte, danach weiße Seife.

Zweiter Tag: Ich fülle den Handwaschapparat mit 4 Kannen kochenden Seifenwassers und lege zuerst 4 bis 5 Hemden hinein. Dieselben werden 7 Minuten geschwenkt, dann herausgenommen und durch neue Wäsche im selben Verhältnis – immer nach 7 Minuten – ersetzt. Nachdem sämtliche Wäsche durchgewaschen ist, wird der Apparat gereinigt und abermals mit kochendem Seifenwasser gefüllt. Die Wäsche wird nochmals eingeseift und in die Maschine getan. Sie braucht diesmal nur 5 Minuten geschwenkt zu werden. Das Entfernen der Flecke durch Fleckwasser muß mit großer Sorgfalt geschehen. Die einzelnen Flecke müssen einige Minuten in Fleckwasser weichen und danach die Wäsche in kaltes Wasser gelegt werden, damit derselben kein Schaden durch das Fleckwasser geschieht. Die zweimal durchgewaschene Wäsche wird nun zum dritten Male in die Maschine getan. Diesmal bedarf das kochende Wasser weniger Seife, auch wird die Wäsche nicht mehr eingeseift und in der Maschine nur je 2 Minuten geschwenkt. Die dreimal durchgewaschene Wäsche wird nun gespült und über Nacht eingewässert. Dritter Tag: Die über Nacht gewässerte Wäsche wird mit der Wringmaschine, die ans Faß geschraubt wird, ausgewunden, sortiert, geblaut, aufgeschüttelt und aufgehangen...«

Hausfrauenschwerstarbeit zu Beginn dieses Jahrhunderts. Die »große Wäsche«, die ein Alptraum war, die die Hände der Frauen aufweichte, wund und rissig machte...

Die Frau von heute braucht sich kaum mehr die Hände naß zu machen, wenn es ums Waschen geht. Den Meßbecher mit dem »selbsttätigen« Waschmittel füllen, es in die vollautomatische Waschmaschine geben, auf den Knopf drücken – und das Waschprogramm läuft ab. Mehr als siebzig Jahre chemischer Forschung und elektrotechnischer Entwicklung liegen dazwischen. Waschen, das Selbstverständlichste in der Welt, wurde zur Wissenschaft.

Es war eine Wissenschaft der kleinen Schritte. Zunächst hatten die Chemiker, die sich damals, im ersten Jahrzehnt des nun bald zu Ende gehenden zweiten Jahrtausends, Gedanken machten, wie man den Frauen die Arbeit mit der »großen Wäsche« erleichtern könnte, einen ersten Erfolg. 1907 kündigte die »Düsseldorfer Zeitung« ein neues, selbsttätiges Waschmittel an, das außer Seife und Soda die Wirkstoffe Perborat und Silicat enthielt. Die jeweils ersten drei Buchstaben dieser Wirkstoffe gaben dem neuen Waschmittel seinen Namen. Der im Perborat gebundene Sauerstoff bewirkte eine echte chemische Bleiche der Wäsche schon in der Waschlauge. Das Kochen der Wäsche in der selbsttätigen Seifenlauge reichte aus, um schon einen Teil des Schmutzes zu entfernen. Die mühsame Rasenbleiche war nicht mehr nötig. Die strapaziöse Schwerstarbeit mit Waschrumpel, Scheuerbrett und Bürste verlor ihren großen Schrecken.

Im Anfang hatten es die Waschmittelchemiker nur mit Textilien aus Wolle, Baumwolle und Leinen zu tun. Und natürlich mit Wasser. Aber Wasser war und ist nicht gleich Wasser. Hartes Wasser bildet Kalkseife. Sie wäscht nicht, aber setzt sich auf der Wäsche fest, so daß diese vergilbt und allmählich einen ranzigen Geruch annimmt.

Die gute, alte Seife mußte – darüber waren sich die Forscher klar – durch einen weniger empfindlichen wirksameren Waschrohstoff ersetzt werden. Das Traumziel hieß: Ein Vollwaschmittel, das bei allen verschiedenen Arten von Textilien zu verwenden ist und bei den unterschiedlichsten Wasserhärten und optimalen Temperaturen wirkt.

Neue Formeln für die Waschmaschine

Die Textilchemiker machten ihren Kollegen, den Waschmittelchemikern, das Leben schwer. Da kamen Kunstseide und Zellwolle auf den Markt, dann die vielfältige Reihe der synthetischen Chemiefasern wie Polyamid, Polyester, Polyacrylnitril, Polyurethan und die Mischtextilien mit unterschiedlichen Anteilen von Natur- und Kunstfasern. Und nicht zuletzt: Das chemische Zauberreich der Farben begann, die Mode zu beherrschen. Das Leben wurde bunt und farbenfroh. Eine zunehmend bessere Abstimmung der Entwicklungsarbeiten von Textilchemikern und Waschmittelchemikern war die Folge.
Der große Schritt nach vorne gelang der Waschmittelchemie in den fünfziger Jahren. Die Seife wurde endgültig von den sogenannten Tensiden abgelöst, synthetischen waschaktiven Stoffen, die die Chemiker in jahrelanger Kleinarbeit entwickelt hatten. Allerdings gerieten diese Tenside bald ins Gerede. Sie leisteten zwar gute »Arbeit«, wurden aber nach der Wäsche im Abwasser nur langsam abgebaut und bildeten die berüchtigten »Schaumberge« auf den Gewässern. Doch innerhalb weniger Jahre gelang es den Chemikern, die Generation der »harten« Tenside durch jene der biologisch abbaubaren »weichen« Tenside abzulösen. Das Schaumproblem war gelöst.
Es sieht so harmlos aus – das Pulver in den Waschmittelpaketen. Selbst wenn man seine Zusammensetzung kennt, kann man seine Leistung nur halbwegs einschätzen, aber vielleicht ahnen, welche Fülle intensiver chemischer Einzelforschung für ein wirksames, aber schonend waschendes Produkt notwendig war. Die eigentli-

chen waschaktiven Tenside machen nur etwa 15 Prozent aus. Die übrigen 85 Prozent setzen sich aus einer Vielzahl anderer Wirkstoffe zusammen:

Phosphate zum Beispiel enthärten das Wasser und verhindern damit Kalkablagerungen; außerdem unterstützen sie die Wirkung der Tenside. Bleichmittel bauen besonders hartnäckige Verschmutzungen ab, die durch die Dispersionskräfte allein nicht beseitigt werden können.

Korrosionen müssen verhindert werden, was für die Lebensdauer der Maschinen wichtig ist. Optische Aufheller erhöhen den Weißgrad der Wäsche. Es handelt sich hier um Verbindungen, die unsichtbares Licht in sichtbares umwandeln. Andere Substanzen sollen das »Vergrauen« und das Wiedereinziehen des gelösten Schmutzes in das gewaschene Textilgut verhindern. Enzyme werden den Waschmitteln zugesetzt, um vor allem eiweißhaltige Verschmutzungen biologisch aufzulösen. Und nicht zuletzt enthält das Waschmittel auch Duftstoffe. Sie verleihen dem Pulver nicht nur einen angenehmen Geruch, sondern sollen vor allem während des Waschvorgangs mitunter auftretende unangenehme Laugengerüche überdecken.

Erst aus dem vielfältigen Zusammenspiel aller dieser chemischen Einzelwirkstoffe und aus dem richtigen Mengenverhältnis zueinander ergibt sich das Resultat, das aus schmutziger Wäsche wieder saubere Wäsche macht. Hinter dem so unscheinbar aussehenden Pulver im Karton verbirgt sich potenzierte Wissenschaft, eine Wissenschaft, die laufend neu gefordert ist, denn in der Zusammensetzung der Waschmittel herrscht ein ständiger Wandel.

Zwei Wirkungen erwartet der Verbraucher von einem Wasch- wie von einem Reinigungsmittel: Einen ästhetischen Effekt – der Schmutz soll verschwinden, und einen hygienischen Effekt – gesundheitsgefährdende Keime sollen entfernt werden.

Daß moderne Waschmittel Textilien aller Art einwandfrei sauber machen, weiß jede Hausfrau; denn Schmutz kann man sehen. Wie aber steht es mit den Keimen? Bei der Kochwäsche ist alles klar: Kochendes Wasser tötet Bakterien, noch dazu in Verbindung mit einem Waschmittel, zuverlässig ab.

Wie aber steht es mit der 60-Grad-Wäsche? Von Seiten der Verbraucherverbände wurde einmal vor Jahren gefordert, jede Wäsche müsse gekocht werden, weil die 60-Grad-Waschmittel nicht mit allen Keimen fertig würden. Die Erfüllung dieser Forderung, nur noch kochbare Wäsche zu produzieren, wäre das Todesurteil für die modernen, pflegeleichten Textilien, alle Wollartikel und zugleich das Signal für eine Verknappung und Verteuerung der natürlichen Fasern Baumwolle und Leinen. Sie wären bald für die meisten Menschen unerschwinglich.

Umfangreiche wissenschaftliche Untersuchungen von Hygienikern in Deutschland und im Ausland haben ergeben, daß sachgemäß bei 60 Grad gewaschene Familienwäsche den hygienischen Anforderungen voll genügt. Schon bei 60 Grad entfernen gute Haushaltswaschmittel etwa 99,9 Prozent aller Bakterien, was nach Kenntnis der Wissenschaftler für Familienwäsche durchaus genügt. An Krankenhauswäsche werden allerdings noch höhere Anforderungen gestellt. Sie muß deshalb spezielle Desinfektionswaschverfahren durchlaufen.

Natürlich ließe sich auch für Haushaltszwecke ein 60-Grad-Waschmittel durch entsprechend wirkende Zusätze – sogenannte Mikrobiozide – zuverlässig keimtötend machen. Aber das wäre nach Auffassung der Mediziner und Chemiker ein »Zuviel an Chemie«, das sowohl die Menschen als auch Abwässer und Kläranlagen zusätzlich belasten würde. Auch die meisten üblichen Haushaltsreinigungsmittel für feste Oberflächen aller Art – Kunststoffe, Kacheln, Fliesen, Email zum Beispiel – töten zwar nicht alle Keime, aber sie sorgen doch nach allen wissenschaftlichen Erkenntnissen zuverlässig und ausreichend für Sauberkeit und Hygiene.

Bei Hautreinigungsmitteln wie Seifen und Schaumbädern schließlich wäre eine keimtötende Wirkung eher von Nachteil. Denn mit unerwünschten Fremdbakterien würde auch jene physiologische Bakterienflora zerstört, die den Körper aktiv gegen schädliche Einflüsse verteidigt. Die natürliche Abwehrkraft der Haut ginge verloren.

Der Beitrag, den unsere Waschmittel und die große Arbeitserleichterung mit modernen Waschmaschinen zur Sauberkeit und Hygiene – quer durch alle Bevölkerungsschichten – geleistet haben und täglich leisten, läßt sich nur abschätzen. Sauberkeit und Hygiene haben neben der Medizin teil an der Eindämmung von Seuchen, dem Rückgang ansteckender Krankheiten und sind eine notwendige Voraussetzung für das Zusammenleben vieler Menschen auf engem Raum.

13

Die Kamera – das »dritte Auge« des Menschen

Ein Bild sagt mehr als tausend Worte

Zwei Männer schlafen in einem engen Biwakzelt. Ihr keuchender Atem schlägt sich am Zeltdach nieder, verwandelt sich in Rauhreif und rieselt in kristalliner Form zurück auf ihre Gesichter. Der Höhenmesser, den einer der beiden Männer am Arm hat, zeigt 7986 Meter über Normalnull an. Die Sonne geht kurz vor fünf Uhr an diesem Morgen des 8. Mai 1978 auf, strahlt grell durch die gelbbraune Kunststoffplane, weckt die beiden Bergsteiger Reinhold Messner und Peter Habeler. Eine halbe Stunde später brechen sie auf, um zum ersten Mal zu versuchen, den Gipfel des Mount Everest in 8848 Metern Höhe ohne Atemgerät zu erreichen.
Viele Mediziner hatten vor diesem Wagnis gewarnt. Ein Innsbrukker Professor war der Meinung, wenn sie überhaupt zurückkämen, kämen sie mit einem schweren Gehirnschaden zurück. Reinhold Messner ließ sich von seinem Plan nicht abbringen. Er schrieb: »Wer beim Bergsteigen sich nicht auf seine eigenen Kräfte verläßt, sondern Apparate und Drogen benutzt, betrügt sich selber. Die Atemmaske ist wie eine Mauer zwischen Mensch und Natur. Eine Everest-Besteigung ohne Maske ist die Alternative zu den bisherigen 23 Aufstiegen mit Hilfe eines Atemgerätes, es ist die humane Dimension, die mich interessiert.«
So kämpfen sich die beiden Männer durch die Todeszone, durch Eisbrüche, die ständig in Bewegung sind, durch das Tal des Schweigens, wo von beiden Seiten Lawinen drohen, über den Südsattel mit seinen gefährlichen, plötzlich hereinbrechenden Eisstürmen. Jeder Schritt wird zum Wagnis, jeder Atemzug zur stechenden Qual.
Kurz nach Mittag, in einer Höhe von fast 8800 Metern, sehen sie den Gipfel greifbar nahe. Auf Händen und Füßen schleppen sie sich am Gipfelgrat in Fünf-Meter-Etappen dem Ziel entgegen. Immer wieder müssen sie sich in den Schnee legen, um fünf Minuten lang nach Luft zu schnappen. Das Atmen ist so anstrengend, daß kaum noch Kraft zum Weitergehen bleibt. Fast haben sie vergessen, wer sie sind. Zwei Stunden brauchen Reinhold Messner und Peter Habeler für diese letzten hundert Meter.
Messner ist als erster oben, holt die Kamera aus dem Rucksack, fummelt lange Zeit mit den umständlichen Daunenhandschuhen an der Batterie herum, bis er das Gerät zum Laufen bringt. Dann filmt er Habeler auf seinen letzten Metern zum Gipfel.
Zwei Männer am Ziel, umarmen sich, brechen plötzlich beide in

Tränen aus, liegen, wie von Emotionen geschüttelt, im Schnee. Sie sprechen kein Wort, sie fotografieren einander nur. Minus 35 Grad beträgt die Temperatur. Nach einer Viertelstunde beginnt Habeler den Abstieg. Messner holt ein Mini-Tonband aus dem Rucksack, spricht keuchend, was er empfindet:
»Kein Gefühl des Triumphes oder der Allmacht ... nur das Gefühl, da zu sein, und Dankbarkeit für Peter ... mir ist, als hätte ich für kurze Zeit den Verstand verloren ... keine Überlegungen, nur Emotionen ...«
Von der Fähigkeit, Leiden und Schmerzen zu ertragen, sagte Messner auf diesem Tonband nichts. Nichts von der Extremsituation, die sie durchlitten und durchstanden. Davon kündeten und künden die Fotos und die Filmstreifen, die aufzunehmen ein Mensch, selbst in Widerstreit zwischen Leben und Tod, noch die Kraft hatte und die so zu einer erschütternden Dokumentation eines großen Wagnisses wurden. Jedes Wort muß verstummen vor der Kraft der Aussage dieser Fotos.

Das »dritte Auge« des Menschen

Das Buch der Bücher, die Bibel, beginnt mit dem Satz: »Im Anfang war das Wort...«. Zum Wort kam die Schrift, die durch Gutenbergs Erfindung der Buchdruckerkunst das Reservat einer elitären Minderheit zu einem – wie man heute sagen würde – Massenmedium machte. Zu diesen zwei Säulen, auf denen aller menschlicher Fortschritt beruhte, gesellte sich als dritte Säule das fotografische Bild, das »dritte Auge des Menschen«.
Das menschliche Auge ist zwar ein wunderbares, aber dennoch unvollkommenes Instrument zur Erforschung unserer Welt. Viele Geheimnisse sind um uns, aber wir erkennen sie nicht, weil sie für unsere Augen zu groß, zu klein oder zu entfernt sind; Geheimnisse, die sich zu schnell oder zu langsam ereignen, die in den Dingen verborgen sind, so daß sie nicht wahrgenommen werden können.
Unvollkommen bleibt das Auge des Menschen auch deswegen, weil es nur jenen kleinen Bereich des elektromagnetischen Spektrums

Die modernen Selbstbedienungsläden und Supermärkte mit ihren fertig abgepackten Waren, Vertriebsformen wie Frischdienst und Tiefkühlkette wären ohne Kunststoff-Verpackungen undenkbar. Sie haben das Leben unserer Hausfrauen entscheidend erleichtert.

Persönliche Entfaltung durch schöpferische Arbeit: Gestalten mit Anstrichmitteln macht schon Kindern Spaß.

Schlechtes Wetter, sagt man, gibt es nicht – nur unzweckmäßige Kleidung. In einem solchen Mantel kann man's bei Regen aushalten.

Beiträge der Chemie zur Eßkultur: Die Oberfläche von Bestecken wird galvanisch veredelt, das heißt mit einem Überzug aus Edelmetall versehen.

Keramische Farben und Glasuren schützen und schmücken edles Porzellan.

Ein Feuerwerk aus Farben: Spulen mit synthetischen Fasern, verschieden eingefärbt.

Sport und Freizeit: Kleidung und Gerät bestehen zu einem erheblichen Teil oder gänzlich aus synthetischen Werkstoffen.

Sicherheit im Verkehr: Lichtreflektierende Farben machen das Fahrzeug im Scheinwerferlicht eines anderen Verkehrsteilnehmers über große Entfernungen deutlich sichtbar.

Die Reinhaltung von Wasser, Luft und Boden läßt sich die chemische Industrie etwas kosten: rund zweieinhalb Milliarden DM pro Jahr. Diese Kläranlage eines großen Chemiewerks am Rhein ist ein Musterbeispiel. Sie reinigt die Abwässer der benachbarten Großstadt Ludwigshafen gleich mit.

Die weiße Wolke über dieser Chemieanlage ist ein gutes Zeichen: Hier wird schadstoffhaltiges Abwasser gar nicht erst in die Kläranlage geleitet, sondern im Betrieb an Ort und Stelle »verbrannt«. Zurück bleiben feste, ungefährliche Rückstände.

Zum Sicherheitskonzept moderner Chemiewerke gehört die Vorsorge für eventuelle Unfälle. Mit solchen Wasserschleiern werden beispielsweise austretende Gaswolken abgegrenzt und niedergeschlagen.

Das maßstabgetreue Modell ist ein wichtiges Instrument bei der Planung jeder neuen chemischen Anlage. Hier werden die späteren Mitarbeiter schon im Planungsstadium mit ihrem Betrieb vertraut gemacht.

Chemische Produktionen arbeiten oft mit sehr hohen Drucken. Das setzt widerstandsfähige Reaktorbehälter voraus. Das obere Bild zeigt die Herstellung eines solchen Druckbehälters nach dem Wickelverfahren.

Unten: Ventile, Ventile. Tausende davon gibt es in einer chemischen Fabrik. Jedes erfüllt seine Funktion unter den wachsamen Augen der zuständigen Mitarbeiter.

Kontrollierte Entfesselung: Sprengstoffe für Bergwerke und Steinbrüche müssen exakt »dosierbar« sein. Unser Bild zeigt die Explosion einer Versuchs-Sprengpatrone im ultrakurzen Argon-Blitzlicht.

Synthetische Fasern werden nicht nur zu zarten Geweben verarbeitet, sondern auch – wie das Bild zeigt – zu Schiffstauen, stärker als ein menschlicher Arm.

In der Technik wie beim Hobby: Kleben ist eine der zuverlässigsten Verbindungstechniken und oft durch keine andere zu ersetzen.

Um einzelne Substanzen oder Mischungsverhältnisse zu untersuchen, müssen die Chemiker die Stoffe trennen. Dazu verwendet man sogenannte Chromatografen. Das Bild zeigt den Probensammler eines Säulenchromatografen.

Chemie einmal ganz anders: Aus dieser Mineralschmelze werden Spezialsteine mit besonders guter Beständigkeit gegen hohe Temperaturen, Belastung und chemische Reaktion gegossen. Sie dienen unter anderem als Bodenmaterial für Walzwerks-Öfen.

Die Wärmedämmung mit Hilfe von synthetischen Schaumstoffen spielt nicht nur am Bau eine entscheidende Rolle. Auch die Industrie setzt diese Materialien zur Isolierung von Rohrleitungen ein.

Diese hübschen Stäbchen- und Kalottenmodelle könnten der Phantasie eines modernen Künstlers entsprungen sein. Sie stellen das Gefüge von Molekülen dar. Polyaldehydocarbonsäure (Stäbchenmodell) dient zur Verhinderung von unerwünschten Niederschlägen in Kühl- und Heißwasserleitungen und -kreisläufen. Das Kalottenmodell zeigt die Struktur eines neu entwickelten Kunststoffs.

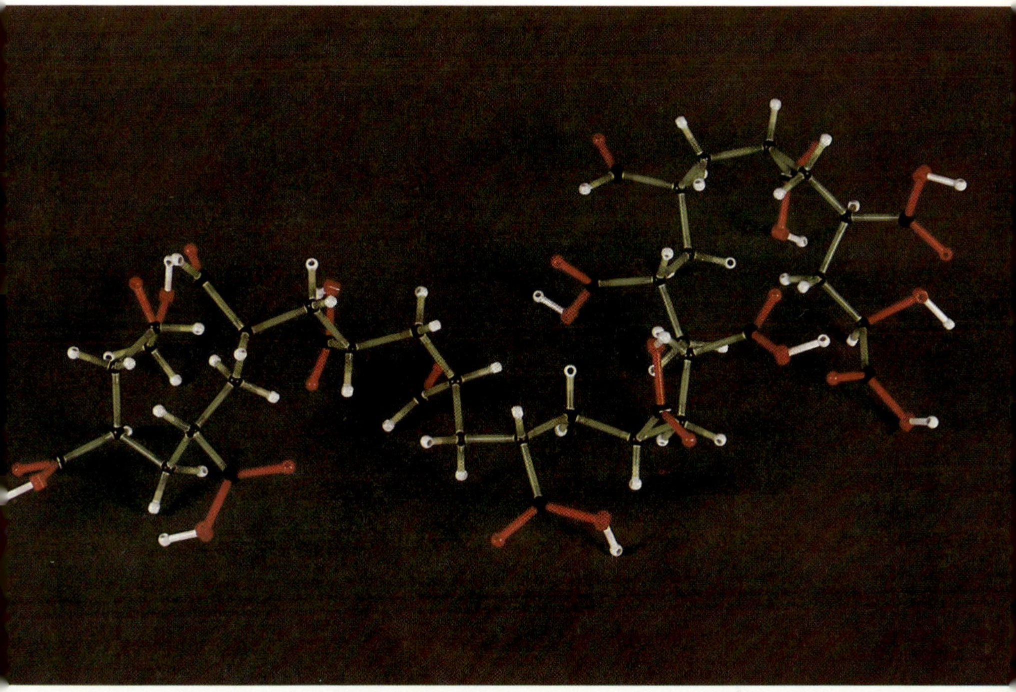

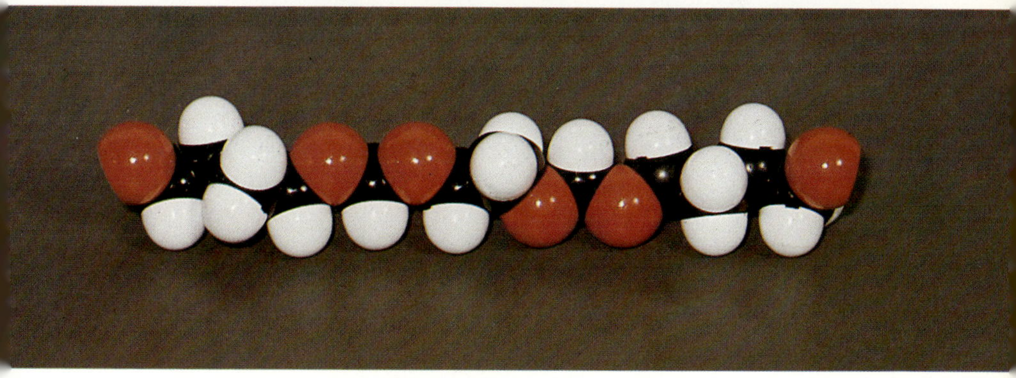

Wie abstrakte Malerei wirken die dünnen Schichten chemischer Werkstoffe unter dem Mikroskop im polarisierten Licht. Was den Laien wie ästhetische Spielerei anmutet, dient in Wirklichkeit der Aufklärung von Eigenschaften der untersuchten Stoffe, insbesondere ihrer Festigkeit. (Linke Seite und rechts oben)

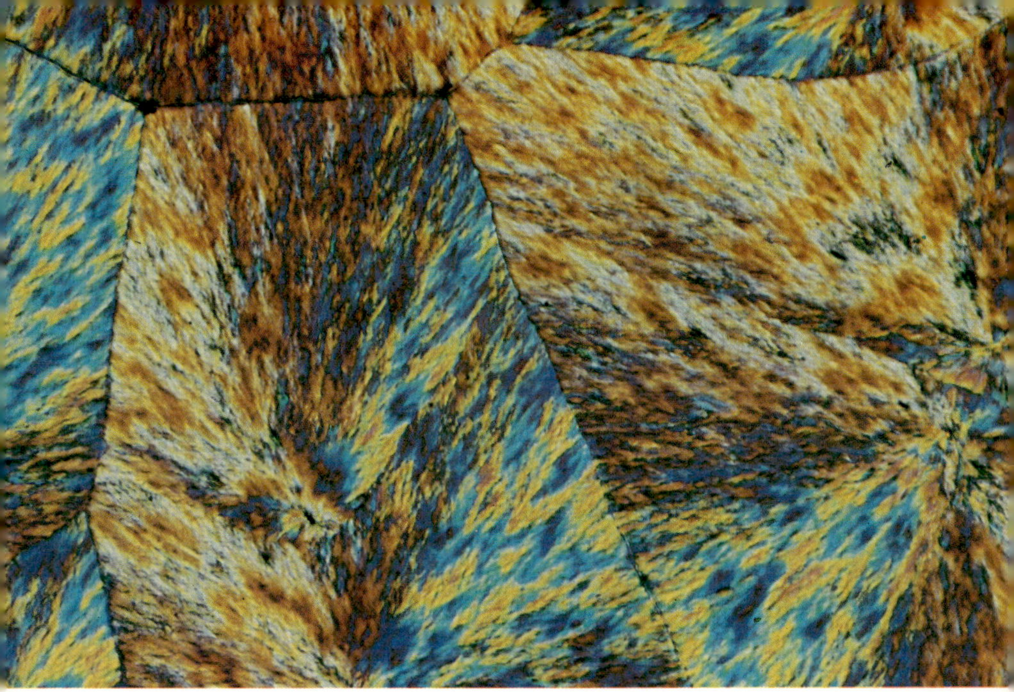

Wie verhält sich gegossenes Acrylglas bei der mechanischen Bearbeitung? Im polarisierten Licht werden die Spannungen um die Bohrlöcher herum deutlich sichtbar. (Unten)

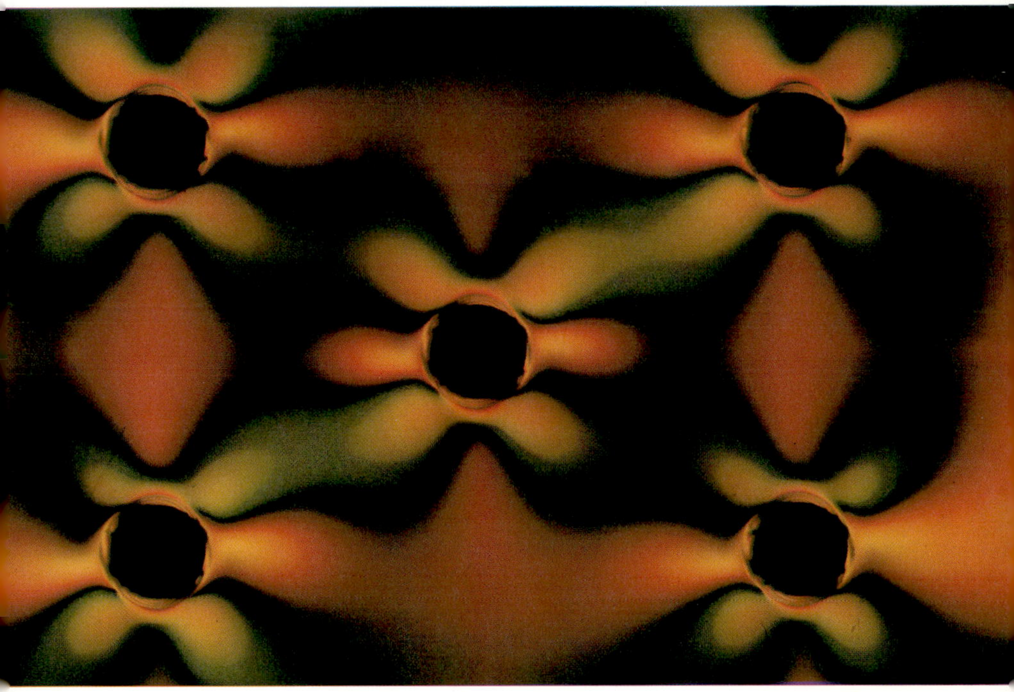

Ein bißchen undurchsichtig und rätselhaft, wie dieses Stimmungsfoto aus einem Technikum, wird Chemie für Laien immer bleiben. Aber das ist kein Grund, sie zu fürchten. Denn, Hand aufs Herz: Wissen Sie genau, wie Ihr Fernseher funktioniert?

umfaßt, den wir Licht nennen. Das gesamte Strahlungsspektrum aber reicht über dreißig Größenordnungen, von den kürzesten Gammastrahlen bis zu den längsten Radiowellen.

Die Fotografie dagegen dringt in Welten vor, die dem menschlichen Auge verborgen sind. Röntgenstrahlen, die jenseits der ultravioletten Strahlen und der kürzesten bekannten Wellenlängen des elektromagnetischen Spektrums liegen, werden auf Film festgehalten. Sie helfen der Medizin, den Aufbau des menschlichen Körpers zu untersuchen, sie unterstützen die Wissenschaft bei der Erforschung des Aufbaus der Atome.

Am anderen Ende des Spektrums, jenseits der roten Lichtstrahlen, liegen die Infrarotstrahlen. Sie werden von Spezialfilmen registriert und ermöglichen, Erkrankungen von Pflanzen zu entdecken, Kunstfälschungen zu entlarven, Verbrechen zu ermitteln und Verseuchungen der Umwelt mit Abfallstoffen zu erkennen.

Im sichtbaren Bereich unseres Universums hat die Weltraumfotografie atemberaubende Anblicke der Erde der gesamten Menschheit zugänglich gemacht, Bilder, die in unserer Generation, außer den Astronauten, sonst niemand mit eigenen Augen gesehen hätte. Die Kamera zeichnet im Wind- oder Wasserkanal auch die Strömungserscheinungen bei Überschallflugzeugen auf.

Eine Gewehrkugel, die sich mit einer Geschwindigkeit von 335 Metern pro Sekunde fortbewegt, kann mit Hilfe der Ultrakurzzeitfotografie im Fluge »eingefroren« werden. Wie die Augenbraue einer Mücke aussieht, enthüllt dem Naturforscher die mikrofotografische Großaufnahme.

In Zukunft wird die Kamera als Werkzeug der Forschung noch weiter an Bedeutung gewinnen. Bei der Aufzeichnung des Verlaufs eines Wirbelsturms, bei Wettervorhersagen, der Entdeckung von Bodenschätzen und dem kartographischen Erfassen von unerforschten Gebieten der Erde. Beim Studieren der Ozeane, der Ursachen von Trockenheit und Flutkatastrophen, bei der Planung unserer Städte von morgen und der Erforschung ferner Planeten. Oder wenn es darum geht, in die Geheimnisse der Materie einzudringen, die Qualität von Industrieprodukten zu prüfen, kleinste Computerbauteile herzustellen und Funde aus der Vergangenheit zu deuten. Die Mattscheibe des Fernsehers gäbe es ebensowenig wie die »Schnappschüsse« für das Familienfotoalbum.

Fotografieren heißt mit Licht schreiben. Aber wie die optischen Bilder, z. B. einer Camera obscura, fixieren? Der Franzose Louis Jacques Mandé Daguerre verwendete 1837 jodierte Silberschichten, die er mit Quecksilberdämpfen entwickelte und in einer Kochsalzlösung fixierte. Die Bilder verband er mit seinem Namen: Man nannte sie später Daguerreotypien. Die Daguerreotypie hatte reizvolle Metallplattenbilder geliefert, die sich durch große Schärfe auszeichneten. Sie hatten nur einen Nachteil: Sie waren nicht kopierbar. Dieses Problem löste schon zwei Jahre später der Engländer William Henry Fox Talbot, der die Negativ/Positiv-Fotografie auf Chlorsilberpapier entdeckte. Nach solchen Negativen konnten bereits damals beliebig viele Kopien angefertigt werden, wenn auch deren Schärfe noch mangelhaft war. Der dritte entscheidende Schritt gelang um 1850 Gustave Le Gray und Dr. Scott Archer. Durch Verwendung des Kollodiums – einer Alkohol-Äther-Lösung der Schießbaumwolle – konnten sie die Silbersalze in brauchbarer Form auf Glasplatten einbetten. Es entstand das sogenannte »nasse Verfahren«, das die Fotografie runde dreißig Jahre beherrschte. Dieses nasse Verfahren bedingte indes, daß die lichtempfindlichen Negativschichten unmittelbar vor Gebrauch hergestellt und unmittelbar nach der Belichtung verarbeitet werden mußten. Ein Fotograf mußte also sozusagen eine ganze Dunkelkammer bei seiner Ausrüstung haben.

A. Civiale zum Beispiel, dem mit seiner 27 × 37 cm-Kamera die ersten Hochgebirgsaufnahmen in Höhen bis 3000 Meter gelangen, benötigte zur Beförderung seiner gesamten Ausrüstung 23 Helfer oder einige Maultiere.

Ein neues Medium war geboren, von den einen in überschwenglicher Begeisterung bewundert, von den anderen mit beißendem Spott oder wütender Ablehnung bedacht. »Der Dichter schreibt mit der Feder, der Maler mit dem Pinsel, der Bildhauer mit dem Meißel; die Fotografie schreibt mit dem Licht, welches unter den göttlichen Schöpfungen die göttlichste ist«, rief der italienische Anthropologe Paolo Mantegazza (1831–1910) enthusiastisch aus. Doch der Schriftsteller Ernst Kossak (1814–1880) bemerkte bissig: »Das Gesicht wird als chemischer Abklatsch zu Papier gebracht. Vor dem Tod und der Fotografie werden plötzlich alle Stände gleich.« Und der Kunstschriftsteller Charles Blanc (1813–1882) stellte sarkastisch fest: »Die Fotografie ahmt alles nach und drückt nichts Eigenes aus. Sie ist blind in der Welt des Geistes.« Der französische Dichter Charles Baudelaire schließlich geißelte vor allem die neue Mode, sich von einem Fotografen konterfeien zu lassen: »Seit es die Möglichkeit gab, kam die ganze unsaubere Gesellschaft wie ein einziger Narcissus herbeigestürzt, ihr triviales Bildnis im Spiegel zu betrachten. Eine Narretei, ein außerordentlicher Fanatismus bemächtigte sich all dieser neuen Sonnenanbeter.«

Die »grünen Männchen vom Mars« werden entlarvt

Kein anderer Angriff auf das neue Medium der Fotografie erwies sich als so falsch wie jener von Charles Blanc. Sie sei blind in der Welt des Geistes, hatte er behauptet. Neben der Mikrofotografie war die Astrofotografie von Anfang an eine Domäne des wissenschaftlichen Zweiges der neuen Kunst. Und die Ergebnisse waren von erstaunlichen Dimensionen, betrachtet man die damaligen technischen und chemischen Voraussetzungen von Optik und Lichtempfindlichkeit.

Da gab es den Astronomen Warren de la Rue, dem am 24. März 1859 das erste Stereofoto des Vollmonds gelang. Von seinen Mondaufnahmen wurde ein Album mit zwölf Blättern herausgegeben, die den Mond in seinen verschiedenen Phasen zeigten. Diese Fotografien veranlaßten einen Dichter zu folgendem Text:

»Dieser blasse Schläfer, der da oben zur nächtlichen Weile seine Herden weidet, er ist entlarvt und erkannt als eine fühllose Leiche. Seine Visitenkarte zeigt uns Formen, die kein Leben mehr bergen können. Vulkane, die aufgehört haben, zu toben. Züge, die einer bewegten Vergangenheit angehören. Ich fasse mich kurz: Herr Warren de la Rue hat ihm seinen Nimbus vollständig genommen.«

Die Fotos, im Jahre 1859 aufgenommen, vermittelten diesen Eindruck vom Mond bereits damals über eine Entfernung von 384000 Kilometern. Die endgültige Bestätigung kam 110 Jahre später. Am 21. Juli 1969 um 3 Uhr 56 setzte der amerikanische Astronaut Neil Armstrong als erster Mensch seinen Fuß auf die

Mondoberfläche. Bis zum Dezember 1972 ließen 12 Astronauten ihre Fußspuren im Mondstaub zurück. Sie brachten insgesamt 30000 Fotos sowie 20000 Tonbänder mit geophysikalischen Daten zur Erde zurück. Sie bestätigten – natürlich in millionenfacher Vielfalt und mit Hilfe einer unvorstellbaren Entwicklung der Technik – letzten Endes nur, was schon die Fotos des Warren de la Rue andeuteten.

Da gab es den Astronomen Max Wolf, dem der Bau des Observatoriums auf dem Königstuhl bei Heidelberg zu verdanken ist. Mit seiner Astrofotografie entdeckte er fotografisch Planeten, Planetoiden, Kometen, Nebel, unter anderem den später von ihm so genannten Nordamerika-Nebel im Sternbild Schwan. Über drei Aufnahmen aus diesem Sternbild findet man bei ihm aus dem Jahr 1893 folgende Notiz:

»Nach einstündiger Belichtung 52000 Sterne; nach dreistündiger Belichtung 108000 Sterne; nach dreizehnstündiger Belichtung 197000 Sterne.«

Auch seine Aufnahmen und seine Schlüsse wurden mehr als 60 Jahre später bestätigt von Fotos, die Astronomen mit einem Spiegelteleskop vom Mount-Palomar-Observatorium aus machten.

Nur mit der Entlarvung der berühmt-berüchtigten grünen Männchen vom Mars dauerte es etwas länger. Der Italiener G. V. Schiaparelli hatte 1877 bei Fernrohrbeobachtungen sensationelle »Marskanäle« entdeckt und sie »Canali« genannt. Eine Mars-Bewohner-Psychose erfaßte damals die Menschen. Man sprach von »grünen Männchen«, die die Ingenieure dieser gewaltigen Bauwerke seien. Man fürchtete, daß sie zur Erde kämen, um sie sich untertan zu machen.

Doch in diese Entfernungen bis zu mehr als 350 Millionen Kilometern konnten die Astrofotografen mit ihren Kameras noch nicht vordringen. Erst die Sonde von Mariner 9 funkte Fotos zur Erde, die bewiesen, daß auf dem der Erde am nächsten stehenden Planeten noch am Äquator Temperaturen wie in Sibirien herrschen, daß es keine »grünen Männchen« geben kann. Und auch die Marskanäle erwiesen sich als optische Täuschung.

Aber diese »Foto-Informationen« aus dem All wurden – unter anderem – erst dadurch möglich, daß sich die Lichtempfindlichkeit der Filme seit den Zeiten Daguerres um ca. 85 DIN gesteigert hatte.

Man sollte sie nicht belächeln, die Fotografen jener »Gründerjahre«. Da gab es einen Ludwig Angerer, der sich von der Firma Voigtländer in Braunschweig eine Riesenkamera bauen ließ. Allein die Plattengröße hatte die »Weltrekord-Dimensionen« von 75 mal 90 cm, und das Gesamtgewicht dieser Kamera, 1865 gebaut, betrug mit Objektiv und Stativ stolze zwei Zentner! Noch kühner war die Konstruktion von Emil Busch im Jahr 1867. Es ging um ein Weitwinkelobjektiv, das Landschafts- und Architekturaufnahmen besser machen sollte. Allein das Schleifen des Objektivs dauerte 50 Tage und »wurde ohne irgendeine Maschine nur durch die Geschicklichkeit der Hände« – wie es in einer zeitgenössischen Darstellung heißt – ausgeführt. Das fertige Objektiv mit einer Brennweite von 92 cm wog 154 Pfund. Es wurde zur Sensation auf der internationalen fotografischen Ausstellung 1867 in Paris. Dieses Pantoskop gab es auch in kürzeren Brennweiten – also kleineren Abmessungen. Es wurde bald sehr häufig angewendet.
Auch viele Millionen Eier, die Hühner gelegt hatten, halfen nicht, das Problem einer besseren Beschichtung des Kopierpapiers zu lösen. Grundlage dieses »Albumin-Verfahrens« bildeten frisch gelegte Hühnereier, bei denen man Eiweiß vom Dotter trennte und letzteres mit Salz konservierte, während das Eiweiß zu Schaum geschlagen wurde. Im Anschluß daran lagerte man das Eiweiß zwei bis drei Tage in großen Behältern, dann wurde es mit einer konzentrierten Silbernitratlösung auf fotografisches Rohpapier aufgetragen. Zur Demonstration, wie aufwendig dieses Verfahren war, Zahlen aus der Produktion einer Firma, die dieses »Eiweißpapier« herstellte:
Für ein Liter Eiweiß benötigte man drei Dutzend Eier, neun Liter Eiweiß waren für 500 Bogen Papier nötig. Anfang der siebziger Jahre des vorigen Jahrhunderts betrug der jährliche Durchschnittsverbrauch dieser Firma an Eiern fast zwei Millionen.
Das Albuminpapier war als Positiv-Verfahren sehr verbreitet, z. B. wurden Millionen Stereokarten darauf kopiert und tausende Reisebilder hergestellt, die begeistert aufgenommen wurden und das Weltbild des ausgehenden 19. Jahrhunderts sehr verändert haben.

Den großen Erfolg brachte aber erst die 1871 erfundene Bromsilber-Gelatine-Emulsion, die 3000mal empfindlicher war als das beste bisherige Verfahren. Doch die Fotoschichten waren noch immer farbenblind – nur für blaues bis ultraviolettes Licht empfindlich, bis der deutsche Fotochemiker Hermann Wilhelm Vogel 1873 der Fotografie »die zweite Hälfte des Lichts schenkte«. Durch Anfärben des Bromsilbers erreichte er eine Empfindlichkeit für Grün und Gelb. Nicht minder entscheidend wurde die Erfindung eines Außenseiters, des amerikanischen Geistlichen Hannibal Goodwin, der 1887 zum ersten Mal dünne Zelluloid-Filmbänder als Schichtträger verwendete. Ohne sie wäre die Amateurfotografie und in ihrem Gefolge die Kinematografie praktisch nicht möglich gewesen. Nur allmählich hatte in jenen Jahren die Menschheit zu begreifen gelernt, daß ihr mit der Fotografie mehr als ein Spiegel in die Hand gegeben worden war, in dem man sich und andere – mehr oder weniger selbstgefällig – betrachten konnte.
Die Mutigsten aus dem neuen Stand der Fotografen zogen schon damals in ferne Länder, um die Schönheit fremdartiger Landschaften, die Ereignisse weltbewegender Entwicklungen im Bild festzuhalten und vielen Menschen zugänglich zu machen. Ihre Fotos wurden zu einer Sprache, die alle verstanden – auch die Analphabeten. Hunger, Terror, Glück – Fotos wurden zu einer Art von »Gewissen der Welt«.
Viele Meilensteine chemischer Entwicklungen säumen die rund einhundertfünfzig Jahre alte Geschichte der Fotografie bis zu ihrem kaum mehr überschaubaren Stand von heute. Da gab es einen wichtigen Schritt auf dem langen Weg zur Farbfotografie im Jahr 1916 mit dem Agfa-Kornraster-Verfahren. Auch diese Platten waren ursprünglich schwarz-weiß, dank einer besonderen Präparierung aber in der Lage, die Farbauszüge in einer Schicht gemischt zu liefern. Vor der lichtempfindlichen Schicht waren regelmäßig oder unregelmäßig Farbstoffpunkte angeordnet, die bei der Belichtung wie ein Filter wirkten. Diese unregelmäßige Anordnung von Farbstoffpartikeln nannte man »Kornraster«. Diese Platten waren allerdings sechzigmal so lange zu belichten wie damals handelsübliches Schwarz-weiß-Material.
Dann gab es einen anderen wichtigen Schritt 1935/1936: das sogenannte »chromogene Verfahren«. Mit Hilfe sogenannter »Farb-

kuppler« gelang der mehrschichtige Filmaufbau. Das Agfacolor-Umkehrverfahren war eine entscheidende Station in der Farbfotografie »für alle«. Schon 1938 konnte die Empfindlichkeit des Films von anfangs nur 1/10°DIN auf 15/10°DIN gesteigert werden.
Nach einer Bestandsaufnahme aus dem Jahr 1978 ergab sich, daß rund 82 Prozent aller deutschen Haushalte eine Fotokamera und etwa 11 Prozent eine Filmkamera besaßen. Dies hatte seinen Grund natürlich nicht nur in der Verbesserung des Aufnahmematerials, also von Film und Papier, sondern auch in der technischen Vervollkommnung und gleichzeitig der Vereinfachung der Kameras. Automatik, Kassette, Mini-Bauweise — diese Begriffe sind gerade in jüngster Zeit Symbole für die Problemlos-Fotografie geworden.
Heute präsentieren sich Kameras und Filme als wahre Wunderwerke, als fast völlig automatisiert. Ein Ultraschallsignal mißt, nach dem Prinzip des Echolots, den Abstand zum Fotoobjekt. Eine elektronisch gesteuerte Optik findet dann binnen weniger Sekundenbruchteile die optimale Einstellung – der Benutzer drückt nur noch aufs Knöpfchen.
Wie in der Kamera der Film, so spulen sich in den Fabrikationsstätten der Foto-Industrie Rollen ab und wieder auf. Breite Bänder durchlaufen komplizierte Apparaturen, lange Gänge, verdunkelte Gebäude, in die nie ein Strahl Sonne dringt. Und wie aus dem Wechselspiel von Licht und Dunkel das Phänomen Fotografie entsteht, so kommen aus taghellen, aber auch fensterlosen, abgedunkelten Hallen die Mittel zum Fotografieren: Film und Papier.
Wie aber entsteht der Film? Da ist zunächst der Schichtträger, die Acetatunterlage, die sogenannte Acetylzellulose. Die Herstellung der Unterlage beginnt damit, daß man die Acetylzellulose in großen Rührkesseln mit organischen Lösungsmitteln zu einem gießfertigen Lack auflöst, der über ein hochpoliertes, über Rollen laufendes Metallband gezogen wird und dort erstarrt. Diese völlig glatte, durchsichtige und vor allem staubfreie Unterlage bildet den Träger für die eigentliche lichtempfindliche Schicht.
Die Herstellung der lichtempfindlichen Emulsion geschieht bei nahezu völliger Dunkelheit. Gelöstes Silbernitrat wird mit einer bromkalihaltigen Gelatinelösung in einem Kessel aus nichtrostendem Stahl zur Reaktion gebracht. Dabei entsteht Bromsilber-Gelatine, die, zunächst noch völlig unempfindlich, eine bestimmte Zeit

bis zur gewünschten Lichtempfindlichkeit reifen muß. Ist sie erstarrt, werden aus der puddingähnlichen Masse feine Nudeln gepreßt, damit sich die bei der Reaktion entstandenen Restsalze in einem Waschapparat mit Wasser auswaschen lassen.
Um diese Bromsilber-Gelatine nun auf die inzwischen mit einer Haft- und einer Antistatikschicht präparierte Unterlage aufgießen zu können, wird die Gelatine durch Erwärmen wieder verflüssigt. Nach einer weiteren Reifung kommen Zusätze, die Einfluß auf die Empfindlichkeit, die Farbrichtigkeit und die Haltbarkeit haben, dazu. Dann wird die Emulsion sorgfältig gefiltert und auf die Unterlagebahn aufgetragen. Dort erstarrt die lichtempfindliche Schicht durch Kaltluft. Anschließend wandert die Filmbahn, noch mit einer Schutzschicht versehen, durch die Trocknungsanlage, wird auf das entsprechende Format zugeschnitten und verpackt. Der Film ist bereit, in die Kamera eingelegt und belichtet zu werden.
Wenn dieser technische Vorgang so ausführlich geschildert wurde, so deswegen, um zu zeigen, auf wie viele Einzelheiten, ja Kleinigkeiten es ankommt. Hinter diesen »Kleinigkeiten« steht jahrelange chemische Forschung, jahrzehntelange Entwicklung hat es gebraucht, bis der Colorfilm von heute Wirklichkeit wurde, dessen einzelne Farbschichten die unvorstellbare »Dicke« von nur 3/1000 Millimetern haben.

Fotografieren ohne Silber

Fast 150 Jahre Fotografie sind vergangen. Die Chemiker stehen vor einer neuen Aufgabe: Ersatz für das Silber zu finden. Fachleute prophezeiten, daß die abbauwürdigen Silbervorkommen der Erde nur noch für 20 Jahre reichen. Es gibt nicht nur eine Energiekrise, es gibt auch eine Silberkrise. Für jeden Quadratmeter Schwarzweiß-Negativfilm benötigt man heute noch drei bis sechs Gramm, für jeden Quadratmeter Color-Umkehrfilm etwa vier Gramm des rarer werdenden Metalls. Bei Röntgenfilmen sind es sogar 10 bis 16 Gramm pro Quadratmeter. Für die weniger lichtempfindlichen Papiere benötigt man 1,3 bis 2,2 Gramm je Quadratmeter.

Anfang 1980 stiegen die Preise für Silber – im Schatten des Goldes – sprunghaft an. Der Preis für das weiße Edelmetall, das Anfang 1979 noch runde DM350 pro Kilogramm kostete, kletterte im Januar 1980 vorübergehend über DM2000.

Die Frage, ob für die Fotografie nicht ein Ersatz für das Silber gefunden werden kann, ist eine der vielen Herausforderungen für die chemische Forschung unserer Zeit.

Bromsilber zeigte in der Fotochemie die bisher beste Energie-Bilanz. Nur der zehnmillionste Teil eines Bromsilberkerns durchschnittlicher Größe braucht durch die Belichtung verändert zu werden, damit es im fotografischen Entwickler vollständig in schwarzes Bildsilber umgewandelt werden kann. Mit anderen Worten: Diese fotochemische Reaktion und die anschließende Entwicklung stellt eine zehnmillionenfache Verstärkung dar.

Faßt man die fotografische Bromsilberschicht als Informationsspeicher auf, so ergibt sich bei ihr die größte Speicherdichte gegenüber anderen Verfahren. Auf einem Quadratzentimeter dieser Schicht können mehr als eine Million »bit« – bit ist die kleinste Einheit einer Information – gespeichert werden. Zum Vergleich können die bisher auf dem Markt angebotenen Video-Magnettonbänder nur etwa 30000 »bit« speichern.

Werden Röntgenaufnahmen durch die Silberkrise unbezahlbar? Sie verbrauchen ja am meisten Silber, wie schon erwähnt. Eines ist sicher: Die medizinische Diagnostik kann auf Röntgenaufnahmen nicht verzichten. Das Röntgenbild bringt es an den Tag – sei es ein verdächtiger Schatten auf der Lunge, eine von außen unsichtbare kariöse Höhlung in einer Zahnwurzel oder ein von einem Kind verschluckter Nagel.

Wie unentbehrlich das Röntgenbild für die medizinische Diagnostik geworden ist, verdeutlicht die Statistik: Auf jeden Bundesbürger entfällt im jährlichen Mittel eine Röntgenaufnahme. Ein knappes Sechstel des Weltsilberangebots wandert heute in die Röntgenfilm-Produktion. Die Filmformate sind groß, die Silberbelegung ist hoch: 500 gängige Kleinbild-Negative enthalten gerade soviel Silber wie eine einzige Röntgenaufnahme bei einer Lungen-Routineuntersuchung. Eine technisch mindestens gleichrangige Alternative deutet sich bereits an mit der Elektroradiografie: Das »Zeichnen mit Röntgenstrahlen, die die Funktion von Licht haben«.

In der Not der »Silberkrise« nahmen die Forscher von heute ein Experiment des Bologneser Physikers Augusto Righi wieder auf. Im Jahre 1905 präsentierte er den staunenden Wissenschaftlern eine Aufnahme, auf der Röntgenstrahlen eine Hand abbildeten – und dies ohne Silberfilm. Die zukünftigen Möglichkeiten und Perspektiven der Elektroradiografie als Alternative zum Silberfilm auszuloten und zu verbessern, bemüht man sich in allen Laboratorien der Röntgen- und Filmindustrie.
Die Aufgaben, vor der Chemiker standen, waren immer eine Herausforderung. Forschung ist nie am Ende, auch wenn sie am Ziel zu sein scheint – wie heute die Fotochemie.

14

Die Zukunft hat erst begonnen

Das Band der unbegrenzten Möglichkeiten

Szenen aus dem Alltag von heute, wahllos aus einer Fülle herausgegriffen, über die zu schreiben scheinbar überflüssig ist, weil es sich eben um »Alltäglichkeiten« handelt.
Erster »Tatort« Autobahn: Ein Ehepaar auf dem Weg in den Urlaub. Kilometerlanger Stau. Warten, das an die Nerven geht, Ungeduld, die mißmutig macht, wo man doch allen Grund hätte, guter und froher Dinge zu sein. Im Autoradio keine Musik, die gefällt. Doch im Handschuhfach liegen die Kassetten mit den Lieblingsmelodien. Ein paar Handgriffe, dann ist die Kassette eingelegt. Die Musik, die man mag, die Erinnerungen weckt, erklingt. Macht das Warten auf freie Fahrt etwas erträglicher, lenkt vom Ärger ein klein wenig ab. Der kleine Kunststoffkasten mit dem unsichtbaren braunen Band, ins Autoradio eingelegt, wirkt fast so wie eine Beruhigungspille...
Zweiter »Tatort« Opernhaus: Noch eine Stunde bis zum Beginn der Vorstellung. In ihrer Garderobe sitzt die Sängerin vor dem Schminktisch. Und während sie Rouge auf die Wangen auflegt und das Augen-Make-up sorgfältig auswählt, hat sie das kleine Tonbandgerät eingeschaltet, das die schwierigsten Gesangspassagen ihrer Rolle abspielt, und summt sie leise mit, um sich noch einmal selbst zu kontrollieren, ehe der Vorhang sich hebt. Das kleine braune Band ist ständiger Begleiter auch der größten Opernstars.
Dritter »Tatort« Krankenhaus: Ein Oberarzt sitzt vor seinem Tonbandgerät und hört immer und immer wieder die auf dem Tonband gespeicherten Herztöne eines Patienten ab, der vor drei Wochen wegen eines akuten Infarkts mit dem Unfallwagen eingeliefert worden war. Der Ton der Herzschläge sagt ihm mehr als alle Kurven eines Elektrokardiogramms oder ist zumindest eine wichtige »sprechende« Ergänzung zur stummen Dokumentation der Linien auf der langen Papierrolle.
Vierter »Tatort« Fernsehstudio: Ein Entführungsfall bewegt seit Tagen die Öffentlichkeit. Ein Millionärssohn befindet sich in der Hand von Erpressern, die ein Lösegeld in Millionenhöhe für seine Freilassung fordern. Am Ende der Abendnachrichten sagt der Sprecher: »Und nun bittet die Kriminalpolizei um Ihre Aufmerksamkeit.« Ein Kriminalkommissar erklärt, daß man die Stimme des vermutlichen Erpressers bei einer Fangschaltung auf Tonband habe aufnehmen können. Sekunden später läuft das Tonband ab. Millio-

nen an den Fernsehgeräten hören die Stimme eines Mannes, der hart, brutal und etwas hastig seine Forderungen an die Eltern des Entführten stellt. Ein zweites und drittes Mal wird das Abspielen wiederholt – in der Hoffnung, irgend jemand könne die Stimme erkannt haben. »Hinweise nimmt jede Polizeistation entgegen«, sagt der Kommissar noch, dann folgt die Wettervorhersage.

Vier Beispiele nur. Doch sie allein zeigen schon die große Rolle, die das Magnetband heute in den verschiedensten Bereichen des öffentlichen wie des privaten Lebens spielt. Gäbe es das Magnetband nicht, wäre es vorbei mit der Vielfalt der Programme im Hörfunk und im Fernsehen, gäbe es das Überspielen aktueller Interviews mit den Mächtigen dieser Erde nicht mehr. Keine bequeme Kassettenmusik unterwegs, keine Möglichkeit, ein Folklorekonzert am Urlaubsort aufzunehmen.

Ohne Tonband gäbe es aber auch keine zeitsparenden Datenrechner, kein Dirigieren ganzer Maschinenanlagen und auch keine exakte Steuerung von Erdsatelliten. Längst ist es zu einem Band der unbegrenzten Möglichkeiten geworden, in der Forschung, in der Technik, in der Wissenschaft und im Beruf. Es ist bei der Suche nach neuen Erdölvorkommen dabei und stellt Elektronengehirnen Aufgaben. Es ist unentbehrlich geworden bei den Steuerberechnungen des Finanzamtes, in der Datenzentrale einer Krankenkasse und in den Buchungsstellen der Reisebüros. Magnetbänder steuern die Grünwellen der Ampelanlagen, sorgen für schnelle Gehaltsabrechnungen und wurden für Millionen zu einem Freizeithobby.

Nach so viel Lobpreisung des kleinen braunen Bandes wundert man sich natürlich, daß es nirgendwo auf der Welt ein Denkmal für seinen Erfinder gibt, nirgendwo eine Straße, die nach ihm benannt ist. Der Grund? Das Magnetband hatte viele Väter, war nicht der geniale Blitzeinfall eines einzigen Mannes.

Seine Erfindung ging nicht in die Geschichte ein wie jener 12. August 1877. An jenem Tag sagte eine von Thomas Alva Edison erfundene Maschine die erste Strophe eines englischen Kinderliedes: »Mary had a little lamb.« Es klang schnarrend und ein wenig verzerrt. Aber es war deutlich zu verstehen. Der kurze Satz wurde vor über 100 Jahren zur Sensation. Zum ersten Mal in der Geschichte der Menschheit war es gelungen, Schall aufzuzeichnen und wiederzugeben. Der konservierte Satz stammte aus dem Munde Edisons.

Die Stimmen sterblicher Menschen unsterblich machen

Eine faszinierende, aber utopische Vision: auf Schallplatte oder Tonband die Stimmen der Großen der letzten 2000 Jahre zu hören: Christus, Mohammed, den Sonnenkönig, Columbus, Kopernikus, Napoleon, Beethoven, Mozart, van Gogh, Kant oder Nietzsche. Am Ende des dritten Jahrtausends werden die Menschen, die dann leben, auf einen Knopf drücken und sie werden die Stimmen derer, die dann als die Großen gelten, hören können. Nicht nur in ihren Stimmen werden sie unsterblich bleiben, auch in ihrer Gestalt; denn Platten oder Bänder haben sie in Bild und Ton für alle Zeiten »konserviert«. Jeder kann sie ins Leben zurückholen, wenn er es will. Mit dem 12. August 1877 begann diese Wirklichkeit eines uralten Menschheitstraums. Was vorher nur Dichter, Spinner und Visionäre prophezeit hatten, war Tatsache geworden. So hatte schon 1644 ein anonym gebliebener französischer Schriftsteller einen utopischen Roman geschrieben, »Reise nach dem Mond«. In ihm schilderte er, daß dem Besucher von der Erde von einem Mondmenschen ein Buch geschenkt wurde, das man allerdings nicht lesen konnte, es war nur mit einer feinen Nadel abzutasten und so zu hören.

Die Erfindung des Tonschreibers, der sich nach jenem Augusttag 1877 stürmisch entwickelte, wurde zur Geschichte zweier unterschiedlicher technischer Konzepte. Die Phonographie Edisons mußte sich gegen das im Jahr 1888 von dem Deutschamerikaner Emil Berliner erfundene Grammophon behaupten. Im Gegensatz zu den Walzen des Phonographen spielte das Grammophon Schallplatten ab, die anfangs aus mit Wachs beschichtetem Metall bestanden, dann aus Schellack und schließlich seit 1958 aus dem Kunststoff PVC (Polyvinylchlorid). In diesem Zweikampf unterschiedlicher Techniken setzte sich Berliners Grammophon durch – vor allem auch wegen der größeren Lautstärke, der längeren Spieldauer und der einfacheren Fertigung.

Doch schon wenige Jahre nach der Edisonschen Erfindung des Phonographen veröffentlichte der amerikanische Ingenieur Oberlin Smith 1888 einen Aufsatz, in dem er eine neue Möglichkeit für die Tonaufzeichnung vorschlug: Ein Tonträger sollte durch einen

Elektromagneten im Rhythmus der von einer Membrane aufgefangenen Schallwellen magnetisiert werden. Bei der Wiedergabe sollten dann umgekehrt die magnetischen Impulse elektrische Ströme erzeugen und diese wiederum eine Membrane in Schwingungen versetzen und dadurch hörbar werden. Als Tonträger schlug Smith Drähte oder Bänder aus Stahl, aber auch Fäden aus Baumwolle oder Seide vor, die mit Stahlstaub durchsetzt waren. Mit diesem Vorschlag hatte Smith die eigentliche Idee der magnetischen Tonaufzeichnung, auch wenn der technische Stand jener Zeit nicht ausreichte, um die Idee zu verwirklichen.

Die ersten praktischen Versuche, den Magnetismus zum Festhalten von Tonschwingungungen zu benutzen, unternahm der dänische Physiker Valdemar Poulsen. 1898 stellte er sein »Telegraphon« vor, ein Gerät, das mit einem Stahldraht als Tonträger arbeitete. Dieses Telegraphon wurde zur Sensation auf der Pariser Weltausstellung im Jahre 1900, dann aber bald wieder vergessen. Die damalige Technik bot noch nicht genügend Möglichkeiten zur Weiterentwicklung. Erst die Einführung der elektrischen Verstärkertechnik konnte runde 30 Jahre später zur entscheidenden Fortführung dieses Verfahrens beitragen.

Man mußte jedoch feststellen, daß mit der Tonverstärkung auch die störenden Nebengeräusche beträchtlich zunahmen. Klang und Verständlichkeit wurden kaum besser. Für die Schallplatte war das Magnetband – zum Draht war inzwischen ein Stahlband hinzugekommen – noch längst keine Konkurrenz. Wenn das Stahlband riß – und dies kam häufig vor –, konnte man es nur durch Schweißen neu verbinden. Dadurch aber wurden die magnetischen Eigenschaften einer Aufnahme örtlich so verändert, daß sich beim erneuten Abspielen ein lautes, störendes Knacken einstellte.

Mit einer verblüffenden neuen Idee trat im Frühjahr 1928 der Dresdener Ingenieur Fritz Pfleumer an die Öffentlichkeit. Er kannte die Schwächen des bisherigen Verfahrens, wußte, daß sich Stahldrähte häufig verwirrten und rissen. Man erzählt von ihm, daß er das heute lange vergessene Goldmundstück für Zigaretten erfunden und eingeführt haben soll. Dabei kam ihm auch der Einfall, für das Magnettonband nicht mehr Stahl zu verwenden, sondern – Papier! Die Oberfläche dieser Papierbänder beklebte er mit einer Eisenpulverschicht. Der Vorteil: Man konnte den Papierstreifen nach jedem

Zerreißen durch einfaches Zusammenkleben wieder reparieren. Beim erneuten Abspielen machte sich diese Klebestelle – im Gegensatz zur Schweißstelle eines Stahlbandes – akustisch kaum bemerkbar.
Für dieses neue Verfahren begann sich nun die Großindustrie zu interessieren. Die Allgemeine Elektrizitätsgesellschaft (AEG) in Berlin entschloß sich, die Gedanken des Dresdener Ingenieurs Fritz Pfleumer weiter zu entwickeln. Auf der Suche nach einem möglichst feinen Eisenpulver wandte man sich an die BASF in Ludwigshafen. Die Pfleumerschen Papierbänder rissen noch zu leicht. Daher versuchte man, das feine Eisenpulver statt auf Papier nunmehr auf Kunststoff-Folien, auf Acetylzellulose, aufzubringen. Diese Idee bedeutete den entscheidenden Schritt für den Durchbruch zum Magnettonband. Man kann diese Idee keinem einzelnen Mann zuordnen. Sie war das Ergebnis der Überlegungen vieler Chemiker und Physiker in Ludwigshafen.
Um jedoch wissenschaftlich korrekt zu sein, müßten an dieser Stelle noch andere Namen aufgeführt werden. Der griechische Philosoph Pythagoras (582–507 v. Chr.) zum Beispiel. Er fand die Gesetze harmonisch schwingender Saiten und die Zusammenhänge zwischen den Schwingungszahlen der Töne. Galileo Galilei (1564–1642) erkannte als erster den Schall als Wellenbewegung. Isaac Newton (1643–1727) begründete die Lehre vom Schall. Der deutsche Physiker Simon Ohm (1789–1854) wies als erster auf den Unterschied zwischen Klang und Ton hin. Und Hermann von Helmholtz (1821–1894) beschrieb in seiner »Lehre von den Tonempfindungen« die Zusammensetzung der Klänge.
Sie alle gehören zu den vielen Vätern, die das Magnettonband hat.

Das »magische Band« beginnt zu laufen

Funkausstellung Berlin 1935. Alle Besucher drängen sich um einen einzigen Stand, um eine Weltpremiere mitzuerleben: Auf dem ersten »Magnetophon« der AEG wurde das erste »Magnetophonband« der BASF einer staunenden Öffentlichkeit präsentiert. Drei Jahre lang, seit 1932, hatten Ingenieure, Physiker und Chemiker zusammengearbeitet. Ein entscheidender Schritt für den endlichen Erfolg war die Erkenntnis, daß sich ein magnetisierbares schwarzes Eisenoxid besser für die Magnetschicht eignete als das bisher verwendete Eisenpulver. Kurz darauf erwies sich dann das braune Gamma-Eisenoxid als noch vorteilhafter.

Die magnetisierbaren Teilchen dieses Oxids wurden in ganz dünner Schicht gleichmäßig auf einen Grundfilm aus Acetylzellulose aufgetragen. Die breiten Folien schnitt man in 6,5 mm breite und 1000 m lange Bänder und spulte sie auf Metallkerne. Bei der damaligen Bandgeschwindigkeit von 1 m/sec. hatte ein Band also eine Spielzeit von fast 17 Minuten. Dieses erste von der BASF in Serie gefertigte Tonband erhielt nach dem Namen Cellit für die Kunststoff-Folie des Trägers die Bezeichnung »Magnetophonband Typ C«.

Doch fast wäre die Weltpremiere des »magischen Bandes« auf der Funkausstellung Berlin 1935 ausgefallen. Im Funkturm brach ein Feuer aus, das rasch auf die Messehalle übergriff. In letzter Sekunde konnte das Gerät noch in Sicherheit gebracht werden.

Ein neues Medium – wie man heute sagen würde – war geboren, auch wenn es zunächst von exklusiver Natur war. Man konnte damals noch nicht in ein Geschäft gehen und es kaufen. Hauptabnehmer der ersten »Magnetophone« und »Magnetophonbänder« waren die Rundfunkstationen. Die Vorteile gegenüber den bisher benutzten Platten waren allzu deutlich: eine leichtere Tonmontage, die Möglichkeit, Tonkontrollen noch während einer Aufnahme vorzunehmen, die längeren Speicherzeiten gegenüber den bisher verwendeten Wachsschnitten auf Platten. Die Folge: Die Live-Sendungen des Rundfunks traten zugunsten der Band-Sendungen mehr und mehr zurück. Um einen Sprung in die Gegenwart zu machen: Heute kommen mehr als 90 Prozent aller Funkprogramme vom magischen, braunen Band.

Die große künstlerische Aufwertung erhielt das Tonband schon ein Jahr nach seiner Premiere. Am Donnerstag, 19. November 1936, gab der wohl berühmteste Dirigent jener Jahre, Sir Thomas Beecham, mit seinem Londoner Philharmonischen Orchester im Feierabendhaus Ludwigshafen ein Konzert. Auf dem Programm standen unter anderem Mozarts Sinfonie Es-Dur Nr. 39 und Anton Dvořáks Sinfonie Nr. 5 G-Dur op. 88. Nach anfänglichem Zögern war Sir Thomas Beecham damit einverstanden, daß das Konzert auf dem neuen Magnetophonband mitgeschnitten wurde. Als er abhörte, verschwand jede Skepsis. Klare Töne, die pianissimo-Passagen genau so musikgetreu wie die fortissimo-Sätze.
Die Schallplatte hatte ihren ebenbürtigen Konkurrenten gefunden. Der Karajan jener Zeit hatte es bestätigt. Kein Grund für Toningenieure, auf dem frühen Lorbeer auszuruhen. Sie hatten mit einer Tonfrequenz von 50 bis 5000 Herz zwar den damaligen Mittelwellenstandard erreicht, aber besser als die Schallplatte war das Magnetophonband noch nicht.
Der Zweite Weltkrieg brach aus, die Wissenschaftler arbeiteten trotzdem an der Vervollkommnung des Magnetophonbandes weiter. Das Forscherglück kam im Jahr 1941. Ein Zufall bei technischen Versuchen im Forschungslabor der damaligen Reichsrundfunkgesellschaft in Berlin mit Hochfrequenzstrom – statt bisher mit Gleichstrom – zeigte, daß mit ihm ein Band völlig entmagnetisiert werden konnte. Das bis dahin fast unvermeidliche Rauschen – das es damals auch noch auf Schallplatten gab – war fast völlig verschwunden. Man konnte so alte Aufzeichnungen auf einem Band völlig löschen und es neu bespielen.
Die Konferenz, zu der Anfang Juni 1941 die AEG einen kleinen Kreis geladener Gäste einlud, war eine Art Geheimtreffen. Und nur wenige wußten, daß nunmehr der gesamte natürliche Tonumfang von Sprache und Musik mit dem neuen Verfahren vom Magnetophonband beherrscht werden konnte. Erst nach Kriegsende wurde der breiten Öffentlichkeit deutlich, was die Forschung hier geleistet hatte.

Eisenhower und Hitler auf dem gleichen Tonband

In historischen Dokumentationen findet sich eine seltsame, kaum glaubhafte Geschichte. Sie betrifft die Amerikaner, die – seit Edison und Berliner – den Schallplattenmarkt beherrschten. Von der großen Konkurrenz, die ihnen durch das Magnetophonband erwachsen sollte, ahnten sie, seitdem sie in den Krieg eingetreten waren, nur wenig.

Doch vor der Invasion in der Normandie 1944 wurden sie hellhörig. Der amerikanische Nachrichtendienst, der in England die deutschen Rundfunksendungen abhörte, machte eine seltsame Beobachtung. Man konnte die Stimme Hitlers zu allen Tageszeiten hören. Man wußte aber auch, daß es sich hierbei nur um Aufzeichnungen handeln konnte. Welcher Art konnten diese Aufzeichnungen sein?

Man hörte keine Nadelkratzer und keine sonstigen Nebengeräusche, wie die Amerikaner sie von ihren damaligen Schallplatten her gewohnt waren. Major Orr, leitender Ingenieur bei der Rundfunk-Abteilung des amerikanischen Hauptquartiers in England, wurde vom »Intelligence-Service« darüber informiert, daß die Deutschen über ein neuartiges magnetisches Aufzeichnungsgerät verfügten, das sie schon seit 1939 benutzten.

Eine Information, aber sie half nicht viel weiter. Erst als den Alliierten Ende 1944 Radio Luxemburg, der größte Rundfunksender des Kontinents, in die Hände fiel, begann sich das Dunkel zu lichten. Man fand in den Räumen von Radio Luxemburg auch drei der geheimnisvollen deutschen Bandaufnahmegeräte. Als man sie in Betrieb setzte, war die Überraschung bei Major Orr groß. Eine klangreinere Musik konnte man sich nicht wünschen, kein Kratzen, keine Nebengeräusche irgendwelcher Art. Fast schon »high-fidelity«. Der Major erkannte sofort die Bedeutung dieses Magnetbandes für den Rundfunk in der ganzen Welt.

Einige Monate später, im Juni 1945, wollte sich General Eisenhower an die Bevölkerung der von den Amerikanern besetzten Zone wenden. Man nahm seine Ansprache auf Magnetband auf, auf einer der Spulen, die man von den Deutschen erbeutet hatte. Bei der Wiedergabe über die Sender jedoch ertönte mitten in Eisenhowers Rede plötzlich die brüllende Stimme Adolf Hitlers. Zum Entsetzen aller, nicht zuletzt auch Eisenhowers, dauerte dieses unerwünschte »Zwischenspiel« zwei Minuten, zwei Minuten, in denen Hitlers brüllende Stimme die leiseren Töne Eisenhowers fast völlig »zudeckte«.

Eisenhower raste, es nützte wenig, daß Herbert Orr erklärte, daß aus unerklärlichen Gründen das deutsche Band mit Hitlers Rede nicht vollständig gelöscht worden war. Ike Eisenhowers Reaktion: »Von jetzt an keine offiziellen Aufzeichnungen mehr auf alten deutschen Tonbändern. Lernen Sie es, wie man Bänder herstellt! Nur noch Rundfunkausstrahlungen auf eigenen, neuen Bändern!«

Ein Befehl eines Generals, an Herbert Orr gerichtet. Aber wie herausfinden, wie die Deutschen diese Bänder herstellten? Orr fuhr nach Ludwigshafen zur BASF und wurde dort an Dr. Karl Pflaumer verwiesen, den »grand old man« des deutschen Tonbandes, besser gesagt: des deutschen Magnettonbandes.

Nachdem ihm Orr seinen Auftrag erkärt hatte, schmunzelte der alte Wissenschaftler und antwortete ihm auf englisch:

»Ich könnte es Ihnen erzählen, wie Sie gute Magnetbänder herstellen können. Aber da es offensichtlich für Sie eilt, werde ich Ihnen jetzt nicht die beste Methode geben, sondern die einfachste.«

Bereits zwei Wochen nach Eisenhowers Befehl war Orr in der Lage, das erste Magnetband in den USA herzustellen. Allerdings konnte sich die Tonqualität – es war ja die schnellste und einfachste Methode – nicht mit jener der deutschen Bänder messen.

Soweit die Politik – aber trotz Krieg und gegensätzlicher Uniform waren die Amerikaner Orr und der Deutsche Pflaumer Freunde geworden. Die Laufbahn Orrs in Deutschland endete mit einem schweren Autounfall. Als Pflaumer erfuhr, daß der Freund in die Vereinigten Staaten zurückgeflogen werden sollte, besuchte er ihn noch einmal. Zum Abschied zog er einen Umschlag aus der Tasche. »Als Ausdruck meiner Hochachtung für Sie«, sagte er.

Der Umschlag enthielt keine sentimentalen Worte, dafür aber Pflaumers sämtliche Formeln und Beschreibungen für die Herstellung eines Tonbandes in seiner höchsten Qualität. Sie wurden zur wichtigsten Grundlage, als Orr wenige Monate nach seiner Rückkehr in die USA in Alabama seine Firma gründete, die »The Orradio Company of Opelika«.

Nun begann auch in den Staaten der Siegeszug des Magnettonbandes.

Ein Hobby für viele Millionen

Während Schallplatte und Plattenspieler schon lange ihren Einzug in die Haushalte gehalten hatten, traf dies für das Tonband erst nach 1948 zu, als die Industrie kleinere Heimtongeräte zu bauen anfing. Die Zahl begeisterter Tonbandamateure wuchs schnell.

Doch wie primitiv war alles noch – mit den Augen von heute gesehen. Es gab nur einen Bandtyp, die Spielzeit betrug eine knappe halbe Stunde, und das Band war noch relativ dick, fast so dick wie ein Menschenhaar. Wie anders dagegen heute. Es gibt Langspiel-, Doppelspiel-, und Dreifachspielbänder, es gibt Halb- oder Viertelspurbetrieb und die verschiedensten Bandgeschwindigkeiten. Die ununterbrochene Spielzeit pro Spur (bei der Standardgeschwindigkeit von 9,5 cm/s) stieg auf über drei Stunden. Man zeichnet heute auf einem nur 6,3 Millimeter breiten Magnetband acht getrennte Tonspuren auf, die sich gegenseitig nicht stören. Ein Magnetband von z. B. 8 mm enthält für Bild- und Tonbandaufzeichnung sogar 72 Spuren (LVR-System). Und die Kassettenbänder unserer Tage haben die kaum noch vorstellbare »Dicke« von einem Sechstel eines Menschenhaares. Während Spulentonbänder als Dreifachspielband noch 0,018 mm dick sind, haben Kassettenbänder dagegen nur noch eine Dicke von 0,009 mm.

Erreicht wurde dies alles durch »Kleinarbeit« der Ingenieure und der Chemiker. Waren die ersten Kunststoff-Folien mit feinstem Eisenstaub beschichtet, erwies sich inzwischen ein Eisenoxid als Magnet-Pigment als noch besser. In den sechziger Jahren entwickelte die amerikanische Firma DuPont – nunmehr auf Chrom-Basis – ein neues Oxid mit noch günstigeren physikalischen und magnetischen Eigenschaften.

Sie führten letzten Endes auch zur HiFi-Reife der anfangs viel belächelten Compact-Kassetten, die es seit 1965 gibt. In den ersten Jahren gab es die Compact-Kassetten nur mit Eisenoxidbändern. Bis dahin hatte das Spulen-Tonbandgerät den Markt beherrscht.

»Spieldöschen« nannte man sie, weil man ihnen mit ihrer kleinen Bandgeschwindigkeit von 4,75 cm/s und ihrem schmalen Band – nur 3,81 mm breit – nicht viel zutraute. Ein Vorurteil, das schnell revidiert werden mußte. Vor allem seit dem Herbst 1971, als die ersten Kassettenrecorder mit automatischer Chromdioxid-Umschaltung auf den Markt kamen.
Die Kassettenrecorder wurden zum akustischen »Spielzeug« unserer Zeit.
Fast ist man geneigt, hinter der überwältigenden Fassade der Geräte mit ihrem mattsilbernen oder schwarzen Design, mit ihren Schaltknöpfen, mit den Prädikaten HiFi und Stereo (Quadro ist schon wieder »out«) das kleine Band zu vergessen, das noch immer das Herz bleibt.
Und seine Möglichkeiten scheinen noch lange nicht erschöpft zu sein. Es ist keine Utopie, wenn auch etwas Zukunftsmusik, zu behaupten, daß das unscheinbare Band in bereits absehbarer Zeit den heutigen Super-8-Film aus den Filmkameras verdrängen wird und daß die Aufnahmen ohne zeitraubende Entwicklungsstadien sofort auf dem Farbfernsehgerät bewundert werden können.

15

Fortschritt um jeden Preis oder Risiko um keinen Preis

Das Milliardending Sicherheit

Eine Nacht wie tausend andere. Pünktlich um 21 Uhr hat Schichtführer Robert Gerlach seinen Dienst in der Überwachungszentrale der Ammoniakanlage des Chemiewerks angetreten. Das leise Summen der zahllosen Instrumente übertönt das Brummen eines Jets, der den 15 Kilometer entfernten Flughafen anfliegt. Ohne auf die Uhr zu schauen, weiß Gerlach: 21.30 Uhr ... die LH 080 New York wird in fünf Minuten zur Landung ansetzen.
In diesem Augenblick geschieht es: Aus der langen Reihe toter, schwarzer Augen der Meßkolonne 4 erwacht eines zum Leben. Flackernd zuerst, dann mit permanentem, warnendem Rot blinkend. Gerlach sieht es sofort. Und weiß: Da stimmt etwas nicht. Mit ein paar Schritten ist er vor der langen Schalttafel. Mit einem Blick erfaßt er mehrere Informationen gleichzeitig. Und diagnostiziert wie ein Arzt die Ursache: zuviel Kohlenmonoxid im Synthesegas. Temperatur im Methanisierungsreaktor steigt! Jetzt müßte... Doch da ist es schon. Das akustische Warnsignal zerschneidet mit schrillem Hupton die Stille.
Nur eine Sekunde lang denkt Gerlach nach. Dann steuert er schnell, aber ohne Hast, einen bestimmten Punkt der Schaltzentrale an, den Desorber. Die beiden Temperaturfühler und beide Analysengeräte zeigen an, daß das Synthesegas unsauber in den Reaktor zu strömen beginnt. Noch einen Blick auf ein anderes Instrument. Ein roter Zeiger hat eine bestimmte Marke überschritten, signalisiert, daß sich im Gas 0,001 Volumenprozent zu viel Kohlenmonoxid befindet.
Ruhig drückt Schichtführer Gerlach einen Knopf. Die Zufuhr des unsauberen Gases in den Reaktor wird gestoppt, nun beginnt sich das Gas vor dem Reaktor zu stauen. Und dieser Stau erzeugt Druck, gefährlichen Druck. Dieser Druck muß weg.
Gerlach drückt auf einen anderen Knopf und öffnet damit ein Ventil. Das Gas kann entweichen, schießt in eine Fackel und verbrennt mit lodernder Flamme über dem Werk. Die Zeiger der Instrumente gehen in die Ausgangslage zurück. Das rote Auge erlischt, im gleichen Moment verstummt die Sirene. Geschafft!, denkt Gerlach. Er greift zum Telefon und verständigt den Betriebsleiter. Dann trägt er den Vorfall in das Schichtbuch ein.
Was aber – so könnte gefragt werden – wäre in jener Nacht passiert, wenn Schichtführer Gerlach versagt hätte? Die Antwort der Tech-

niker und Chemiker lautet, daß auch ohne ein handelndes menschliches Wesen in jener Nacht mit an Sicherheit grenzender Wahrscheinlichkeit nichts passiert wäre. Denn wäre nach Ertönen des akustischen Warnsignals nicht eingegriffen worden, hätte sich nach ein paar Sekunden die eingebaute Automatik selbständig gemacht. Beim Überschreiten eines bestimmten Wertes hätte der Temperaturschalter selbsttätig die Regelung ausgelöst und den Gaszustrom unterbrochen. Der Druck des Gases vor dem Reaktor hätte das Sicherheitsventil automatisch geöffnet, so daß das Gas in die Fackel geströmt wäre.

War das, was in dieser Nacht zwischen 21.30 Uhr und 21.33 Uhr in der Schaltzentrale einer Ammoniakanlage eines Chemiewerks geschah, nun ein »Beinahe-Unfall«, eine Bedrohung der Sicherheit? Oder war es ein »Nicht-Unfall«, weil eben nichts passierte und alle Sicherheitssysteme perfekt funktionierten? Eine Frage, an der sich die Geister scheiden. Wer von der modernen Industrie im allgemeinen und von der Chemie im besonderen absolute Sicherheit fordert, in diesem Vorfall also einen »Beinahe-Unfall« sieht, müßte logischerweise auf alle Erzeugnisse und Produkte der Chemie verzichten und ein Leben wie in der Steinzeit führen.

Wer dagegen weiß, daß die Forderung nach absoluter Sicherheit Utopie ist, daß menschliches Handeln nie ganz ohne Risiko sein kann, wird die Antwort »Nicht-Unfall« geben.

Das Reizwort Seveso steht noch immer im Raum

In der Öffentlichkeit wird die Bedeutung der Chemie für die Volkswirtschaft und den Lebensstandard hoch eingeschätzt. Zugleich besteht aber ein Unbehagen wegen möglicher Gefahren, die von chemischen Anlagen und Produkten ausgehen können. Einige wenige spektakuläre Vorfälle scheinen die bestehenden Vorurteile zu bestätigen.

Der Ortsname Seveso ist noch immer ein Reizwort, wenn es um, und vor allem wenn es gegen die Chemie geht. Zu Recht oder zu Unrecht? Am 10. Juli 1976 war aus einem Berstventil der chemischen Fabrik Icmesa S.p.A. in dem kleinen Dorf Meda bei Seveso eine »Giftwolke« ausgeströmt. Es handelte sich dabei um die Substanz TCDD, chemisch exakt um das »2,3,7,8-Tetrachlordibenzoparadioxin«. Vieh, das auf den Weiden graste, verendete. Bäume und Büsche verloren ihre Blätter. 1808 Hektar Land wurden verseucht. Mehrere Ortschaften mußten als Gefahrenzone abgesperrt werden. Über 600 Einwohner wurden für ein Jahr, weitere 200 sogar für zwei Jahre evakuiert.

Der Name Seveso war nicht mehr nur der Name eines Dorfes, er wurde von jenem 10. Juli 1976 an zum Synonym für die Folgen angeblich unkontrollierter technischer Entwicklungen. Der italienische Publizist Indro Montanelli schrieb, der Mythos von der Wissenschaft, die jede Katastrophe habe bannen können, sei nun zu Ende; die Technologien entglitten zusehends der Kontrolle ihrer Kontrolleure. Massenmedien wurden nicht müde, apokalyptische Bilder des Geschehens zu zeichnen. »Seveso ist überall« – so lautete der verkaufswirksame Titel eines Buches, in dem die Autoren die Angst vor der Chemie weiter anheizten, weil sie »die Risiken bisher vernachlässigt, bagatellisiert oder ganz einfach unter den Boden gekehrt« habe.

Knapp zwei Jahre später, am 25. Juli 1978, veröffentlichte die von der italienischen Regierung eingesetzte parlamentarische Untersuchungskommission ihren 470 Seiten starken Abschlußbericht. Die Befragung von 104 Zeugen in 74 Sitzungen der 30köpfigen Kommission, die von dem Genueser Psychiater Bruno Orsini geleitet wurde, führte allerdings zu einem Ergebnis, das von einer Pauschalverurteilung der Chemie weit entfernt war.

In der chemischen Fabrik Icmesa S.p.A., so der Bericht, seien technisch mangelhafte Anlagen für die Produktion des Trichlorphenols, bei dem als Abfallprodukt TCDD entstehen kann, installiert worden. Es habe eine automatische Temperaturkontrolle für die Druckkessel gefehlt, ein Auffangbehälter für ausströmende Gase und eine Ventilsicherung. Das einzige Berstventil des Kessels sei außerdem für einen viel zu hohen Druck eingestellt gewesen.

Die Sicherheit dieser chemischen Anlage wies Mängel auf, der Bericht offenbarte sie. Von ihr aber auf alle chemischen Anlagen zu schließen, war und ist ein unverantwortliches Spiel mit der Angst. So stellte auch am 30. Oktober 1978 Dr. Günter Hartkopf, Staatssekretär im Bundesministerium des Inneren, vor dem Bundestag fest: »Ein vergleichbarer Betriebsunfall muß in der Bundesrepublik Deutschland wegen des hier andersartigen Verfahrens und der Vorschriften und Regelungen als nahezu ausgeschlossen angesehen werden.« Mit anderen Worten: Seveso ist nicht überall, und schon gar nicht in der Bundesrepublik. Als übertrieben stellten sich auch die Berichte über die angeblichen Folgen für das Leben, die Gesundheit der betroffenen Menschen im Gebiet um Seveso heraus. Das Gespenst von Mißgeburten wurde an die Wand gemalt. Der Bericht der Kommission aber stellte wissenschaftlich nüchtern fest: Es gab keinen Toten in Seveso. Kein Kind kam mißgebildet zur Welt. Die 187 Chloraknefälle bei Kindern führten zu keinen Dauerschäden. Die Laboranalysen von rund 600000 Blutproben, die 31296 Einwohnern der gefährdeten Region entnommen worden waren, ergaben völlig normale Werte.

Die Ergebnisse dieser Untersuchungskommission machten allerdings keine Schlagzeilen. Sie wurden nur in wenigen Fachzeitschriften veröffentlicht. So blieben im Gedächtnis der Massen die verzerrten, übertriebenen Meldungen haften. Geschäfte mit der Angst scheinen lohnender zu sein. Die Wahrheit darf dabei schon mal auf der Strecke bleiben. Seveso ist dafür nur ein Beispiel unter vielen anderen.

Im Zweifel für die Sicherheit

Am 28. Oktober 1977 hatte der Verband der Chemischen Industrie seinen 100. Geburtstag. In der Deutschen Oper Berlin sagte der damalige Bundespräsident Walter Scheel in seiner Rede: »Ich habe einmal eine offizielle Liste der bei uns verwendeten Giftstoffe in der Hand gehabt. Ich weiß nicht mehr, wieviel Nummern sie hatte. Jedenfalls gingen sie in die Tausende. Womit hantieren wir da eigentlich? Sind alle die Stoffe unentbehrlich? Kennen wir wirklich alle Gefahren, die von diesen Stoffen ausgehen? Offensichtlich sind die Risiken heute weitaus größer als früher. Die Menschen sind nicht mehr bereit, dem Gang des sogenannten Fortschritts, für den im

Grunde niemand verantwortlich zeichnet, vorbehaltlos zu vertrauen.«
Seveso lag damals 15 Monate zurück. Der Bericht der Untersuchungskommission wurde erst neun Monate nach dieser Rede vorgelegt. Berechtigte Fragen in dieser Rede. Aber genauso berechtigt ist ein Fragezeichen hinter der Behauptung, daß »im Grunde niemand für den Gang des Fortschritts verantwortlich« sei.
Natürlich ist der Autokonstrukteur verantwortlich, wenn ein Wagen in die Werkstätten zurückgerufen werden muß, weil zum Beispiel eine winzige fehlerhafte Gummibüchse in der Lenkung den Wagen unlenkbar macht. Obwohl Hunderttausende von Testkilometern vor der Zulassung für diesen neuen Typ lagen. Und natürlich sind Flugzeugkonstrukteure zur Verantwortung zu ziehen, wenn die Aufhängung von Düsenaggregaten Risse aufweist, die zu Katastrophen führten.
Auch die Verantwortlichen für die fehlerhafte Anlage im Chemiewerk bei Seveso mußten sich vor Gericht dafür verantworten, was an jenem heißen Julitag des Jahres 1976 geschah.
Ein anderer Satz in der Rede Walter Scheels in der Deutschen Oper lautete: »Ich appelliere, bei geringstem Zweifel nach dem Grundgesetz zu verfahren: Sicherheit muß Vorrang haben!«
In einem Industriezweig, der mehr als jeder andere mit »gefährlichen Stoffen« arbeitet, war Sicherheit schon immer oberstes, wenn auch ungeschriebenes Gesetz. In den Werken der chemischen Industrie werden – das war nie ein Geheimnis – große Mengen an brennbaren und teilweise auch gesundheitsschädlichen Stoffen verarbeitet und aufbewahrt. Manche werden unter Druck gelagert, andere können durch Vermischung mit Luft explosionsfähige Gemische bilden. Müßten nicht jene, die in diesen chemischen Werken arbeiten, am ehesten gefährdet sein?
Manchmal sagt eine Statistik mehr aus als tausend Worte. Ein Beispiel: Tödliche Unfälle in der Bundesrepublik Deutschland zwischen 1968 und 1978. Die Verkehrstoten lagen in diesen zehn Jahren an der Spitze, etwa 14600 pro Jahr. Die tödlichen Unfälle im Haushalt und in der Freizeit sanken von 11300 im Jahr 1968 auf 8755 im Jahr 1978. In der gewerblichen Wirtschaft – vom großen Konzern bis zum kleinen Handwerksbetrieb – sank die Zahl der Unfalltoten von fast 4300 im Jahr 1968 auf 2825 im Jahr 1978. Der

Anteil der Chemie an diesen Zahlen? 87 im Jahr (davon 19 Verkehrstote) 1968, 62 im Jahr 1978 (davon 13 Verkehrstote). Gewiß: Jeder Tote ist zuviel. Aber bei mehr als einer halben Million Mitarbeiter kann man von einem besonders hohen Risiko in der chemischen Industrie wirklich nicht sprechen.
Ein Stichwort fällt: Krebs. Und zwei Behauptungen stehen im Raum: Arbeiter der chemischen Industrie leben »krebsgefährdeter«, aber auch Menschen, die in der Nähe einer Chemiefabrik wohnen. Der American Council on Science and Health, ein unabhängiges Gremium namhafter Ärzte, Krebsforscher, Mikrobiologen, Toxikologen sowie Agrar- und Ernährungswissenschaftler, hat in einer Studie, die 1979 veröffentlicht wurde, festgestellt: Krebserkrankungen sind nicht auf die Industrialisierung und nicht auf die Umweltverschmutzung zurückzuführen, sondern eher auf eine unkluge Lebensweise. Als wichtigste Risikofaktoren wurden Zigarettenrauchen, Alkoholmißbrauch, zu starke Sonnenbestrahlung und schlechte Ernährungsgewohnheiten genannt.
Die US-Wissenschaftler stehen mit ihrer Ansicht nicht allein. In der Bundesrepublik Deutschland bezweifelt vor allem Professor Heinz Oeser, Radiologe in Berlin, die heute gängigen Vorstellungen über die Ursachen von Krebserkrankungen. Er vertritt die statistisch abgesicherte These, daß die Krebsgefährdung in den verschiedenen Altersstufen seit der Zeit um die Jahrhundertwende praktisch konstant geblieben ist. Wenn heute wesentlich mehr Menschen als damals an Krebs sterben, liegt nach Oeser der Grund darin, daß die Wahrscheinlichkeit, an Krebs zu erkranken, mit zunehmendem Alter stark zunimmt und heute mehr Menschen die krebsgefährdeten Altersklassen erreichen. Die Behauptung, daß Mitarbeiter der chemischen Industrie besonders krebsgefährdet seien, verneint er. »Von einer statistisch relevanten vermehrten Krebshäufigkeit«, so Oeser, »kann in diesen Betrieben nicht die Rede sein. Die Zahl der anerkannten Berufskrebse ist gering. Sie gibt keinen Anlaß zu besonderer Besorgnis.« Ebenso eindeutig widerspricht er der Behauptung, daß die Menschen, die in chemischen Ballungsgebieten wohnen, krebsgefährdeter seien als andere.
Wie die amerikanischen Forscher stellt er fest: »Man muß die Ursachen des Krebses wieder mehr im Menschen selber suchen als in seiner Umwelt.«

Sicherheit setzt voraus, daß man Gefahren kennt. Nur dann kann alles getan werden, um ihnen vorzubeugen. Bei der Chemie gibt es kalkulierbare, aber auch weniger kalkulierbare Gefahren. Kalkulierbar sind jene, die in den jeweiligen chemischen Stoffen liegen. Man weiß: Sie können giftig, brennend oder ätzend sein. Auch die Gefahren, die während des Produktionsablaufs auftreten können, hoher Druck zum Beispiel oder extreme Temperaturen, sind vorhersehbar und zu berechnen.

Schwerer kalkulierbar, wenn überhaupt, ist die Gefahr menschlicher Fehler. Diese Erkenntnis gilt allerdings nicht nur für die Chemie. Die meisten Unfälle oder Störfälle – im Haushalt, im Straßen- und Flugverkehr, auf der Schiene – haben ihre Ursache in menschlicher Unzulänglichkeit.

Die logische Konsequenz: In die Technik selbst muß ein Sicherheitsnetz eingebaut werden, das die Unzulänglichkeit des Menschen – im Notfall – wieder ausgleicht. Je komplizierter und risikoreicher die Technik, desto aufwendiger und kostspieliger auch die Vorsorge für die Sicherheit.

Bei der Chemie beginnt dieses Sicherheitsnetz in den Laboratorien und im »Technikum«. So nennen die Fachleute ihre Versuchsanlagen im Kleinformat, in denen sie neue Verfahren erproben, bevor sie in die eigentliche Produktion übernommen werden. Was hier lösbar ist, wird nun zur Aufgabe für die Verfahrensingenieure. Sie beginnen, eine für die Produktion eines neuen Stoffes geeignete Anlage zu entwickeln. Kommt auch von ihnen »grünes Licht«, treten die Sicherheitsfachleute in Aktion. Sie überprüfen das Konzept, um zu entscheiden, ob ein sicherer Betrieb oder ein sicheres Abschalten bei Fehlbedienung, bei technischen Störungen oder anderen Ausnahmesituationen gewährleistet werden kann. Fachleute aus den Gebieten der Elektro-, Meß- und Regeltechnik wie auch der Bautechnik werden in diesen Prozeß einbezogen.

Ein langer Prozeß, der manchmal Jahre dauert. Doch nun beginnt eine oft noch längere Prozedur: der Gang durch die zuständigen Instanzen – Ministerien, Gewerbeaufsichtsämter, technische Überwachungsvereine. Eine Flut von Gesetzen und Vorschriften, technischen Regeln, die eingehalten werden müssen. Die »Frankfurter Allgemeine Zeitung« hat sie einmal die »Wanderdüne der Paragraphen« genannt.

Keine andere Industrie ist ähnlich strengen Bestimmungen unterworfen wie die chemische Industrie. Und nicht selten wurde auf halbem Weg der Plan, ein neues Produkt auf den Markt zu bringen, aufgegeben, nachdem schon Millionen investiert worden waren. Der Grund? Im Zweifel für die Sicherheit. Sicherheit um jeden wirtschaftlich vertretbaren Preis, aber unvertretbares Risiko um keinen Preis. Um noch einmal Professor Oeser zu zitieren: »Früher fürchteten die Menschen die Götter, die sie bedrohten. Heute sind es chemische Stoffe, Substanzen, die in der Luft, in der ganzen Umwelt sein sollen. Viele Menschen wollen nicht mehr erkennen, daß wir alles in allem doch in einer schönen Welt leben, daß uns der Fortschritt ganze Jahrzehnte an Leben mehr geschenkt hat, als unsere Vorfahren um die Jahrhundertwende erwarten durften. Das wäre allein Grund genug zur Lebensfreude. Aber der Mensch ist nicht zufrieden. Er neigt dazu, ängstlich zu sein – er wird aber auch bewußt ängstlich gemacht!«

16

Schutz für Wasser, Luft und Boden

Unsere Erde bleibt lebenswert

Not macht erfinderisch, meint eine alte Volksweisheit. Sie bestätigt sich auch in unseren Tagen, in denen »Umweltschutz« und »Ölkrise« die meistgebrauchten Wörter in Presse, Rundfunk und Fernsehen, in Parlamentsdebatten und Stammtischgesprächen sind. Die einen reden, andere forschen und handeln – wie zum Beispiel die rund 100 Physiker, Chemiker, Geologen und Ingenieure einer Projektgruppe »Energieforschung«, die ihre Büros und Laboratorien auf dem Gelände der Kernforschungsanlage in Jülich hat.
Der Leiter dieser Projektgruppe Energieforschung, Dr. Hans-Jochen Stöcker, erlebte Seltsames: »Die Ölkrise hat den Erfindergeist der Deutschen geweckt«, stellte er fest. Zwischen Frühjahr 1979 und Anfang März 1980 landeten rund tausend Pläne, Studien, Skizzen auf seinem Schreibtisch, abgeschickt von Bastlern und Tüftlern, von Ingenieuren und Forschern, natürlich auch von Träumern und Spekulanten.
Mit einer verblüffenden Idee glaubte ein Physiker aus Braunschweig, Millionen Liter Kerosin bei Flugzeugen einsparen und damit auch die Umweltverschmutzung niedrigerhalten zu können: Er schlug vor, die Jets über den Atlantik im Formationsflug fliegen zu lassen. Sein Vorbild war die Natur. Wildgänse und andere Vögel finden sich instinktiv zu einem Formationsflug zusammen, wenn sie weite Strecken, oft bis zu 3000 Kilometer und mehr, zurücklegen. So wird der Luftwiderstand geringer, der einzelne Vogel braucht so weniger Kraft zum Fliegen.
Das gleiche, meinte der Physiker, gelte auch für Jumbos und andere Jets, wenn sie in der richtigen Formation, wie in einer Staffel, hintereinander flögen. Und er hatte ausgerechnet, daß so etwa 25 Prozent Kerosin bei einer Atlantikroute pro Jet eingespart werden könnten. Dr. Stöcker zu diesem Vorschlag: »Das ist später vielleicht machbar, wenn Computer den gesamten Flugverkehr steuern.«
Ein anderer der vielen Vorschläge: Man solle endlich die Energie der rund 50000 Gewitter anzapfen, die täglich über die Erde ziehen. Ein einziger Blitz liefere immerhin bis zu 50 Millionen Volt. Mit hochfliegenden Drachen könne man die Energie der Blitze »einfangen«.
Auf den ersten Blick fast kriminell mutet eine andere Idee an: Man solle im Autoverkehr nur noch abgefahrene Reifen ohne Profil be-

nutzen. So sei der Reibungswiderstand kleiner, der Benzinverbrauch und die Umweltverschmutzung verringerten sich. Dr. Stökker: »Für trockene Wüstenländer mag der Vorschlag sinnvoll sein. Für unsere Verhältnisse – viel Regen und nasse Straßen – wäre er lebensgefährlich.«

Wie immer man über die Vorschläge denken mag, belächeln sollte man sie nicht. Sie kommen alle aus der Sorge, die Energiekrise und verschmutzte Umwelt heißt. Und manche Gedanken der »Erfinder« von heute sind gar nicht so absurd, wie sie auf den ersten Blick scheinen. Die Antworten Dr. Stöckers beweisen es.

Über Umweltverschmutzung machen sich nicht erst die Menschen unseres 20. Jahrhunderts Gedanken. Lange, bevor das technische Zeitalter anbrach, bevor es Dampfmaschinen und Autos und Jets und Chemie gab, beweist die Geschichte, wie uralt dieses Problem ist:

1240: Edikt Friedrichs II. über die Reinhaltung der Luft, der Gewässer und des Bodens.

1273: Gesetz gegen die Verwendung von Steinkohle in London

1306: Hinrichtung eines Schmieds in London wegen Verwendung von Steinkohle

1340: Verbot der Verwendung von Steinkohle zum Schmieden in Zwickau

1464: Schließung einer Kupfer- und Bleihütte in Köln wegen Luftverunreinigung.

1550: Einbau von Rauch- und Flugstaubkammern in den Metallhütten von Joachimsthal.

1627: Corpus Juris Civilis Justinianei: Aerum corrumpere non licet – Es ist verboten, die Luft zu verunreinigen.

Es ist verboten, die Luft zu verunreinigen? Nur die Luft? Da gibt es doch auch noch das Wasser, die Erde und die Bodenschätze, die in ihren Tiefen lagern.

Ein Ausschnitt aus einer Rede sei in diesem Zusammenhang zitiert, aus einer Rede, in der die Katastrophe prophezeit wurde: »Die Bewahrung unserer natürlichen Hilfsquellen und ihre richtige Nutzung bilden das grundlegende Problem, auf dem fast alle anderen Probleme unseres nationalen Lebens gründen... Wir müssen uns klarmachen, daß die Verwüstung und Zerstörung unserer natürlichen Hilfsquellen, die Entblößung des Bodens und seine Erschöp-

fung dazu führen werden, in den Tagen unserer Kinder jenen Reichtum zu gefährden, den wir ihnen rechtmäßig übergeben sollten...«
Jene frühe Warnung wurde am 3. Dezember 1907 in Washington von Präsident Theodore Roosevelt ausgesprochen. Ein Zeitungskorrespondent befand damals, daß die Abgeordneten und Senatoren »einen sehr befremdeten Eindruck« nach dieser Rede gemacht hätten.

Heute, fast 80 Jahre später, ist Umweltschutz zu einem Dauerthema geworden. Die »Grünen« und die »Bunten« stellten sich als Alternativgruppen auf Landesebene zur Wahl – die angeblich einzigen wahren Umweltschützer. Ein Sachverständigenrat überreichte der Bundesregierung Mitte 1979 sein »Umweltgutachten 1978«, ein kaum zu bewältigendes Buch von 640 Seiten Stärke. Und es ist zu befürchten, daß das nächste »Umweltgutachten« noch umfangreicher sein wird.

Und im Mittelpunkt der Diskussionen: die chemische Industrie. Da befragte ein Meinungsforschungsinstitut ein paar tausend Menschen aller Altersstufen über ihre Einstellung zur Chemie und zur chemischen Industrie. Das Ergebnis war überraschend zweideutig. Mit großer Mehrheit erklärten die Befragten, daß sie die chemische Industrie für die volkswirtschaftlich bedeutendste Branche hielten. Sie gaben auch zu, daß sie deren Produkte – Arzneimittel, Wasch- und Reinigungsmittel, Kunststoffe, Chemiefasern, Düngemittel, Lacke, Farben, Kosmetika und Klebstoffe – für unentbehrlich halten.

Andererseits halten dieselben befragten Leute die Chemie für einen großen Umweltverschmutzer, fürchten sich vor möglichen Nebenwirkungen chemischer Erzeugnisse. Dennoch wollen sie auf das Auto, die Waschmaschine, das Tonband – kurz auf alles, was sie unter dem modernen Leben von heute verstehen, nicht verzichten.

Ein Glück, daß es Bakterien gibt...

Auf dem deutschesten aller deutschen Flüsse, dem Rhein, zogen die Fischer auf ihren Booten im Sommer 1972 die schwarze Flagge auf.

Sengende Sonne, seit Monaten kein Regen. Der Wasserspiegel war um mehr als die Hälfte gesunken. Westeuropas majestätischste und bedeutendste Wasserstraße drohte zur größten offenen Kloake des Kontinents zu werden. Der Fluß war im Begriff »umzukippen«, wie die Experten sagen. Seine Selbstreinigungskraft war erschöpft. Normalerweise hat jedes offene Gewässer die Fähigkeit, sich selbst zu reinigen. Dies gilt besonders für den Rhein, dessen Wasserführung in den Spitzenzeiten 12000 Kubikmeter pro Sekunde erreicht, 24mal soviel wie zum Beispiel die windungsreiche Seine. Wird jedoch seine natürliche Aufnahmefähigkeit durch immer größere Mengen von nur teilweise oder gar nicht geklärten Abwässern belastet, so bedarf es nur noch einer längeren Hitze- oder Trockenperiode, um sein biologisches Gleichgewicht gründlich durcheinanderzubringen. Denn mit steigender Temperatur vermehren sich die Bakterien im Wasser und verbrauchen immer mehr lebensspendenden Sauerstoff.

In jenem Jahr 1972 trieben massenweise tote Fische auf der Oberfläche des Rheins. Einer der Fischer stellte eine verzweifelte Jahresbilanz auf: Sein Aalfang war von 1500 Kilogramm auf 150 Kilogramm zurückgegangen. Viele Fischer hißten in jenem Jahr – zwischen Weil an der Schweizer Grenze bis Emmerich an der holländischen Grenze – auf ihren Booten die schwarze Fahne. Ein Zeitsprung ins Jahr 1976. Ein Tag im September. Auf dem Rhein zwischen Mannheim und Ludwigshafen treibt ein Kahn. Die fünf Männer im Boot halten genau eine Entfernung von 1,50 Metern zu den Kais ein, hinter denen sich die Silhouette der Hallen und Schornsteine eines großen Chemiekonzerns vom Himmel abzeichnet. Die fünf Männer im Kahn waren keine Freizeitfischer, sondern Wissenschaftler. Ihr Auftrag: Hatte sich der Aufwand von Millionen für eine biologische Kläranlage gelohnt? War der Rhein reiner geworden? Mit ihrem Elektrokäscher holten die Wissenschaftler einen 91 Zentimeter langen und genau 3925 Gramm schweren Hecht aus dem Rhein, außerdem vier Zander, sechs Barsche, zwei Döbel – und armdicke Aale.

Die Untersuchung der Fische, die es fünf Jahre im Rhein nicht mehr gegeben hatte, auf den Seziertischen und in den Laboratorien ergab keinerlei Anomalien. Was war geschehen? Ein Chemiekonzern hatte Millionen investiert in diesen Jahren zwischen 1972 und 1976,

um aus der »Kloake« Rhein wieder einen Fluß zu machen, der für Fische ein Lebensraum sein konnte.
Biologen, Chemiker und viele andere Wissenschaftler hatten in jenen Jahren ein Konzept für Kläranlagen entwickelt, das zwar Millionen verschlang, aber im Endeffekt stimmte: Ein Fluß war reiner geworden. Und Bakterien – so unglaublich es klingen mag – spielten in diesem Konzept eine wichtige Rolle. Bakterien gelten im allgemeinen – und dies zu Recht – als Erreger zahlloser Krankheiten. Sie zu bekämpfen war und ist das Ziel zahlloser Forscher in aller Welt. Viele von ihnen wurden sogar für ihre Verdienste in diesem Kampf mit dem Nobelpreis für Medizin oder Chemie ausgezeichnet. Und nun, im Zusammenhang mit dem Kampf um saubere Flüsse, die Behauptung: Ein Glück, daß es Bakterien gibt? Liegen Segen und Fluch für den Menschen bei diesen unsichtbaren Kleinstlebewesen so nahe beieinander, daß der Mensch sie vernichtet, weil sie sein Leben bedrohen, und sie gleichzeitig züchtet, weil er sie braucht?
Im Kampf der Forscher gegen die Umweltverschmutzung, genauer gesagt im Ringen um die Reinheit der Flüsse und Ströme, spielen die Milliarden und Abermilliarden dieser winzigen Bakterien und Glockentierchen eine entscheidende Rolle. Eine segensreiche Rolle. So zwiespältig kann also auch die Natur sein.
Diese unsichtbaren Lebewesen sind, zum Glück, ungeheuer gefräßig – und ihre Lieblingsspeise bilden die Schmutzstoffe in den Abwässern. Fachleute sprechen vom belebten Schlamm. In einem einzigen Kubikzentimeter dieses belebten Schlamms finden sich viele Millionen dieser Mikroorganismen.
Sie fressen umweltbelastende organische Stoffe und verwandeln sie in unschädliche Endprodukte. Dabei vermehren sie sich unaufhörlich. Sie bilden Flocken, setzen sich in Nachklärbecken immer dichter ab, werden abgezogen und eingedickt, entwässert und schließlich verbrannt.
Ein trauriges Ende. Aber die Bakterien haben ihre Schuldigkeit getan – sie können gehen.
Sie haben die Abwässer biologisch geklärt. Der Reinigungsgrad, der ihnen zu verdanken ist, liegt beim Rhein etwa bei 96 Prozent.
Von den Dimensionen dieser Riesenklärwerke kann man sich kaum eine Vorstellung machen, wenn man sie nicht gesehen hat. Nur ein Beispiel: Die sogenannten Belebungsbecken – und manche Klär-

werke haben fünf davon – haben Abmessungen, die größer sind als das Fußballfeld des Münchener Olympiastadions. Die Kommandozentrale dieser Kläranlagen weckt Erinnerungen an Fernsehbilder, die wir nie vergessen. Sie kamen aus der Kommandozentrale der NASA, als amerikanische Astronauten zum Mond flogen, auf ihm landeten und sicher wieder zur Erde zurückgeholt wurden. Da sitzt ein Mann im weißen Kittel vor einer riesigen Wand, die eine einzige Schalttafel ist. Unzählige rote und grüne Lichter, die aufblinken und wieder verlöschen. Ein Gewirr von Linien – wie zahllose Geleise auf dem größten Güterbahnhof der Welt. Jedes Blinklicht, ob rot, ob grün, hat seine Bedeutung, signalisiert eine Botschaft: Ob die Pumpen richtig arbeiten, ob Ventile genau zur bestimmten Sekunde sich öffnen oder schließen. Wassertemperaturen werden angezeigt und die Volumen der Luftzufuhr oder des reinen Sauerstoffs. Für den Laien ein unfaßbares, technisches Präzisionswunder.

Und dann fällt der Blick auf ein mittelgroßes Aquarium. Klares Wasser, Algen und Pflanzen – und zwei Goldorfen. Eine Idylle der Natur in der technischen elektronischen Mammutskala? Ein Aquarium beruhigt die Nerven – sagen die Psychologen. Soll dieses Aquarium die Nerven des Mannes im weißen Kittel beruhigen? Der Gedanke liegt nahe, doch er ist völlig falsch.

Dieses Aquarium mit den beiden Goldorfen ist sozusagen ein Test mit der Natur, eingebettet in die Technologie. Der Mann im weißen Kittel drückt auf einen Knopf, und das Wasser im Aquarium – Wasser aus der Endstufe der Kläranlage – beginnt von einer Seite zur anderen zu strömen. Wenn die Goldorfen die Kraft haben, gegen den künstlich erzeugten Strom anzuschwimmen, sich von ihm nicht gegen die eine Glaswand des Aquariums drücken zu lassen, ist dies ein Zeichen für den Reinigungsgrad des geklärten Wassers, ein Zeichen, daß Fische in ihm wieder leben können. Nun öffnen sich die Kanäle, das biologisch geklärte Abwasser fließt in den Strom zurück.

Den Rhein zu entgiften, ist um so wichtiger, als ihn rund 20 Millionen Europäer als Trinkwasserreservoir benützen. Allein im größten Bundesland, in Nordrhein-Westfalen, trinken rund 3,5 Millionen Menschen Wasser, das durch Uferfiltrat aus dem Fluß gewonnen worden ist.

Für den Gewässerschutz investierte die chemische Industrie allein von 1974 bis 1979 rund zwei Milliarden DM. Fast doppelt so hoch waren die Ausgaben für den laufenden Betrieb der neu geschaffenen Kläranlagen: Er betrug im selben Zeitraum runde 4 Milliarden und liegt inzwischen bei jährlich rund einer Milliarde. Daß diese Ausgaben sich gelohnt haben, sei am Beispiel Rhein dokumentiert. Im Jahr 1974 erschien zum ersten Mal eine »Gewässergütekarte« der Bundesrepublik. Die einzelnen Bewertungen erfolgten nach folgendem Maßstab: I = rein, I–II = gering belastet, II = mäßig belastet, III = stark verschmutzt, III–IV = sehr stark verschmutzt und IV = übermäßig verschmutzt. 1974 wurde dem Rhein die Benotung III–IV gegeben, heute schwanken seine Bewertungen zwischen I–II, also gering belastet, und II–III.
Gibt es überhaupt noch wirklich reine Flüsse in der Bundesrepublik? Es sind nur noch die Oberläufe der Flüsse im Harz, im Bayerischen Wald und in den Alpen, zum Teil auch im Schwarzwald. Also Gegenden ohne Industrie, Regionen, die zum großen Teil als Notstandsgebiete gelten mit Arbeitslosigkeit und dem geringsten Pro-Kopf-Einkommen der Bevölkerung.
Nichts zeigt deutlicher, wie utopisch die Forderung der radikalen »Grünen« und »Bunten« ist: »Alle Flüsse müssen ganz rein werden!« Es würde bedeuten, daß alle Fabriken geschlossen werden müßten. Aus einer der größten Industrienationen der Welt würde ein armes Entwicklungsland werden.
Das Wort Ölkrise ist in aller Munde. Doch von einer Wasserkrise wissen nur wenige. Bereits heute werden in der Bundesrepublik jährlich drei Milliarden Kubikmeter Trinkwasser verbraucht. Nur die Hälfte davon kann aus dem Boden, aus dem Grundwasser, gepumpt werden. Die Versorgungslücke muß daher mit Wasser aus den Flüssen gefüllt werden, das in den riesigen Kläranlagen aufbereitet wird. Wissenschaftler des Frankfurter Battelle-Instituts haben in einer Studie berechnet, daß bei weiter steigendem Verbrauch in knapp drei Jahrzehnten die Grundwasserreserven erschöpft sein werden.
Das Bemühen der Chemie, die deutschen Flüsse wieder reiner zu machen, endet allerdings häufig an den Grenzen. Wenn die Weser als der am meisten verschmutzte Fluß Deutschlands gilt, so hat die Schuld die DDR, die die salzigen Abwässer ihrer Kaligruben in die

Werra, den Quellfluß der Weser, leitet. Und auch der Rhein wird durch die salzigen Abwässer der französischen Kaligruben im Elsaß schwer belastet.

Nicht alle Abwässer der chemischen Industrie lassen sich in den biologischen Anlagen klären. Es gibt Stoffe, die schwer oder gar nicht mit diesen Methoden abgebaut werden können. Hier fanden die Wissenschaftler einen auf den ersten Blick unmöglichen Weg. Sie »verbrannten« die Abwässer. Wasser verbrennen – das klingt paradox. Die Methode läßt sich jedoch verhältnismäßig einfach erklären.

Man spritzt das Abwasser in spezielle Brennkammern oder auch in sogenannte Wirbelschichtöfen und erhitzt es auf 800 bis 1200 Grad Celsius. Dabei verdampft das Wasser blitzschnell. Die in ihm enthaltenen organischen Abfallstoffe werden vollständig verbrannt. Sie verwandeln sich dabei größtenteils ebenfalls in Wasser oder in das ungefährliche Kohlendioxid. Andere Bestandteile bleiben als eine Art Schlacke oder Kruste zurück, die sich gefahrlos in Deponien ablagern läßt.

Wenn weiße Wolken aus den Schornsteinen eines Chemiewerks in den Himmel steigen, hat dies nicht das Geringste mit Umweltverschmutzung zu tun, wie viele immer noch meinen. Die weißen Wolken bestehen aus reinem Wasserdampf und zeigen an, daß hier Abwässer umweltunschädlich verbrannt werden.

Eine weitere Möglichkeit zur chemischen Behandlung von Abwässern ist die sogenannte Fällung. Man wendet sie vor allem an, um Phosphatrückstände zu beseitigen, die in stehenden oder nur langsam fließenden Gewässern zu der gefürchteten Eutrophierung führen können. In skandinavischen Ländern, aber auch in der Schweiz hat man mit dieser Reinigungsmethode, die als »dritte Stufe« in herkömmliche Kläranlagen eingebaut werden kann, gute Erfahrungen gemacht.

Die »Giftfahnder« sind immer unterwegs

Nirgendwo wurde mit dem Umweltschutz so früh begonnen wie in den großen Zentren der Industrie. Und nirgendwo wurden so deutliche Erfolge erzielt wie bei der Reinhaltung der Luft. Seit den frühen sechziger Jahren wurden die behördlichen Auflagen für die Genehmigung technischer Anlagen laufend verschärft, wurden die Schornsteine immer höher, mußten Hütten und Fabriken kostspielige Filteranlagen einbauen. Der Erfolg: Während in den frühen sechziger Jahren noch 1,3 Millionen Tonnen Staub den Himmel über den Industrierevieren verdunkelten, sind es heute nur noch weniger als die Hälfte. Um die Hälfte zurückgegangen ist auch die Menge des in der Luft schwebenden Feinstaubs, dessen Partikel als besonders gefährlich gelten.

Fast unüberschaubar ist die in den chemischen Werken installierte Zahl der Meßinstrumente, die man als »Umwelt-Lupen« bezeichnen könnte. Tag und Nacht geben hoch entwickelte Mikroanalysegeräte über die Zusammensetzung der Außenluft exakte Daten, die in den Abgaslaboratorien ausgewertet werden. Diese physikalisch-chemische Messung wird ergänzt durch biologische Kontrollen mit Testpflanzen, die auf bestimmte Luftverunreinigungen besonders empfindlich reagieren. Eine Fernsehkamera, in großer Höhe installiert, wacht über dem gesamten Werk. Sie ist mit einem Bildschirmgerät im Abgaslabor verbunden und kann von dort ferngesteuert bewegt werden. Mit einer ebenfalls ferngesteuerten Variooptik lassen sich auch die kleinsten Abgasemissionen ausfindig machen. Alle für die Auswertung von Meßwerten notwendigen meteorologischen Daten – Windrichtung, Windgeschwindigkeit, Temperatur, Luftdruck, Luftfeuchte, Niederschlagsmenge und Sonnenscheindauer – werden in einer eigenen Wetterstation zusammengetragen. Die Analysenergebnisse, die mit dieser komplizierten und kostspieligen Apparatur jährlich anfallen, erreichen die fast astronomische Zahl von 1 Million Einzeldaten, alle zusammen aber dienen der weiteren Verbesserung des Umweltschutzes.

Es gibt viele und sehenswerte botanische Gärten in der Bundesrepublik, Oasen der Stille, Wunder der Natur mit seltenen Blüten, Pflanzen und Bäumen. Der Seltsamste und Erstaunlichste dieser Gärten ist der »Japanische Garten« in Leverkusen. Eine kleine zauberhafte Welt, ein Stück Fernost mit Zwergkoniferen und Bambusgräsern, mit Papyrusstauden, Iris und Calla, mit Zaubernuß und Zierkirsche. In einem Meer von Grün das faszinierende Spiel der Farben, das bereits im Januar beginnt und erst im späten Herbst verblaßt. Den Anfang macht früh im Jahr die Hamamelis japonica mit ihren bizarren gelben Blüten. Dann blühen Narzissen, Tulpen und Hyazinthen, Azaleen leuchten in Lachsrot, zartem Violett und Karmesinrot. Weißrosa blüht die Japankirsche. Chrysanthemen und Herbstastern schließen den Reigen der Blumen. Und überall kleine Teiche mit Fischen und roten, gelben und weißen Seerosen. Die sanft gewölbte Mikadobrücke führt zum Teehaus mit seinem doppelt geschwungenen Dach aus glasierten Ziegeln. Das Erstaunlichste an diesem »Japanischen Garten« aber ist seine Lage. Nur einen Steinwurf weit entfernt arbeiten 46000 Menschen eines Chemiekonzerns. Wie eine Herausforderung wirkt dieser Garten in der unmittelbaren Nachbarschaft der Schornsteine und Hallen und Laboratorien. Hätten seine Pflanzen und Blüten nicht längst verdorrt und verkümmert sein müssen – von Abgasen und chemischem Gift? Daß dies nicht geschah, ist auch eine Antwort auf das Problem Chemie und Umwelt.

Mit einer längst überholten falschen Vorstellung muß jedoch aufgeräumt werden: daß die Industrie allein das Problem »reine Umwelt« lösen könne. An der globalen Luftverschmutzung in unserem Lande sieht die Reihenfolge der »Täter« so aus:

Autoverkehr mit 50 Prozent, Verbrennungsprozesse – und damit sind vor allem auch die privaten Kohle- und Ölheizungen gemeint – mit 40 Prozent. Dann erst folgt die Industrie mit rund 10 Prozent. Der Anteil der chemischen Industrie beläuft sich sogar auf nur knapp 1 Prozent. Doch sie allein hat im Jahre 1978 für die Reinhaltung der Luft 222 Millionen Mark investiert, seit dem Jahr 1974 insgesamt über eine Milliarde Mark.

Die »Giftfahnder« der Behörden gingen 1979 bei Chemiefirmen ein und aus, um die Einhaltung der strengen Umweltschutzvorschriften zu überprüfen. In aller Stille rückten sie mit Meßgeräten aus, um möglichen Umweltsündern auf die Spur zu kommen. Unangemeldet tauchten sie in den Betrieben auf, um Akteneinsicht zu nehmen und vor allem auch detektivisch genau zu prüfen, wohin die Firmen giftige Rückstände bringen. Allein in Nordrhein-Westfalen kontrollierten die Fahnder auf Veranlassung des Arbeitsministers Professor Friedhelm Farthmann 1492 Betriebe, die gesundheitsgefährdende Stoffe verarbeiten oder bei deren Produktion hochgiftige Rückstände übrig bleiben.

Das Ergebnis des Beamtenfleißes war – so Farthmann – »erfreulicherweise« gleich Null. »Hinweise auf akute Gefahrensituationen sind nicht bekannt geworden. Besondere Probleme sind nicht gegeben, weitere Weisungen nicht erforderlich.«

17

Damit das Leben weitergeht

Zwischen Utopie und Wirklichkeit

Ein Gürtel von sechzig Raumstationen rund um die Erde, kilometergroße Sonnensegel, Hunderte von Astronauten als Wartungspersonal, ionenangetriebene Raumtransporter im Pendelverkehr: Ein solches Szenario scheint mehr aus dem Gehirn eines Science-Fiction-Autors zu stammen als aus dem eines seriösen Forschers. Doch dieser kühne Plan, die Menschheit mittels stromerzeugender Sonnenenergie-Satelliten (kurz SPS für Solar Power Satellite) aller zukünftigen Energieprobleme zu entheben, wurde vom amerikanischen Senat in den Jahren 1977–1980 mit fast 16 Millionen Dollar unterstützt. Der geistige Vater dieses kühnen Plans: Peter Glaser, Ingenieur und Vizepräsident einer der größten Denkfabriken in den USA, des Forschungsunternehmens Arthur D. Little in Cambridge, Massachusetts.

Die Dimensionen dieses Projekts sind gigantisch. Auf einer nur 300 Kilometer hohen Erdumlaufbahn soll eine 55 Quadratkilometer große Aluminiumstruktur montiert, mit Solarzellen bestückt und auf eine geostationäre Bahn in 36 000 Kilometer Höhe gebracht werden. Im Unterschied zu einem irdischen Kollektor, so glauben die Wissenschaftler, käme ein solcher Satellit ohne Speicher aus und könne im 24-Stunden-Betrieb an 365 Tagen im Jahr rund sieben Milliarden Watt gleich sieben Gigawatt an Sonnenenergie empfangen. Über eine riesige Antenne sollen diese zur Erde gesendet werden. Davon könnten mit einer 100 Quadratkilometer großen Empfangsantenne, so die Forscher, fünf Gigawatt elektrischer Leistung eingefangen und ans Stromnetz abgegeben werden.

So gigantisch solche Projekte auch sein mögen, so wenig man sich ihre Verwirklichung vorstellen kann, für die Chemie und ihre Zukunft sind sie dennoch notwendig, weil sie dem wichtigen Ziel dienen, fossile Energieträger, vor allem Erdöl, aber auch Erdgas und Kohle, als Chemierohstoff zu erhalten statt zu verbrennen.

Sonnenkollektoren mit unzähligen Solarzellen heizen heute schon Häuser und Schwimmbäder. Bis etwa Ende dieses Jahrhunderts könnte mit solchen Systemen etwa ein Zehntel des Heizwärmebedarfs durch Sonnenenergie gedeckt werden, wenn neuartige Technologien für das Sammeln und Speichern der Sonnenenergie entwickelt werden.

Einfach ist es nicht. Als nach der ersten Ölkrise im Jahre 1973 eine »Sonneneuphorie« ausbrach, dämpfte der amerikanische Wissenschaftler Dixi Lee Ray die Begeisterung mit einem ernüchternden Vergleich: »Die technische Realisierung der Nutzung von Sonnenenergie ist in etwa der Schwierigkeit vergleichbar, die von zehn Millionen Flöhen aufbringbare Kraft dadurch nutzbar zu machen, daß man den Flöhen beibringt, alle zur gleichen Zeit in die gleiche Richtung zu hüpfen.«

Nun ist ja alles nicht nur eine Frage der Forschung, sondern auch des Geldes. Was nützen neue, alternative Energien, wenn sie unbezahlbar sind? Solare Fotozellen, die Sonnenlicht direkt in Strom umwandeln, sind die Hauptenergiequelle für die Satelliten im Weltraum. Es handelt sich um Siliziumzellen. Bei der Astronautik mit ihrer wahrlich astronomischen Kostenstruktur spielte und spielt der Preis für sie keine Rolle.

Anders beim »Hausgebrauch« hier unten auf Mutter Erde. Da geht's schon um Mark und Pfennig. Doch schon wecken neue Entwicklungen Hoffnungen auf preiswertere Sonnenenergie. Solarzellen werden billiger, verkünden die Forscher in den Laboratorien. Rechnet man heute noch mit 20 bis 40 Mark je Watt, so hofft man in fünf Jahren bei fünf, und am Ende dieses Jahrzehnts bei einer Mark je Watt zu landen. Das wären dann durchaus vertretbare finanzielle Größenordnungen.

Von den anderen Naturenergien sind die Gezeiten, die Erdwärme und die Windkraft nur sehr bedingt nutzbar, da nur wenige Gebiete der Erde eine wirtschaftliche Ausbeute erlauben.

Unter den vielen Alternativenergien, die ins Gespräch geraten sind, wird auch die »Biomasse« genannt, also Materialien pflanzlichen oder tierischen Ursprungs. Die jährliche Vegetation auf der Erde übersteigt nämlich in ihrem Energiegehalt bei weitem den Bedarf der Menschen. In Brasilien heißt das Zauberwort Zuckerrohr, das in großen Mengen angebaut und zu Aethylalkohol verarbeitet wird. Schon heute tanken praktisch alle Wagen des Landes eine 20prozentige Beimischung dieses Alkohols zum Benzin. Zuckerrohr ist zur Umwandlung von Sonnenlicht in Energie ganz besonders geeignet. Während der Zucker zu Alkohol vergoren und destilliert wird, dienen die Rückstände nach ihrer Extrahierung als Brennstoff in den Destillationsanlagen.

Andere Pläne befassen sich mit der Entwicklung von Pflanzen, die zur Verbrennung geeigneten Kohlenwasserstoff direkt erzeugen.

Der Kautschukbaum zählt zu dieser Gattung, doch ist das Molekulargewicht der von ihm produzierten Kohlenwasserstoffe zu hoch. Außerdem sind die Produkte gerade dieses Baums für einen Brennstoff zu hochwertig.
Hingegen sind andere Pflanzengattungen, beispielsweise aus der Gruppe der Wolfsmilchgewächse, in der Lage, die gewünschten Kohlenwasserstoffe zu erzeugen.
Leider ist das Potential dieser »nachwachsenden« natürlichen Energiequellen durch die die zur Verfügung stehende land- und forstwirtschaftliche nutzbare Fläche begrenzt. Außerdem ist die Gewinnung der Produkte energieintensiv. Die Vergasung von Holz und die anschließende chemische Synthese von Methanol hat einen Wirkungsgrad von unter 50 Prozent. Da die Vergärung von Zucker zu Aethanol nur in verdünnter, wäßriger Lösung abläuft, erfordert die Destillation des Alkohols fast 50 Prozent der Energie, die in Form von Alkohol gewonnen wird.
So stellte Professor Dr. Klaus Weissermel mit Recht fest: »Die viel diskutierten Möglichkeiten zur Rohstoffgewinnung aus nachwachsenden Naturprodukten werden weit überschätzt. Zur Deckung des Primärchemikalienbedarfs werden sie global keinen entscheidenden Beitrag leisten und regional auf wenige Produkte beschränkt bleiben. Den Vorzug hat die Veredlung der Naturprodukte und die Verwertung der Abfallstoffe. Hier eröffnet sich ein vielversprechendes Arbeitsgebiet für die im Aufbau befindliche Biotechnologie.«
Auch bei der unverzichtbaren Kernenergie als Alternativenergie der kommenden Jahrzehnte kommt der Chemie als einer Art Hilfswissenschaft eine wichtige Aufgabe zu. Sie betrifft nicht nur die Aufbereitung von Brennstoffelementen, sondern auch die Entwicklung von Verfahren, radioaktive Abfallprodukte in eine solche Form zu bringen, daß sie gegebenenfalls Jahrtausende ungefährlich aufbewahrt werden können.
In den vergangenen Jahrzehnten hat sich die chemische Industrie die chemischen Leistungen der Natur zunehmend zunutze gemacht. Auch wenn die Chemie unter neuen Voraussetzungen in die achtziger und neunziger Jahre dieses zweiten Jahrtausends geht, so haben sich ihre Aufgaben doch nicht geändert. Nach wie vor muß sie dazu beitragen, dem Bedürfnis der Menschen nach Gesundheit,

Nahrung, Bekleidung, Wohnung und zivilisatorischem Fortschritt gerecht zu werden.
Dabei haben sich allerdings die Akzente etwas verschoben. Professor Dr. Rolf Sammet stellt im März 1980 vor dem Wirtschaftspresseclub in Düsseldorf fest: »Auf dem Gebiet der Gesundheit beispielsweise spielen Infektionskrankheiten dank der Antibiotika und Schutzimpfungen als Todesursache heute – im Gegensatz zu früher – nur noch eine untergeordnete Rolle. Vordringliche Aufgabe der Pharmaforschung ist jetzt die Bekämpfung der sogenannten Zivilisationskrankheiten oder Krankheiten, die dadurch in den Vordergrund treten, daß die Menschen allgemein eine höhere Lebenserwartung haben als früher. Ich darf nur einige anführen: Kreislauferkrankungen, rheumatische Erkrankungen, Krebs, Diabetes. Hier liegen die Aufgaben der nächsten Jahrzehnte.«
Zwei hoffnungsvolle Entwicklungen deuten sich hier bereits an. Die Fortschritte der Molekularbiologie lassen es als möglich erscheinen, in absehbarer Zeit Einzeller so zu modifizieren, daß sie Hormone oder Enzyme erzeugen, die nur im menschlichen oder tierischen Organismus gebildet werden können.
Beim Insulin, das derzeit noch aus der Bauchspeicheldrüse von Schlachttieren gewonnen wird, wurden insulinproduzierende Zellen von Affen als Ausgangssubstanz verwendet. Der Gen-Kode dieser Zellen bewirkt die Synthese eines Insulins, das dem des Menschen sehr ähnlich ist. Durch geeignete mikrobiologische Verfahrensschritte kann das Bakterium sogar so programmiert werden, daß es Human-Insulin liefert, ein Insulin also, das im Gegensatz zum bisher verabreichten Schweine-Insulin keinerlei Immunreaktion beim Menschen hervorruft.
Zur Zeit geht es darum, die mikrobiologische Synthese zu einem technischen Verfahren auszuweiten. Es kann aber schon heute gesagt werden, daß in wenigen Jahren die großtechnische Produktion dieses synthetischen Human-Insulins möglich sein wird.
Ein zweites Produkt, dessen medizinische oder therapeutische Bedeutung heute erst in vagen Umrissen zu vermuten ist, entsteht im Menschen selbst: das Interferon. Hier handelt es sich um einen natürlichen, artspezifischen Eiweiß-Stoff, der sich im Körper des Menschen automatisch bildet, wenn eine Virus-Infektion eingetreten ist. Erst im Jahre 1957 war diese Substanz identifiziert worden.

Der britische Forscher Alick Isaacs hatte herausgefunden, daß Interferon in den Körperzellen als Reaktion auf eine Virus-Attacke gebildet wird und sie gegen nachfolgende Infektion resistent macht. Dennoch blieb – wie beim Penicillin – diese verheißungsvolle Substanz lange unbeachtet. Kleinere Untersuchungen, in denen Interferon als Anti-Schnupfen-Mittel getestet wurde, verliefen wenig ermutigend.

Wie Penicillin wurde auch das Interferon später dann ein zweites Mal entdeckt – diesmal als möglicherweise tumorhemmendes Medikament ohne schädliche Nebenwirkungen. Im Stockholmer Karolinska Hospital begann 1971 eine Studie, in der Patienten mit besonders bösartigen, vom Knochen ausgehenden Geschwülsten nach der Operation mit Interferon behandelt wurden.

Normalerweise sind drei Jahre nach solchen Operationen nur noch etwa 20 Prozent der Krebskranken am Leben. Am Karolinska Hospital waren es 70 Prozent. Die Ärzte führten diesen Erfolg auf die Interferon-Injektionen zurück.

Ende 1978 entschloß sich die amerikanische Krebsgesellschaft zu einem Großversuch mit Interferon. Das finnische Rote Kreuz, Welt-Hauptlieferant des kostbaren Stoffes, lieferte Interferon im Wert von zwei Millionen Dollar an einige US-Kliniken – genug für die Behandlung von 150 Krebspatienten.

Auf einer Tagung im Frühjahr 1980 in Dallas, Texas, berichteten die Chefärzte der beteiligten Kliniken von überraschenden Erfolgen, bestätigten das Interferon als krebshemmend, einige sogar als krebsheilend.

Ein Hindernis auf dem Weg zu größeren Versuchen mit Interferon bleibt jedoch die aufwendige Gewinnung der Test-Substanz, die vor allem aus weißen Blutzellen isoliert wird. Biochemiker arbeiten in aller Welt an der Interferon-Gewinnung mit Hilfe von Gen-Technologie. Die Versuche, das Interferon bildende Gen in Colibazillen einzuschleusen, wecken die Hoffnung, daß bis Ende dieses Jahrhunderts die Massenherstellung von »synthetischem« Interferon möglich sein könnte.

Die Weltbevölkerung wird weiter wachsen. Waren es 1976 rund vier Milliarden, wurden bereits im Frühjahr 1980 500 Millionen mehr registriert. Um die Ernährung der Menschen zu sichern, wird die Chemie auch in Zukunft, wie in der Vergangenheit, Düngemit-

tel, Pflanzenschutz, Tier-Arzneimittel und Futterzusatzstoffe liefern müssen.
Die Ernährungssituation der Weltbevölkerung, mit Ausnahme der Industrieländer, war und ist durch eine gravierende Eiweißlücke gekennzeichnet. Die Unterernährung in den unterentwickelten Gebieten hat ihre Ursache in erster Linie im Mangel an Proteinen. So gesehen, was es sicherlich eine Sternstunde der Chemie, als es dem französischen Chemiker Alfred Champagnat Mitte der 60er-Jahre gelang, das erste Eiweiß aus Erdöl herzustellen. Nicht unbeteiligt daran war seine Tochter Liliane. Sie hatte – Studentin an der Universität von Marseille – eine Arbeit über den Hunger in der Welt zu schreiben und wußte, daß über 50 Prozent der Weltbevölkerung hungerten, weil sie unter Eiweißmangel litten. Sie wußte auch, daß in Asien jährlich Zehntausende von Kindern an der Eiweißmangel-Krankheit Kwaschiorkor starben und daß nach Ansicht der Fachleute bis zum Jahr 2000 jährlich 20 Millionen Tonnen Eiweiß fehlen würden. Und sie beschwor ihren Vater: »Du bist Chemiker, du mußt etwas dagegen tun. Es muß doch möglich sein, Eiweiß zum Beispiel aus Erdöl zu gewinnen.«
Nach jahrelangen Versuchen – zunächst auf Laborebene – gelang es Champagnat in Zusammenarbeit mit dem Mikrobiologen Dr. Jacques Senez, das erste synthetische Eiweiß zu gewinnen. Die Grundlage war eine Hefe, die von Paraffinen, wächsernen Bestandteilen des Erdöls, lebt. Nach einem schwierigen Gär- und Trockenprozeß wird sie zu einem geruch- und geschmacklosen Pulver, das wie cremefarbenes Mehl aussieht, zu 65 Prozent aus Eiweiß besteht und einen gut ausgewogenen Anteil an den lebenswichtigen Aminosäuren enthält.
Dieses Eiweiß wurde dem Tierfutter beigemischt. Über das Fleisch der geschlachteten Tiere, ihre Milch oder ihre Eier wurde es auch dem Menschen zugeführt. Und sicher hat »Eiweiß aus Erdöl« auf dem genannten Umweg viele Menschen vor dem Hungertod bewahrt. Genaue Zahlen darüber kann es natürlich nicht geben.
Die Herausforderung für die Chemie in den letzten 20 Jahren dieses Jahrhunderts lautet: Eiweiß direkt – ohne Umweg über das Tier – für die Ernährung der Menschen zu gewinnen. Die Anfänge sind mit der geglückten Eiweißgewinnung aus Mikroorganismen gemacht, der Produktion von sogenannten Einzellerproteinen aus

preisgünstigen petrochemischen Rohstoffen oder aus land- und forstwirtschaftlichen Abfällen.
Im Frühjahr 1978 wurde die erste deutsche Pilotanlage zur Herstellung von Eiweiß auf der Basis von Methanol in Betrieb genommen. Die jährliche Kapazität beläuft sich auf 1000 Tonnen pro Jahr. Dies ist gewiß nur ein Anfang. Wenn ihm dennoch Bedeutung zukommt, so deswegen, weil die Anlage einen geringen Energiebedarf hat – nur zehn Prozent im Vergleich zu einer biotechnischen Antibiotika-Produktion –, und weil das Eiweißprodukt nur noch zehn Prozent der unerwünschten Nucleinsäuren enthält.
Je weniger solcher Nucleinsäuren, desto hoffnungsvoller die Chance, künstliches Eiweiß auf dieser Basis zu einem direkten Nahrungsmittel für die Hungernden dieser Welt zu machen. Dann haben sich die Experten, die Liliane in ihrer Arbeit über den Hunger in der Welt erwähnte, im Jahre 2000 mit Sicherheit getäuscht. Den Fortschritt der Chemie konnten sie bei ihrer Schätzung ja nicht voraussehen.
Ein rundes Jahrhundert liegt seit der Gründung der ersten großen Chemiefabriken hinter uns. Wir verdanken diesem Jahrhundert chemischer Forschung, daß wir so leben können, wie wir auch in Zukunft leben möchten.
Ein neues Jahrhundert Chemie liegt vor uns. Neue Probleme müssen mit neuer Energie gelöst werden. Im Grunde aber bleibt alles beim alten.
Neue Technologien erwarten die Menschen von jenen, die forschen. Begriffe wie Umweltschutz, Ökologie und wie sie alle heißen mögen, sind keine Erkenntnis von heute. Schon der Humanist Agricola sagte 1556 in seiner Schrift »De re metallica«:
»Nicht die Technik ist gut oder böse, sondern es sind die Menschen, die die technischen Möglichkeiten zum Guten oder Bösen gebrauchen.«
Dies gilt für das Auto genauso wie für ein Schlafmittel. Das Wort des Philosophen und Physikers Karl Friedrich von Weizsäcker stellt die Weichen für die nächsten hundert Jahre Wissenschaft und Forschung: »Wenn alle sich von Vernunft leiten lassen, sind alle hier angesprochenen Probleme lösbar.«
Viele dieser Probleme werden die Chemiker lösen – damit das Leben weitergeht.

Ein Jahrhundert Chemie

Die Geschichte der modernen Chemie ist kaum älter als 100 Jahre. Sie ist angefüllt mit einer ununterbrochenen Reihe von Entdeckungen, Erfindungen, Entwicklungen. Die folgende Zeittafel kann aus Platzgründen nur wenige Beispiele bringen und muß auf nähere Erläuterungen verzichten. Aber sie mag dem interessierten Laien doch eine Vorstellung von der Kreativität und Innovationskraft der Chemie geben.

1877 Caro und Roussin stellen Naphthalin-Azofarbstoffe dar.
Friedel und Craft beginnen schwere Mineralöle zu zersetzen.
Technische Synthese des Cumarins gefunden.
Erstes deutsches Reichspatent (ein Farbstoffpatent für roten Ultramarin).

1878 O. Fischer macht Malachitgrün aus Benzaldehyd mit Benzotrichlorid oder Dimethylanilin.
Flüssiges Schwefeldioxyd wird technisch dargestellt.

1879 Ira Remsen und C. Fahlberg entdecken »Saccharin«.
Die Elemente Skandium, Samarium und Thulium werden entdeckt.

1880 Chinolinsynthese durch Zd. Skraup.
Ad. von Baeyer entdeckt erste Indigo-Synthese.
Das Element Gadolinium wird entdeckt.

1881 Kutscheroff entdeckt die Bildung von Acetaldehyd aus Acetylen.
Linde führt die Kohlensäureverdichtungsmaschine in die Kälteindustrie ein.

1882 Robert Koch entdeckt mit Hilfe des Methylenblaus den Tuberkelbazillus.
V. Meyer entdeckt das Thiophen im Rohbenzol.
Conrad und Guthzeit stellen Veronal dar.

1883 Knorr verwirklicht die Antipyrin-Synthese.
Ladenburg gelingt die Synthese des Atropins aus tropasaurem Tropin.
A. von Baeyer stellt eindeutig die Indigoformel fest.
Caro und Kern stellen Auramin, Viktoriablau und Kristallviolett dar.

1884 R. Fittig beginnt die Untersuchungen über die Laktone.
Böttger entdeckt die erste substantive Baumwoll-Azofarbe.
Die fabrikmäßige Gewinnung von Magnesium wird aufgenommen.
Jodoform wird auf elektrolytischem Weg hergestellt.
Ziegler findet den ersten Farbstoff der Pyrazolonfarbstoffe, das Tartrazin.
Das Cocain wird in die Heilkunde eingeführt.

1885 Entdeckung der Elemente Germanium, Neodym und Praseodym.
Stroof führt die Alkalichloridelektrolyse ein.
Fabrikation von flüssigem Ammoniak in Deutschland aufgenommen.
Duisberg stellt das Benzopurpurin 4 B her.
A. v. Weinberg stellt das Naphtholschwarz her.
Auer von Welsbach beobachtet, daß die Oxyde der seltenen Erden blendend weißes Licht ausstrahlen. Er macht von dieser Eigenschaft bei seinen Glasglühlichtbrennern Gebrauch.

1886 Winkler entdeckt im Argyrodit das Element Germanium.
E. Fischer führt Indol-Synthesen durch.
Hall gewinnt Aluminium.
Moissan stellt reines Fluor durch Elektrolyse von Fluorwasserstoff dar.
Das Element Dysprosium und das Element Holmium entdeckt.
Erste Synthese eines Alkaloids (d-Coniin).
E. Baumann: Hypnotica Sulfonal, Trional, Tetronal.
Erste Benzolfabrik der Welt auf der Zeche Kaiserstuhl in Dortmund.

1887 E. Fischer und J. Tafel beginnen mit den Zuckersynthesen.

1888 Hermann findet das Patentblau.
Curtius stellt erstmalig Hydrazin dar.
Phenacetin wird dargestellt.

1889 Lauch und Krekeler finden das Diamantschwarz F.

1890 A. Kekulé sichert die Formel des Pyridins (Sechsring).
Emil Behring: Lehre von den Bakteriengiften und Gegengiften des Körpers.
Curtius entdeckt die Stickstoffwasserstoffsäure.

1891 Meinrad Hoffmann stellt das Naphtholblauschwarz her.

1892 Technische Calciumcarbidherstellung gelingt.
Behrings Diphtherie-Serum geht in die Produktion.

1893 Aufstellung der Campherformel.
Kalkstickstoff wird technisch erzeugt.
Pyramidon kommt auf den Markt.

1894 Technische Durchführung der Acetylierung der Cellulose.
H. v. Pechmann entdeckt Diazomethan.
»Dieckmann-Reaktion« zur Herstellung carbocyclischer Verbindungen aus Dicarbonsäureestern mittels Natrium.
Hans Goldschmidt erfindet die Aluminothermie.
Serumtherapie wird in größerem Umfang aufgenommen.

1895 Ramsay und Cleve finden das erste Helium.
Entdeckung des Elements Argon.
Sapper gelingt die katalytische Gewinnung von Phthalsäure.
Linde wendet den Joule-Kelvin-Effekt auf die Verflüssigung der Gase an.
C. W. Röntgen entdeckt X- oder »Röntgen«-Strahlen.
A. Franck und N. Caro entdecken Calciumcyanamid.

1896 Krafft und Wielandt: Destillation im Vakuum des Kathodenlichts.
Elektrolytische Chlorfabrikation wird in Ludwigshafen eingeführt.
Erstes synthetisches Ersatzpräparat für Cocain kommt auf den Markt.

1897 Künstlicher Indigo kommt auf den Markt.
Das Kunsthorn wird erfunden.
Kalischer stellt das erste Schwefelschwarz her.
Emil Fischer führt Synthese von Coffein und Theobromin aus.
Acetylsalicylsäure wird industriell hergestellt.

1898 Konstitution des Cocains wird aufgeklärt.
Die Elemente Neon, Krypton, Xenon, Polarium und Radium werden entdeckt.

1899 Entdeckung des Elements Aktinium.
Acetylsalicylsäure, 1853 von Ch. Gerhardt erstmalig gewonnen, wird nach A. Eichengrün und F. Hoffmann rein dargestellt.
Technische Gewinnung von Formaldehyd aus Methylalkohol beginnt.

1900 Das Element Emanation entdeckt.
Entdeckung des Triphenylmethyls.
1 kg Aluminium 2 M. (1850 noch 5000 M.)
Rahtjen erhält die ersten Halogen-Abkömmlinge des Indigos, unter ihnen ein bestimmter Dibromindigo, der Purpur der Alten.

1901 Industrielle Camphersynthese.
A. Eichengrün und Becker: Acetylierung von Cellulose (Patentanmeldung).
R. Bohn stellt Indanthrenfarbstoffe her.

1902 Wilh. Ostwald: Katalytische Ammoniakoxydation zu Salpetersäure (Patent); ab 1914 großtechnisch.

1903 Verdichteter Stickstoff wird erstmalig in größeren Mengen erzeugt.
F. Stolz: Technische Synthese des Adrenalins (Patent).
Fischer und Mering finden Veronal.
Fritz Haber und W. Nernst beginnen Versuche zur Ammoniak-Synthese.

1904 Nicotinsynthese gelingt.
Kunsthornproduktion beginnt.
Die Preise für eine Reihe pharmazeutischer Erzeugnisse sinken bis auf ein Zehntel ihres Standes von 1877.

1905 Bally stellt das Violanthron dar.
Totale Camphersynthese gelingt.
Einhorn findet Novocain.
Wilm erfindet das Duralumin.
Verflüssigung des Wasserstoffs gelingt.

1906 Die erste Kalkstickstoffabrik nimmt ihre Erzeugung auf.

1907 Quarzglas und Quarzgut im elektrischen Lichtbogen hergestellt.
Oxalsäure nach dem Hochdruckverfahren erstmals hergestellt.

1908 In einer Doktorarbeit wird das erste Prontosilpräparat beschrieben.
Zellglas wird zum erstenmal erzeugt.
Phenolharze werden erzeugt.
Ameisensäure aus Formiat erstmals großtechnisch hergestellt.

1909 Haber und Bosch begründen Ammoniaksynthese aus Wasserstoff und Stickstoff.
Die Elemente Cassiopeium und Ytterbium werden entdeckt.
Erzeugung des Salvarsans beginnt.
Die Magnesiumlegierung »Elektron« wird zum erstenmal öffentlich gezeigt.
Duralumin wird erzeugt.
Technische Erzeugung von Acetaldehyd aus Acetylen beginnt.
Fr. Hoffmanns und C. Coutelle: Methylkautschuk durch Wärmepolymerisation.

1910 Erstes Patent zur Herstellung von harzartigen löslichen Kondensationsprodukten aus Phenolen und Formaldehyd angemeldet.
Viscoseseide wird auf den Markt gebracht.

1911 Erste Versuchsfabrik zur Ammoniakgewinnung aus Stickstoff.
Technische Herstellung von hochkonzentriertem Wasserstoffsuperoxyd auf elektrochemischem Wege.

1912 Äthylalkohol technisch hergestellt.
H. Hörlein: Synthese des Dauerschlafmittels »Luminal«.
Polyvinylchlorid technisch herstellbar.
Vinylacetat durch Klatte gefunden.

1913 R. Willstätter isoliert erstmalig die Blütenfarbstoffe (Anthocyane).
Technische Harnstoffsynthese (C. Bosch).
In Oppau beginnt die technische Darstellung des synthetischen Ammoniaks nach den Verfahren von Haber – Bosch und A. Mittasch.
Fr. Bergius beginnt die Arbeiten über die katalytische Druckhydrierung (Verflüssigung) der Kohle (Patentanmeldung).
Acetatseide wird technisch erzeugt.
Erster synthetischer Kautschuk im Handel.

1914 Essigsäuresynthese auf der Basis von Acetylen.
Willstätter und Zechmeister veröffentlichen Arbeiten über den Aufschluß der Cellulose mit Salzsäure.

1916 Leunawerk wird gebaut.
Gärungsglycerin wird großtechnisch hergestellt.

1917 Im Leunawerk werden die ersten 100000 t Ammoniak erzeugt.

1920 Der Kunststoff Trolit kommt auf den Markt.
H. Staudinger beginnt die grundlegenden Untersuchungen an Hochpolymeren.

1921 Auffindung und Herstellung des Insulins durch Banting.
Kunstharz auf der Basis von Harnstoff erstmalig erzeugt.

1922 Das Element Hafnium entdeckt.
Franz Fischer und H. Tropsch: Benzinsynthese ohne Überdruck (Patent).

1923 Debye und Hückel stellen die elektrostatische Theorie der Elektrolyse auf.
R. Willstätter: Synthese des Cocains.
Mittasch und Pier gelingt die Methanolsynthese.

1924 Laska und Zitscher stellen Naphthol AS-G her.
Plasmochin wird hergestellt.

1925 Entdeckung der Elemente Masurin und Rhenium.
Methanolsynthese technisch durchgeführt.
Weinsäuresynthese über die Maleinsäure.
Cardiazol kommt auf den Markt.

1926 Das Malariamittel Plasmochin entdeckt.
Beginn der Arbeit an der Kohlehydrierung.
Das Element Illinium entdeckt.
Neue industrielle Bemühungen um die synthetische Herstellung von Kautschuk.
Phenolharz-Schnellpreßmassen erscheinen auf dem Markt.

1927 Im Leunawerk wird Großanlage zur Benzinsynthese in Betrieb genommen.
Vitamin D (Vigantol) für therapeutischen Gebrauch eingeführt.

1928 Gasfernleitung vom Ruhrgebiet bis Hannover in Angriff genommen.
O. Diehls und K. Alder entdecken die Dien-Synthese.
Technische Darstellung von Acrylestern durch O. Röhm.

1929 A. Butenandt und Doisy isolieren das erste Hormon (Östron).

1930 Polystyrol erscheint auf dem Markt.
Fabrikmäßige Herstellung synthetischer Smaragde gelingt.

1931 Bergius gibt sein Verfahren der Holzverzuckerung bekannt.
A. Butenandt isoliert Androsteron.
In Ludwigshafen wird Isobutylen polymerisiert.

1932 O. Warburg entdeckt das Flavin-Enzym.
Das Malariamittel Atebrin wird entdeckt.
Großproduktion von Leunabenzin beginnt mit 100 000 Liter.

1933 Positron und Neutron werden entdeckt.
Fast 100%iges schweres Wasser durch Elektrolyse.
Kondensierte Phosphate erstmals in Waschmittel eingebaut.

1934 Das weibliche Keimdrüsenhormon Progesteron rein erhalten.
Auffindung der künstlichen Radioaktivität.
Erzeugung von synthetischem Kautschuk (Buna) großtechnisch gelöst.
Vollsynthetische Pe-Ce-Faser aus Vinylchlorid technisch erzeugt.

1935 Fink und seine Mitarbeiter beginnen mit der Erforschung der Hefezüchtung ausschließlich mit anorganischem Stickstoff und kommen dadurch zu neuen Wegen der Eiweißsynthese.
G. Domagk, F. Mietzsch und J. Klarer entdecken Prontosil als Heilmittel für Streptokokken.
Zellwolle erscheint auf dem Markt.
Testeron wird entdeckt.
A. Windaus klärt Konstitution von Vitamin D_2.
De Haas erzielt mit 0,0044° C absolut die tiefsten Temperaturen, die bisher verwirklicht wurden.
Das Agfa-Color-Filmverfahren entwickelt.
Patente über die Hartverarbeitung von PVC.

1936 Hahn, Meitner und Straßmann entdecken Transurane.
Das Berthon-Siemens-Farbfilmverfahren wird entwickelt.
»Buna«-Kautschuk (aus Butadien und Na) kommt auf den Markt.
R. Kuhn entdeckt erste Synthese eines natürlichen Fermentes aus Lactoflavin und Phosphorsäure.
Synthese des Aneurins.

1937 O. Bayer: Über neuartige Diisocyanat-Poly-Additionsverfahren.

Der erste plastische Film wird gezeigt.
H. Scholler und seine Mitarbeiter führen Versuche über die Verhefung von Holzzucker durch und begründen ein kontinuierliches Durchlaufverfahren.
Wolfen: Großanlage zur Herstellung von Schwefelsäure aus Gips.

1938 Polycaprolactam (Perlon) von Paul Schlack entwickelt.
Otto Roelen entwickelt Oxosynthese.

1939 Erzeugung von Zellstoff aus Kartoffelkraut.
IG-Farben stellt Perlon her.
Imhausen stellt synthetische Speisefette aus synthetischen Fettsäuren her.
O. Hahn und F. Strassmann entdecken Uranspaltung.

1940 Die Hydrierwerke Pölitz AG werden in Betrieb genommen.
Erste Isolierung von Kohlenstoff-14.
Neptunium und Plutonium, die ersten Transurane werden entdeckt.

1941 PeCe 120 (as. Dichloräthylen-Vinylchlorid) erzeugt durch die IG.
Totzek-Koppers-Verfahren zur Brennstoff-Vergasung patentiert.
Erste Polyesterfasern aus Terephthalsäure und Glykol.
Waksman isoliert Streptomycin.

1943 Polyacrylnitrilfaser PAN von der IG hergestellt.
Herbert Rein entwickelt Polyacrylnitrilfaser (PAN-Faser).

1944 Heinrich Hock entdeckt Grundreaktion für Cumalverfahren zur Herstellung von Phenol und Aceton.

1946 Conteben kommt auf den Markt.

1948 Erste Isolierung von Vitamin B_{12} aus Tierleber.

1949 Die Fa. Wacker bringt Silicone auf den Markt.

1950 Aufnahme der Penicillinfabrikation in Hoechst.
H. A. Offe findet Neoteben.

1952 Polytrifluorchloräthylen wird in Hoechst hergestellt.
Farbenfabriken Bayer bringen Silicone auf den Markt.

1953 Karl Ziegler entdeckt drucklose Ethylenpolymerisation.
Georg Wittig entdeckt die Wittigreaktion.
Watson und Crick entdecken die Doppelhelix-Struktur der Desoxyribonukleinsäure und die Grundlage der Vererbung.

1954 A. Butenandt isoliert aus Seidenspinnerraupen das Häutungshormon Ecdyson.
W. Kroll entwickelt Prozeß zur Reintitan-Herstellung.

1955 Frederick Sanger klärt Insulinstruktur.
Naturwissenschaftlich-Technisches Schrifttum verdoppelt sich seit 100 Jahren alle 20 Jahre.
J. E. Salk erzeugt erste Vakzine gegen spinale Kinderlähmung.

1956 Imhausen führt sein HD-Polyethylen-Rohrreaktorverfahren ein.
Naturkautschuk wird erstmals synthetisch dargestellt.

1957 Jürgen Smidt entwickelt Verfahren zur Direktoxidation von Ethylen zu Acetaledehyd.
Albert Sabin: erste erfolgreiche Schluckimpfung gegen spinale Kinderlähmung.
Acrylnitril-Synthese aus Propylen, Ammoniak und Sauerstoff (Sohio-Verfahren) wird zum führenden Prozeß.

1958 G. G. Pincus berichtet über ersten erfolgreichen Großversuch mit der »Pille«.
Behring-Werke bringen stabile Impfstoffkombination gegen Kinderlähmung, Diphtherie, Wundstarrkrampf und Keuchhusten (Quatro-Virelon) auf den Markt.

1959 A. Butenandt isoliert den Seidenspinner-Sexuallockstoff Bombykol.
A. Champagnat baut n-Paraffine mit Mikroorganismen zu Eiweiß ab.

1960 Asymmetrische Celluloseacetatmembranen ermöglichen die Anwendung von Membranfiltern in großtechnischem Ausmaß, z. B. für die Meerwasserentsalzung.

1961 Das neue Detergentiengesetz läßt ab 1964 nur noch biologisch abbaubare Tenside (mindestens 80 %) in Waschmitteln zu.

1962 Erste Edelgasverbindung; das Xenon-Platinhexafluorid.
Behring-Werke geben Streptokinase für die klinische Anwendung zur Auflösung von Blutgerinseln im menschlichen Blutkreislauf frei (»Streptase«).

1963 R. Huisgen entdeckt das grundlegende Konzept und den breiten Anwendungsbereich der 1,3-dipolaren Cycloaddition.
Erste Farbfilme nach dem Polaroidverfahren.
H. Zahn führt die erste chemische Proteinsynthese durch.

1964 Gründung des »Deutschen Krebsforschungszentrums« in Heidelberg.

1965 Woodward und Hofmann entdecken die Regeln zur Erhaltung der Orbitalsymmetrie.
Neues Verfahren zur großtechnischen Vitamin-A-Produktion.
Thalidomid (Contergan) erweist sich als geeignet zur Leprabehandlung.

1966 Das aus 27 Aminosäuren bestehende Polypeptid Sekretin wird synthetisiert.
Hofmann führt die erste Partialsynthese eines Enzyms, der Ribonuklease S', durch.

1967 In drei Milliarden Jahren alten Sedimentgesteinen wurden 22 Aminosäuren nachgewiesen, die darauf hindeuten, daß Aminosäuren wesentlich an frühen Lebensvorgängen beteiligt waren.
Erste Totalsynthese von Prostaglandinen.

1968 Muxfeld gelingt die Totalsynthese des Terramycins.
Die Tertiärstruktur des Papains wird durch dreidimensionale Röntgenstrukturanalyse ermittelt.

1969 Mit der Bestimmung der Aminosäuresequenz des Myelomglobulins (214 Aminosäuren!) gelingt die erste Strukturaufklärung eines kompletten Antikörpers.

1970 Temin und Baltimore entdecken die »Reverse Transkriptase« zur »Umschreibung« von Ribonukleinsäure in Desoxyribonukleinsäure.

1971 Manfred Eigen veröffentlicht seine Theorie der Evolution nach der Reaktionsgeschwindigkeiten und stationäre Gleichgewichte, also physikalisch-chemische Gesetze, den Zufall steuern.

1972 Gegen Temperaturänderungen hochbeständige keramische Massen auf der Basis von in Siliciumnitrid eingebauten Aluminiumoxid.

1973 Der Ames-Test gestattet es, chemische Verbindungen einfach und schnell auf Mutagenität zu prüfen.
Verschiedene Meeresalgen zeigen ein Urananreicherungsvermögen bis zum 10^5fachen der Durchschnittskonzentration von Uran im Meerwasser.

1974 Neues Verfahren zur Reinigung von schwefel- und stickstoffhaltigen Abwässern und Abgasen.
Im Hochtemperatur-Kugelhaufenreaktor in Jülich wird erstmals eine Kühlmittelaustrittstemperatur von 950° C erreicht, die den Reaktor als z. B. für Kohlevergasung geeignet erweist.

1975 Der erste Vertreter der sogenannten »polymeren Metalle« wird mit dem polymeren Schwefelnitrid (SN)x synthetisiert.
Die Oligopeptide aus dem Gehirn, die zusammen das Enkephalin (Opiat-Rezeptor) bilden, werden strukturell aufgeklärt.
Glasfasern mit besonders hoher Übertragungskraft für die optische Nachrichtenübermittlung entwickelt.

1976 Im Chemiewerk Icmesa bei Seveso gerät eine Trichlorphenolanlage außer Kontrolle. Ein größeres Gebiet wird kontaminiert.
Erstmals wird in einer organischen Substanz Ferromagnetismus entdeckt.
Obermeier und Geiger beschreiben eine Semisynthese von Humaninsulin aus Schweineinsulin.

1977 Gallium-Arsenid-Sonnenzellen mit einem Wirkungsgrad von 22 % vorgestellt.

Fr. Sanger gelingt die erste vollständige Sequenzanalyse des Genoms eines DNS-Virus. Dabei wird erkannt, daß die »Ein-Gen-Ein-Protein«-Regel verletzt ist.

1978 Kanada: Mehrjähriger Test ergibt, daß Aspirin das Risiko eines schweren Schlaganfalls bei Männern mit Durchblutungsstörungen um nahezu 50 % reduziert.

Nach australischen Untersuchungen enthalten gewisse Wolfsmilch-Gewächse unterschiedliche Mengen (10–20 % der Gewächsmasse) an Kohlenwasserstoffverbindungen derselben Art wie Rohöl.

Die ersten Farbfilme mit einer Normalempfindlichkeit von 27 DIN (ASA 400) bei hoher Feinkörnigkeit kommen auf den Markt.

1979 Polyesterfolie mit nur 1,5 Mikrometer Stärke als Dielektrikum in metallisierten Folienkondensatoren entwickelt.

Entwicklungsarbeiten an der TH Darmstadt haben für die elektrolytische Wasserspaltung Wirkungsgradverbesserungen möglich erscheinen lassen, die einer künftigen Wasserstoff-Wirtschaft zugute kommen könnten.

Mit dem Cefotaxim (Claforan) wird ein neues Antibiotikum eingeführt, das selbst gegen penicillin-resistente Krankheitserreger und auch gegen gram-negative Bakterien wirksam ist.

1980 Cytokinnine, die zu den pflanzlichen Hormonen gehören, sind nach Ullrich Kull, Stuttgart, in der Lage, die Fettsäuresynthese in Blattzellen innerhalb von 45 Minuten deutlich zu steigern.

Nachdem es in England gelungen war, menschliche Zellkulturen zu einer vielfach gesteigerten Produktion von Interferon anzuregen, gelingt es in Zürich durch genetic engineering Bakterien zur Interferonproduktion zu bringen.

CIP-Kurztitelaufnahme der Deutschen Bibliothek

Sponsel, Heinz:
Damit das Leben weitergeht: Chemie, Schöpfung aus Menschenhand / Heinz Sponsel. – Frankfurt am Main: Societäts-Verlag, 1980.
ISBN 3-7973-0365-3

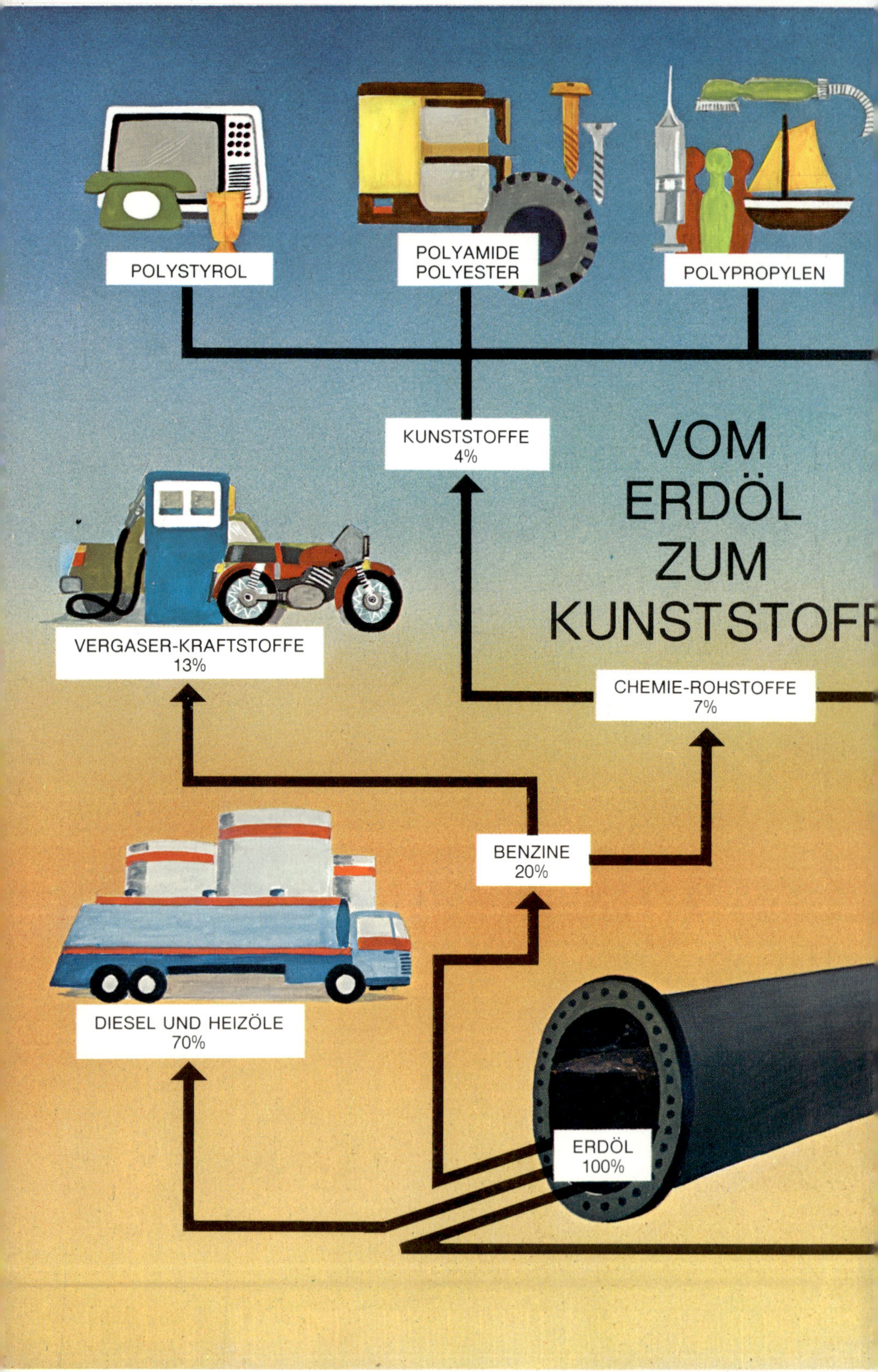
POLYSTYROL
POLYAMIDE
POLYESTER
POLYPROPYLEN
KUNSTSTOFFE
4%
VOM
ERDÖL
ZUM
KUNSTSTOFF
VERGASER-KRAFTSTOFFE
13%
CHEMIE-ROHSTOFFE
7%
BENZINE
20%
DIESEL UND HEIZÖLE
70%
ERDÖL
100%